"十四五"时期国家重点出版物出版专项规划项目

现代土木工程精品系列图书

生态环境保护与污染防治

贾学斌　刘冬梅　陈悦佳　编著

哈尔滨工业大学出版社

内 容 简 介

本书从防治与治理工程的角度,系统地介绍了生态环境保护与污染防治的原理、技术和方法,综述了环境与可持续发展、生态环境保护原理与修复工程、城市化和城市化问题及生态城市建设、大气污染危害及影响因素与防治、水体污染及其防治工程与技术、固体废物污染的处理处置工程与技术、环境物理性污染及其防治、环境管理与环境评价等内容,并将最新的行业动态、成果和最新标准融入其中。

本书适用于高等院校环境工程专业、环境科学专业、给排水科学与工程专业、建筑学专业、土木工程专业,以及其他需要生态环境保护与污染防治通识教育的专业作为教材使用,同时也适用于从事环境保护工作的专业技术人员和管理人员作为参考书籍使用。

图书在版编目(CIP)数据

生态环境保护与污染防治/贾学斌,刘冬梅,陈悦佳编著.—哈尔滨:哈尔滨工业大学出版社,2024.8.
(现代土木工程精品系列图书).—ISBN 978－7－5767
－1536－1

Ⅰ.X171.4;X5

中国国家版本馆 CIP 数据核字 20249FW497 号

策划编辑　王桂芝　贾学斌
责任编辑　张　颖
出版发行　哈尔滨工业大学出版社
社　　址　哈尔滨市南岗区复华四道街 10 号　邮编 150006
传　　真　0451－86414749
网　　址　http://hitpress.hit.edu.cn
印　　刷　哈尔滨市工大节能印刷厂
开　　本　787 mm×1 092 mm　1/16　印张 16.5　字数 391 千字
版　　次　2024 年 8 月第 1 版　2024 年 8 月第 1 次印刷
书　　号　ISBN 978－7－5767－1536－1
定　　价　68.00 元

前　　言

人类生活在同一个星球上,现在和可预见的将来,还没有第二个星球适于人类迁徙。即使将来在某个外星上创造了安营扎寨的条件,难道我们人类真的能够离开地球家园么?发展经济和保护环境关系到人类的前途和命运,影响着世界上的每一个国家。以大量消耗地球资源为主要特征的资源经济,为人类带来了前所未有的辉煌,但在它绽放的每一缕辉煌中,却伴随着资源递减的踪迹;在人们享用它所提供多种多样物质与精神享受的同时,却隐含着生态环境的受损、物种灭绝的伤痛,在它为人类造就五彩缤纷的产品时,却飘散着矿物能源燃烧的烟云;在必需和过剩之间人类已经失去了界限,人们过度消费不仅需要增加食品、穿戴、住房、用品等各种消费品,而且产生了更多的污染,以及对生物圈造成更多的难以修复的损害。

人类是有思维、有思想、有理智、有变革能力的,地球养育了我们一代代人类,支撑人类社会一步又一步地发展,过去,人类为了生存、经济和社会的发展,在不经意间打乱了自然生态平衡,毁坏了生存环境,一旦人类认识了自己的过失,认识到人类毁灭的不是地球,而是自己,就必然会醒悟过来,修正自己的错误行为。进入 21 世纪以来,环保理念越来越深入人心,绿水青山就是金山银山,我国对于城市环境保护问题日益重视,开展了大规模的环境污染治理,取得了显著的成效。

在高等院校开展"概论性环境保护"课程是环境教育与可持续发展的重要组成部分,从 20 世纪 80 年代起,全国各个高校就已逐步开设了相关的课程,至今为止,环境保护教育的理论与开展已经达到了令人满意的效果,取得了广泛的成效。目前,市场上绝大多数的相关教材都是单纯从环境科学与环境工程理论上进行介绍,很多内容对于读者来说都已经耳濡目染,但从工程与防治技术的手段上来阐述相关内容的还不多见,尤其是对于生态修复工程、城市建设与生态城市建设的相关工程、大气污染控制工程与防治技术、水体污染处理工程与技术、固体废物处理处置工程等相关工程类的介绍还很缺少。本书从防治与工程治理的角度,系统地介绍了生态环境保护与污染防治的原理、技术和方法,综述了环境与可持续发展、生态环境保护原理与生态修复工程、城市化和城市化问题与生态城市建设、大气污染危害及影响因素与防治、水体污染及其防治工程与技术、固体废物污染的处理处置工程与技术、环境物理性污染及其防治、环境管理与环境评价等内容,并将最新的行业动态、成果和最新标准融入其中。把目前城市环境污染防治、发展趋势与控制技术方法介绍给广大读者,是我国城市环境污染形势的迫切需要,也是我们环境保护工作者应尽的责任和义务。

本书共 8 章,由黑龙江大学贾学斌、陈悦佳和哈尔滨工业大学刘冬梅共同撰写,具体分工如下:贾学斌撰写第 1、3、4、8 章,刘冬梅撰写第 2、5、7 章,陈悦佳撰写第 6 章。本书在撰写过程中还得到了张宝杰、王琨、张军、马维超、赵文军、张多英、马玉新、亓云鹏等老师的帮助和支持,还要感谢吴俊飞、韦庆睿、鲁天舒、张婷等、李晓军、关淑华、宋晓燕等在资料整理、文字加工等方面所做的大量工作。

本书适用于高等院校环境工程专业、环境科学专业、给排水科学与工程专业、建筑学专业、土木工程专业,以及其他需要生态环境保护与污染防治通识教育的专业作为教材使用,同时也适用于从事环境保护工作的专业技术人员和管理人员作为参考书籍使用。

我们在撰写过程中力求反映环境保护工作中的新成就、新发展、新标准及法律,但环境保护内容所涉及的学科繁多,内容庞杂,真正写好一本有关环境保护概论方面的教材绝非我们几位作者短期内力所能及,我们只是在前人工作的基础及成果上,站在专业的角度上,为我国的环境保护事业尽一份绵薄之力而已。本书的撰写参考了大量文献,在此向相关作者一并表示感谢。由于作者水平有限,书中难免存在不足之处,望读者批评指正。祈盼大家行动起来,倡导绿色理念,改变为所欲为的做法,共同保护地球,让地球能成为我们人类永久的家园!

作　者

2024 年 1 月

目　　录

第1章 环境与可持续发展

1.1 人类社会与环境

1.1.1 人类社会进步与环境

人类出现的历史与地球存在的时间相比,简直是沧海一粟。据目前的科学考证,地球约有 70 亿年的历史,有生物存在的历史近 40 亿年,而人类的出现只有 400 万年,真正意义上的人类活动不过数千年,先有地球后有人类是个不争的事实。

地球为人类创造了适宜生存的条件——空气、阳光、水、植物、动物……给人类创造了多彩的世界。地球环境为人类的文明进化提供了不可或缺的条件,人类在这种惬意的家园中经历了原始社会→奴隶社会→封建社会(自然经济阶段)→现代社会(工业经济阶段)(图 1.1),人类文明和科技取得了巨大的进步,但在这个过程中地球得到的却不是反哺。

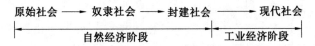

图 1.1　人类社会进步与经济发展阶段

在自然经济时代(原始社会、奴隶社会、封建社会),人们虽然向大自然索取,但受生产力所限,人们对大自然的破坏有限,而且此前受很多思想影响,人们提出了多种环境保护思想,如"万物有灵""天人合一""禁止涸泽而渔""怀柔百神"等,有些地区的规定更为严格——禁止水中溺尿,禁止水中洗衣,甚至不允许直接用手去汲水。应该说,这种强调人与自然相统一的思想也可能与当时十分不发达的社会生产力相适应,也说明在自然经济时代人们更依赖于自然环境。

18 世纪进入工业经济时代,由于科学的运用和技术的发明,人类改变和利用自然的能力极大提高,开始将自己与自然的关系视为征服者与被征服者的关系,认为自然世界和自然规律都是为人而建立的,这种观点可以称为"人类中心主义"思想。它不仅主张和赞成人类对自然的征服,而且主张人类有权根据自身的利益和好恶来随意处置和变更自然。因此,人与自然是对立和冲突的关系。

工业经济极大地解放了生产力,创造了比以前各个发展阶段高出千倍的经济总量,但过度消耗了资源,污染了很多物种的生存环境,造成了前所未有的生态恶化。

1.1.2　工业经济的繁荣和遗患

工业经济又称资源经济,是以大量消耗地球资源为主要特征的经济。

进入现代社会的工业经济阶段,人类经济社会出现了前所未有的繁荣。工业经济的兴起、发展和社会化大生产格局的出现,改变了世界,创造了前所未有的辉煌,科学技术不断腾飞,人们生产生活和社会交往方式也发生了重大转变。

1.工业经济的繁荣

蒸汽机带动了工业经济的兴起——自从英国发明家发明蒸汽机以来,蒸汽机逐渐成为工业生产的动力,这种通过火将水转化为气的机械驱动力,取代了小农经济的小手工业作坊,生产效率提高了千倍,带动了煤炭、冶金、纺织、运输、机械制造等行业,如火车头一样牵动经济列车快速前进(图 1.2)。

图 1.2　蒸汽机牵动经济列车快速前进

化工技术奏响了进军新产业的凯歌——化工技术的突破和化学工业产品的出现,不仅拓宽了工业经济领域,更重要的是激发了人们向无机和有机化学进发的创造力,1840年,以德国李比希为代表的科学家发表了《有机化学在农业和生理学中的应用》,奠定了化工产业的基石,相继推出了化学肥料、合成染料及日用化工产品,奏响了进军新产业的凯歌。

电力技术加快了工业经济的发展进程——动力是经济的命脉,电的发明和使用突破了蒸汽机的局限性,人类跃入电气时代,先后发明了电灯、电话、调速器、电影机等,由于电力技术的出现,人类打开了开拓自然、进军世界的万能钥匙,开始了大规模的工业化生产。

内燃机推进了工农业经济的发展——汽车的问世和各种机械化设备的产生,不仅明显提高了交通运输和工业生产效率,而且促进了农业机械化,对农业产生了根本性的变化,农业劳动生产率提高了 4 倍,由此,美国农业人口由约占总人口的 60% 减少到 36%,欧洲大部分国家的农业也发生了根本性的变化。

石油工业支撑了工业繁荣——1859 年,世界第一口石油矿井在美国被成功开采,随着电力、内燃机的广泛使用,石油替代了煤炭,石油作为化工新材料促进了化学工业的进一步发展(图 1.3)。

(a) 电灯泡　　　　(b) 电话机　　　　(c) 电报机　　　　(d) 发电机

(e) 石油开采机　　　　　　(f) 内燃机　　　　　　(g) 汽车

图 1.3　人类跃进电气时代的领域和成果

2.工业经济的遗患

工业经济(资源经济)是把双刃剑。工业经济虽创造过辉煌,但也消耗了大量的资源。在人们享受工业经济带来的物质与精神享受的同时,也必然承受着生态环境的受损和物种灭绝的后果。海洋成了工业、生活垃圾的倾倒场,石油泄漏污染事件屡屡发生,温室气体排放无度,河流受到污染,水荒成为很多国家亟须解决的问题,地下水过度开采与污染双重夹击,大气污染危害人与万物的健康,垃圾包围人类居住的环境,人体毒素汇集和传染病蔓延,以及实弹演练、武器试验与核电站爆炸事故(图 1.4)等都已成为当今世界面临的主要威胁。

图 1.4　核电站爆炸事故

1.1.3　地球已经不堪重负

在必需和过剩之间人类已经失去了界限,世界上每 20 min 就可能会丧失 1 个或更多个动植物物种,人们过度消费不仅会增加食品、穿戴、住房、用品等各种消费品和就业岗位,而且产生了更多的污染和温室气体,以及对生物圈造成更多的难以修复的破坏。

全球可利用的自然生态资源已接近极限,原始森林等绿色植被的大量减少,海洋及自然水体的污染,使上百个物种丧失了家园,80％的森林、60％的草原、55％的湿地都已经遭到了破坏,很多依靠其生存的动物、植物等都已经受到侵扰。

石油煤炭、金属矿产、非金属矿产等资源量锐减,可再生资源大量消耗,已经给地球造成了多方面的污染(图 1.5)。

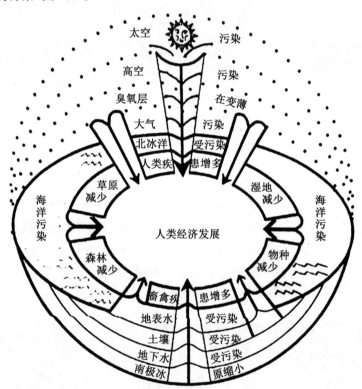

图 1.5　工业经济造成地球的多方面污染

难以挽救的生物灾难愈演愈烈,而这些都源于物种的灭绝及变异、水体污染、大气污染、土壤功能变化、气候变化等因素,地球已经开始向人类发出各种危险信号。

1.1.4　人类需要理智反思

人类生活在同一个星球上,在现在和可以预见的将来,还没有第二个星球适于人类迁徙。即使将来在某个外星上创造了可以生存的条件,难道人类就真的能够离开地球家园吗?

2013 年 8 月,美国麻省理工学院科研人员发现有一颗大小和质量甚至组成成分都与地球非常相似的行星——开普勒(Kepler)－78b,天文学家称这颗行星为"地球兄弟",但这颗星球却是一颗炽热的行星,距离地球 400 光年之遥,公转周期为 8.5 h,与地球的公转周期 365 d 相比,简直是闪电般的速度,人类根本无法在其上"安营扎寨"。

2015 年 7 月,美国国家航空航天局宣布在天鹅座发现了一颗与地球相似指数达到 0.98 的类地行星 Kepler－452b,它绕着一颗与太阳非常相似的恒星运行,且其到恒星的距离与地球到太阳的距离相同,位于所谓的"宜居带",理论上该行星表面会有适宜生命存在的液态水和大气,有人称其为"地球 2.0"或"地球的表哥"。但这个类地行星距离地球 1 400光年,按照当前地球上最快的飞行器速度,到达 Kepler－452b 需要上千万年,对于具体生命探测、移民该星球尚不具有现实意义。

人类是有思维、有思想、有理智、有变革能力的。过去,人类为了生存,为了经济和社会的发展,在不经意间打乱了自然生态平衡,破坏了生存环境,一旦人类认识到自己的过失,认识到人类毁灭的不是地球,而是自己,就必然会醒悟,从而修正自己的错误行为。地球养育了一代又一代的人类,支撑人类社会一步又一步地发展,因此祈盼所有人都行动起来,改变为所欲为的做法,共同保护地球,让地球能成为人类永久的家园!

1.2　环境及其组成

1.2.1　人类的环境

1.环境的基本概念

广义上的环境概念是相对一个中心事物而言的,因中心事物的不同而不同,随中心事物的变化而变化。而把该事物所存在的空间以及位于该空间中诸事物的总和称为该中心事物的环境(图 1.6)。对于人类而言,以人类为主体的外部世界是人类生存、繁衍所必需适应的环境或物质条件的综合体,因此环境可分为自然环境和人工环境两种。

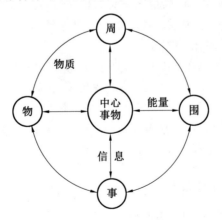

图 1.6　广义上的环境与中心事物

(1)自然环境。

自然环境是狭义上的环境概念,是指人们在研究环境问题时,一般都是以人类为中心主体,研究与人类密切相关的外部世界,即人类生存、繁衍所必须适应的环境或物质条件的综合体——阳光、温度、气候、地磁、空气、水、岩石、土壤、动植物、微生物以及地壳的稳定性等,用一句话概括就是"直接或间接影响人类一切自然形成的物质、能量和自然现象的总体"(图 1.7)。

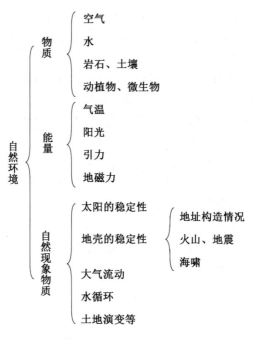

图 1.7　自然环境的构成

自然环境也可以看作由地球环境和外部空间环境两部分组成。地球外部空间环境可以看成是以太阳为主的太阳系组构的空间,对于更远的宇宙空间目前还未能考虑。对于地球而言,太阳系是万有引力作用的相互作用体,太阳也是地球能量,特别是生命能量的主要来源,推动了生物圈这个庞大生态系统的正常运转。另外,太阳黑子出现的数量与地球上的降雨量有明显的相关关系。月球和太阳对地球的引力作用产生了潮汐现象(图1.8),并可引起风暴、海啸等自然灾害。

地球从内到外各个区域内的物理学、化学和生物学的特性,使地球环境具有明显的圈层特性。地球是一个半径约为 6 370 km 的近球状体。固体地球可分为 3 部分(图 1.9),第一部分为地核,基本上是由铁及镍组成的,它的半径为 3 475 km;第二部分为地幔,它的厚度为 2 895 km,地幔的岩石层是由硅酸盐化合物、铁和镁等矿物组成的;第三部分是地球的最外层——地壳,厚 5～70 km,地壳和人类的关系最密切,因为地球上的生命活动主要发生在这一层。

地核基本上是由铁、镍组成的,它可以产生磁场。由于磁场的存在,保护了地球上的生物免受太阳风的袭击(图 1.10)。太阳风是由高能的带电粒子流组成的,这些带电粒子流在地球磁场中偏转到两极,人们观察到的极光就是这些粒子流在两极放电的结果。

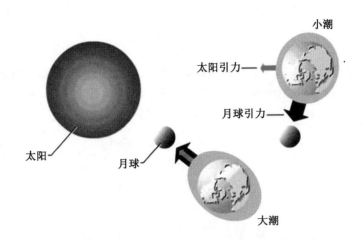

图 1.8　月球和太阳对地球的引力作用产生潮汐示意图

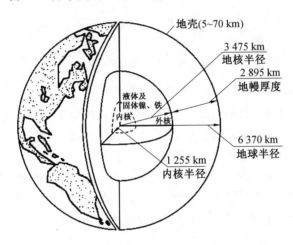

图 1.9　地球的结构

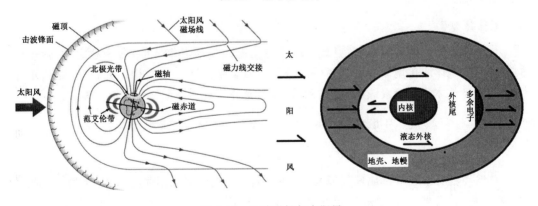

图 1.10　地球磁场与太阳风

　　地球环境通常也指由地壳表面的岩石、水、土壤及大气组成的岩石圈、水圈、土圈和大气圈。大气圈的下层和地壳的表层生活着各种各样的生物，所以这一领域又称为生物圈。

生物圈中的生物把地球上各个圈层的关系密切地联系在一起,并推动各种物质循环和能量转换。

（2）人工环境。

人工环境是指由于人类的活动而形成的环境要素,包括由人工形成的物质、能量和精神产品,以及人类活动中所形成的人与人之间的关系,图 1.11 所示为人工环境的组成。人工环境的好坏对人的工作与生活及社会的进步影响很大。

$$
人工环境 \begin{cases} 综合生产力(包括人等) \\ 技术进步 \\ 人工建(构)筑物 \\ 人工产品和能量 \\ 政治体制 \\ 社会行为 \\ 宗教信仰 \\ 文化与地方因素 \end{cases}
$$

图 1.11　人工环境的组成

2.《中华人民共和国环境保护法》中的环境概念

《中华人民共和国环境保护法》中的环境是指:影响人类生存和发展的各种天然的和经过人工改造的自然因素的总体,包括大气、水、海洋、矿藏、森林、草原、野生动物、自然遗迹、自然保护区、风景名胜区、城市和乡村等。

这里所指的"自然因素的总体"有两个约束条件,一是包括各种天然的和经过人工改造的因素;二是并不泛指人类周围的所有自然因素(如整个太阳系及整个银河系的自然因素),而是指对人类的生存和发展有明显影响的自然因素的总体。

1.2.2　环境要素与环境质量

1.环境要素

环境要素又称为环境基本物质组成,是指构成人类环境整体的、各个独立的、性质不同而又服从整体演化规律的基本物质组分。环境要素组成环境结构单元,环境结构单元又组成环境整体或环境系统(图 1.12)。环境要素分为自然环境要素和人工要素。

环境要素 ➡ 环境结构单元 ➡ 环境系统

图 1.12　环境要素与环境系统

自然环境要素通常指地理环境要素,一般包括气候(大气、阳光等)、水、生物、土壤、地貌(岩石)等。自然环境要素是相互联系、相互作用、密切相关的,牵一发而动全身(图 1.13)。自然环境要素组成自然环境结构单元,自然环境结构单元又组成自然环境整体及系统。例如,水组成水体(包括河流、湖泊和海洋),全部水体总称为水圈;由大气组成大气层,整个大气层称为大气圈;由生物体组成生物群落构成生物圈;由地球表层的土壤构成了土壤圈等。

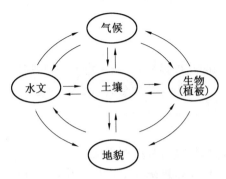

图 1.13 自然环境要素的组成与相互关系

环境要素具有一些十分重要的特性，它们不仅是制约各环境要素间的相互联系、相互作用的基本关系，而且是认识环境、评价环境的基本依据。环境要素的共性可概括如下。

(1)最差(小)限制律，它由德国化学家李比希于 1804 年首先提出，20 世纪初被英国科学家布莱克曼所发展并趋于完善。该定律指出："整体环境的质量不能由环境诸要素的平均状态决定，而是受环境诸要素中那个与最优状态差距最大的要素所控制"。也就是说，环境质量的好坏，取决于诸要素中处于"最低状态"的那个要素。因此，在改造自然和改进环境质量时，必须对环境诸要素的优劣状态进行数值分类，循着由差到优的顺序，依次改造每个要素，使之均衡地达到最佳状态。

(2)等值性，即各种环境要素，无论它们本身在规模上或数量上如何不同，但只要是一个独立的要素，对于环境质量的限制作用就无质的差异；换言之，任何一个环境要素对于环境的限制，只有它们处于最差状态时才具有等值性。

(3)整体性大于各个体之和，即环境的整体性大于环境的诸要素之和。某一环境的状态不等于组成该环境各个要素的简单之和，而是比这种"和"丰富得多，复杂得多。环境诸要素相互联系、相互依赖、相互作用产生的集体效应是个体效应基础上质的飞跃。

(4)要素出现的先后是相互联系、相互依存的。环境诸要素在地球演化史上的出现，具有先后之别，但它们相互联系、相互依存。从演化的意义上看，某些要素孕育着其他要素，例如，岩石圈和大气圈的存在为水的产生提供了条件；岩石圈、大气圈及水圈孕育了生物圈(图 1.14)。

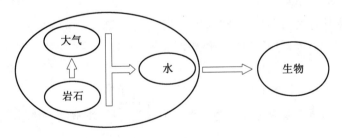

图 1.14 环境要素之间的关系

环境要素之所以发生演变，其动力来自于地球内部放射性元素的衰变能和太阳辐射能，其中，可见光所挟带的能量占太阳辐射能的 50%(波长为 $0.4\sim0.7~\mu m$)，特别是辐射最强的蓝光(波长为 0.475 μm)是植物光合作用的能量来源。因此,太阳辐射能量是环境要素演变的基本动力。

2.环境质量

环境质量是对环境状况的一种描述,一般是指在一个具体的环境内,环境的总体或环境的某些要素对人类的生存和繁衍以及社会经济发展的适应程度,是反映人们的具体要求而形成的对环境评定的一种概念。人们常用环境质量的好坏来表示环境遭受污染的程度。

环境质量的形成,有的是自然的原因,有的是人为的原因。从环境污染角度来看,来自人为的原因更重要。人为的原因是指污染可以改变环境质量,资源利用的合理程度以及人群的变化状态也同样影响着环境质量。因此,环境质量除有大气环境质量、土壤环境质量、城市环境质量之外,还有生产环境质量、生活环境质量。

1.2.3 环境的基本类型

按照系统论的观点,人类环境是由若干个规模大小不同、复杂程度有别、等级高低有序、彼此交错重叠、彼此相互转化变换的子系统所组成的,是一个具有程序性和层次结构的网络。人类在利用环境资源和改造环境的过程中,可以从不同的角度或以不同的原则将它们具体划分。

1.按环境的范围大小分类

按环境的范围大小分类可将环境分为宇宙环境(或称星际环境)、地球环境、区域环境、微环境和内环境。

宇宙环境是指大气层以外的宇宙空间;地球环境是指大气圈中的对流层、水圈、土壤圈、岩石圈和生物圈,又称为全球环境;区域环境是指占有某一特定地域空间的自然环境,它是由地球表面不同地区的自然圈层相互配合而形成的,不同地区形成各不相同的区域环境特点,分布着不同的生物群落;微环境是指区域环境中,由于某一个或几个圈层的细微变化而产生的环境差异所形成的小环境,例如,生物群落的镶嵌性就是微环境作用的结果;内环境是指生物体内组织或细胞间的环境,例如,叶片内部直接与叶肉细胞接触的气腔、气室、通气系统,都是形成内环境的场所。

2.按环境的主体分类

按环境的主体分类可将环境分为以人为主体的环境和以生物为主体的环境。

以人为主体的环境,将其他的生命物质和非生命物质都视为环境要素;以生物为主体的环境是一般生态学上所采用的分类方法,是将生物体以外的所有自然条件为环境要素。

3.按环境要素的属性来源分类

按环境要素的属性来源分类可将环境分为自然环境、半自然环境、被破坏后的自然环境(图 1.15)。

(1)自然环境。

自然环境是人类生存、繁衍所必须适应的环境或物质条件的综合体,除了用阳光、温度、气候、地磁、空气、水等环境要素表述之外,人们也习惯于用地理环境和地质环境阐述

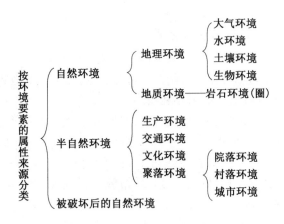

图 1.15　按环境要素的属性分类

环境的自然状态。

　　地理环境的概念最早是由法国地理学家 E·列克留于 1783 年提出的,其含义是人类周围的自然现象的总体范围。地理环境位于地球的表层,即岩石圈、水圈、大气圈和生物圈的交错带上,其厚度为 10～30 km,据此可将环境具体细分为大气环境、水环境、土壤环境、生物环境。这几个圈层环境相互制约、相互渗透、相互转换。它具备人类生存和活动的三个条件,即常温常压下的物理条件、适当的化学条件和繁茂的生物条件。地理环境与人类的生产生活密切相关,直接影响着人类的生存和衣、食、住、行。

　　地质环境有时称岩石环境(圈),是指地理环境中除生物圈以外的其余部分,它能为人类提供丰富的矿物资源。通常人们主要关注地质环境产生的问题,如:由地质因素引起的环境问题(地震、火山活动、海啸、山崩及泥石流等地质过程引起的人类环境灾害),因地球表面元素分配不均使某些地区某一元素不足或过剩而引起的动、植物和人体的地理病等。

　　(2)半自然环境。

　　半自然环境是地理环境概念的发展,它是自然地理环境和社会环境的统一体,又称人文地理环境。社会环境是指人类社会的文化生产和生活活动的地域组合,包括人口、民族、聚落、政治、社团、经济、交通、军事、社会行为等许多成分。据此可将环境分为聚落环境(院落环境、村落环境、城市环境)、生产环境、交通环境、文化环境等。

　　①院落环境。院落环境主要是由一些不同的建筑物和与其联系在一起的场院所组成的基本环境单元。院落环境的功能单元分化的完善程度可以是很悬殊的,可以是较原始孤立的农舍,也可以是具有防震、防噪声和自动化空调设备的现代化住宅。院落环境多具有时代特征,如西双版纳的竹楼、内蒙古的蒙古包、陕北的窑洞、辽宁的平顶屋、北京的四合院、城市的楼院等。在院落环境的规划和建设中,应从生态学的观点出发,尽量创造出内部结构合理并与外部环境相协调的环境,避免造成环境污染。

　　②村落环境。村落环境主要是农业人口聚居的地方。由于自然环境的不同,农、林、牧、副、渔等活动种类的不同,规模和现代化程度的不同,所以,无论在结构、形态、规模及功能上,村落环境的类型都是多种多样的。平原上的农村、海滨湖畔的渔村及深山老林的山村等,它们的结构、形态及规模都有所不同。村落环境的先进和落后与本地区的经济状

况和富裕程度是密切相关的。村落环境的污染主要来自农业污染和生活污染,特别是农药和化肥的使用。但一般来说,村落规模不大,人口不多,只要不是工业企业对村落环境产生的污染,一般的环境微污染很快就能在其自净能力的作用下恢复。在村落环境的规划和建设中,要尽量充分利用各种自然能源(太阳能、水能、风能及地热),同时要注重对废物和废水进行无害化处理及资源的回收利用。

③城市环境。城市是人类在利用和改造自然时而创造出的高度人口化的生存环境,是非农业人口聚居的场所。早在3 500多年前的奴隶制社会时,我国的商朝就已有城垣、宫室、庙宇、铜冶炼厂、兵器作坊和石器作坊等;古希腊时期的城市就具有楼房、道路、广场、各种作坊及下水装置。在封建社会时期,城市就已经发展得相当宏伟庞大,如唐朝的西安在最繁盛时已具有100多万人口,各种建筑、商业、作坊、广场和城市设施等相当繁华和完善。随着社会的发展,城市也越来越快地发展,它不断吞并周围地区成为超大、特大城市,有的甚至发展为城市带,如美国东北部的纽约、费城、华盛顿及波士顿等超大、特大城市;美国的洛杉矶、长滩及圣迭戈城市带;日本的东京、横滨到大阪的太平洋沿岸城市带;我国的北京至天津到唐山的京津唐城市带,南京开始经常州、无锡、苏州至上海的长江三角洲城市带,以广州为中心的辐射到佛山、珠海、东莞及深圳的珠江三角洲城市带等。城市对环境的污染是多方面的,包括水、大气、土壤及物理污染等,这些内容将在以后各章中详细叙述。

(3)被破坏后的自然环境。

被破坏后的自然环境通常是指由人类活动引起的环境要素改变的环境,这种改变后的自然环境对人类自身的影响具有两面性。

被人类破坏的环境可从多方面来研究和探讨,如从地理环境要素方面看,由于人类生产和生活活动对环境的改造,在一定程度上可有利于人类的生存和创造良好的舒适环境,但从另一方面也造成了环境的污染和圈层结构的阻断和破坏,从而破坏生态系统和危害人类自身;又如,从地质环境要素方面讲,人类生产活动造成的化学污染引起的环境地质的元素分布不均和改变局部地球环境的化学性质,大型水利工程引起的环境地质问题(如诱发地震等),矿产资源利用与开采过程中引起的环境地质问题(如废弃矿床的处置问题)和城市化引起的环境地质问题等(如地下水超采和高层建筑引起的地面沉降问题),在给人类带来物资和财富的同时,对自然环境和生态系统却产生了严重的危害。

1.2.4　环境的功能特性

环境系统是一个复杂的,有时、空、量、序变化的动态系统和开放系统,具有空间功能(不同的位置、圈层等)、营养功能(各种营养关系、生物链、相互依存及作用的网络系统)及调节功能。调节功能体现在:其系统内外部的各种物质和能量,通过系统的作用,可进行内外物质和能量的变化和交换,在一定范围内调节环境系统的稳定性。

环境系统内部可以是有序的,环境平衡就是要保持系统的有序性,系统的有序性是依靠外部输入能量来维持的,若系统的输入等于输出就出现平衡。系统的结构和组成越复杂,它的稳定性越大,也越容易保持平衡;反之,系统越简单,稳定性越小,越不容易保持平衡。

环境系统也可以是无序的,这种无序性称为混乱度,物理量熵可以反映物质的混乱度,如果某一过程使系统的混乱度增加,则熵值增加;反之,如果使系统混乱度减小,称为负熵。伴随物质能量进入系统后,系统的有序性增加,负熵增加。

任何一个系统,各成分之间具有相互作用的机制,这样的相互作用越复杂,彼此的调节能力就越强;反之则弱。这种调节的相互作用称为反馈作用,最常见的是负反馈作用,它使系统具有自我调节的能力,以保持系统本身的稳定和平衡。

环境构成的系统,一般都存在不同大小的几个子系统,系统的组成成分之间存在着相互作用,并构成一定的网络结构,正是这种网络结构使环境具有整体功能,形成集体效应,起着协同作用。

1.整体性

人与地球环境是一个整体,地球的任何部分或任一系统都是人类环境的组成部分。各部分之间存在着相互制约、相互联系的关系。局部地区的环境污染或破坏,总会对其他地区造成影响和危害。例如,风和水的流动会把污染物带到其他地区,所以,从人类的生存环境及其保护整体上看是没有地区界线、省界和国界的。

2.有限性

有限性不仅是指地球在宇宙中独一无二,而且也是指其空间是有限的,有人称之为"弱小的地球",这也意味着人类环境的稳定性有限、资源有限和自净能力有限。

在未受到人类干扰的情况下,环境中的化学元素及物质和能量分布的正常值称为环境本底值。在人类生存和自然环境不致受害的前提下,环境可能容纳污染物的最大负荷量称之为环境容量。

环境容量的大小与环境的组成、环境的结构、污染物数量和性质有关。在特定的环境中,任何污染物都有确定的环境容量。由于环境时、空、量、序的变化,物质和能量分布和组合不同,环境容量也不同,其变化的幅度大小表现出环境的可塑性和适应性。

环境对进入其内部的污染物质或污染因素具有一定的迁移、扩散、同化及异化的能力。污染物或污染因素进入环境后,将引起一系列的物理、化学和生物的变化,污染物逐步被清除或转化,从而环境达到自然净化的目的,环境的这种作用称为环境自净。人类活动产生的污染物或污染因素进入环境的量超过环境容量或环境的自净能力时,就会导致环境质量的恶化,出现环境污染,这也说明环境具有有限性。

3.不可逆性

环境系统在其运转过程中存在着能量流动和物质循环两个过程,根据热力学理论,整个过程是不可逆的。所以,一旦环境遭到破坏,不可能自发地回到原来的状态,仅可以实现局部恢复。当然人为地改造环境,使环境向好的方向发展就是另一回事了。

4.隐显性

除了事故性污染与破坏(如森林大火、农药厂事故等)可直观其后果外,日常的环境污染与环境破坏对人们的影响后果的显现需要一个过程和经过一段时间。例如,日本汞污染引起的水俣病,经过 20 年才显现出来;又如,虽然已停止使用双对氯苯基三氯乙烷(DDT)农药,但已进入生物圈和人体的 DDT,需要经过几千年才能从生物体中彻底排出。

5. 持续反应性

事实告诉人们,环境变化和污染所造成的后果是长期的、连续的,不但影响当代人的健康,而且会造成世代的遗传隐患。历史上黄河流域生态环境的破坏至今仍给炎黄子孙带来无尽的水旱灾害。长江、淮河流域常出现的特大洪水,不能不使人们联想到长江上游广大流域的生态环境破坏,虽然人类从短期侵占的水的领地获得了眼前利益,但持续多年的水患及生态脆弱造成的破坏远大于收益。以上事实均说明,环境对其遭受的污染和破坏具有持续反应性。

6. 灾害放大性

实践证明,某些不引人注目的环境污染与破坏,经过环境的作用后,其危害性或灾害性无论从深度上还是从广度上都会被明显地放大。例如:燃烧释放的 SO_2、CO_2 等气体,不仅会造成局部地区的空气污染,还可能造成酸雨,加大温室效应;又如,由于大量地生产和使用氟氯烃化合物,破坏了大气的臭氧层,阳光中能量较强的紫外线射到地面,杀死浮游生物和幼小生物,破坏了食物链,从而破坏了生态平衡,影响了整个生物圈;又如,河流上游森林被破坏可能造成下游的水旱灾害。

人们要正确掌握环境的组成和结构,了解环境的功能和演变规律。人类的经济和社会发展,如果不违背环境的功能和特性,遵循自然规律、经济规律和社会规律,那么人类就会受益于自然,人口、经济、社会和环境会协调发展;如果环境质量恶化,生态环境破坏,自然资源枯竭,人类就必将受到自然界的惩罚。为此,人类必须在不破坏环境规律的前提下发展生产,从而做到可持续发展。

1.3 环境问题

人类社会发展到今天,创造了前所未有的文明,但同时又带来一系列的环境问题。特别是 20 世纪 80 年代中期在南极上空发现了臭氧洞,它与"温室效应"和酸雨问题构成了全球性大气环境问题,引起了国际社会的广泛关注。

1.3.1 环境问题与环境污染

1. 环境问题

环境问题是指人类为其自身生存和发展在利用和改造自然界过程中对自然环境造成的破坏和污染,以及由此产生的危害人类生存和社会发展的各种不利效应。

20 世纪中叶,工业经济造成的危害集中显现,人们只局限在对环境污染与公害的认识上,把环境污染等同于环境问题,而水、旱、风灾、地震等则认为全属自然灾害。但是随着近几十年来经济的迅猛发展,由于人类活动,生态系统和全球大环境发生变化,自然灾害发生的频率及受灾的人数不断激增。以旱灾和水灾为例,20 世纪 60 年代全世界每年受旱灾人数为 185 万人,受水灾人数为 244 万人;而 20 世纪 70 年代则分别为 520 万人和 1 540 万人,即受旱灾人数增加 2.8 倍,而受水灾人数增加 6.3 倍。尤其进入 21 世纪以来,世界各个地区出现极端暴雨、极端干旱和炎热、南北极高温及热带地区夏季飞雪等极端气候问题,森林大火、蝗虫灾害、外来物种入侵、草原荒漠化及病毒肆虐等各类生态灾害不胜枚举,造成的经济损失更是不可预计,全球环境和生态遭受到前所未有的压力和破坏。因此,那些掺杂着人为因素和环境污染成分的水灾、旱灾、风灾等自然灾害被人们视为现代的环境问题。

环境问题就其范围大小而论,还可以从广义和狭义两个方面理解。从广义上理解,环境问题是由自然力或人力引起生态平衡被破坏,最后直接或间接影响人类的生存和发展的一切客观存在的问题。从狭义上理解,环境问题是由于人类的生产和生活活动,自然生态系统失去平衡,反过来影响人类生存和发展的一切问题。

2.环境污染与环境问题的分类

(1)环境污染。

一般认为,环境污染是指人为的因素使环境的化学组成或物理状态发生了变化,与原来的情况相比,环境质量恶化,扰乱和破坏了生态系统和人类的正常生产和生活。环境污染最直观的现象是工业"三废"(废气、废水和废渣)对大气、水体、土壤和生物的污染,造成的后果是大气污染、水污染、土壤污染、生物污染等。此外,环境污染有时也可能是噪声污染、热污染、辐射污染及电磁辐射污染等由物理因素引起的污染。

生态环境破坏是由人类活动直接作用于自然界引起的,是人类在生产和生活活动中不合理地开发、利用自然资源或兴建工程而引起的环境污染、生态环境退化及对生物体产生严重危害的环境效应。生态环境破坏是导致环境结构和功能的变化,对人类生存发展以及环境本身发展产生不利影响的现象。例如,乱砍滥伐引起的森林植被的破坏、过度放牧引起的草原退化和盐碱化、大面积开垦草原引起的沙漠化、滥采滥捕使珍稀物种灭绝,从而危及地球物种的多样性、破坏食物链,植被破坏又引起水土流失等。

(2)环境问题的分类。

如果从引起环境问题的根源考虑,可将环境问题分为两类,即第一类环境问题与第二类环境问题(图 1.16)。

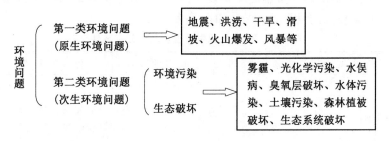

图 1.16　环境问题的分类

第一类环境问题,又称原生环境问题,是指在没有受人类活动影响的自然环境中,由自然力引起的原生环境问题,它主要指地震、洪涝、干旱、滑坡、火山爆发、风暴等自然灾害问题;第二类环境问题是由人类活动引起的环境问题,又称次生环境问题,如雾霾、光化学污染、水俣病等问题。第二类环境问题整体表现为环境污染和生态破坏,其结果不仅仅导致人类深受其害,也会对其他生物的生存与发展带来巨大的危机。

1.3.2 环境问题的产生和发展

1.环境问题的产生

环境问题可以说是自古就有,人类是自然的产物,又是自然环境的改造者,只是在世界人口数量不多、生产规模不大时,人类活动对环境的影响不太大,环境问题很快就能被自然环境自净,对生态和环境影响很小。

2.环境问题的发展

(1)生态环境的早期破坏。

人类自诞生后的很长岁月中,只是天然食物的采集者和捕食者,人类对环境的影响不大。那时"生产"对自然环境的依赖十分突出,人类主要是以生活活动、生理代谢过程与环境进行物质和能量转换,主要是利用环境,而很少有意识地改造环境。

如果此阶段也发生环境问题,则主要是由人口的自然增长和盲目地乱砍乱捕、滥用资源而造成生活资料缺乏,引起饥荒的问题。随后,人类学会了培育、驯化植物和动物,开始发展农业和畜牧业,这在生产发展史上是一次大革命。而随着农业和畜牧业的发展,人类改造环境的作用也越来越明显地显现,但与此同时也发生了相应的环境问题,如大量砍伐森林、破坏草原、盲目开荒,往往引起严重的水土流失,水旱灾害频繁和沙漠化;又如兴修水利,不合理灌溉,往往引起土壤的盐渍化、沼泽化,以及引起某些传染病的流行。

(2)环境问题的发展恶化阶段。

随着生产力的发展,在18世纪60年代至19世纪中叶,生产发展史上又出现了一次伟大的革命——工业革命。工业革命是世界史的一个新时期的起点,此后的环境问题也开始出现新的特点并日益复杂化和全球化。由于人口和工业密集,燃煤量和燃油量剧增,发达国家的城市饱受空气污染之苦,后来这些国家的城市周围又出现了日益严重的水污染和垃圾污染,工业三废、汽车尾气更是加剧了这些污染公害的程度。

20世纪30年代以后,环境问题变得越来越突出,震惊世界的公害事件接连不断,至20世纪中叶,影响较大的世界八大公害事件见表1.1。

表 1.1　至 20 世纪中叶世界八大公害事件

事件名称	时间	地点	污染物	危害情况	中毒症状	致害机理	环境原因
马斯河谷烟雾事件	1930 年12 月	比利时马斯河谷	烟尘、二氧化硫	几千人发病,60 多人死亡	胸痛、咳嗽、流泪、恶心、呕吐	二氧化硫氧化为三氧化硫进入肺的深部	山谷中工厂多,逆温天气,工业污染物积聚,又遇雾天
多诺拉烟雾事件	1948 年10 月	美国多诺拉	烟尘、二氧化硫	4 d 内 42% 的居民患病,近 20 人死亡	咳嗽、呕吐、腹泻、喉痛	二氧化硫与烟尘作用生成硫酸,吸入肺部	工厂多,遇雾天和逆温天气

续表1.1

事件名称	时间	地点	污染物	危害情况	中毒症状	致害机理	环境原因
伦敦烟雾事件	1952 年 12 月	英国伦敦	烟尘、二氧化硫	5 d 内 4 000 人死亡	咳嗽、呕吐、喉痛	烟尘中的三氧化二铁使二氧化硫变成硫酸沫,附着在烟尘上,吸入肺部	居民使用烟煤取暖,煤中硫含量高,排出的烟尘量大,遇逆温天气
洛杉矶光化学烟雾事件	20 世纪 40—50 年代	美国洛杉矶	光化学烟雾	大多居民患病,65 岁以上老人受害尤为严重	刺激眼、鼻喉,引起眼病、喉头炎	石油工业和汽车废气在紫外线作用下生成光化学烟雾	汽车尾气超过 1 000 t/d 进入大气,市区空气流动缓慢
水俣事件	始于 1953 年	日本九州南部熊本县水俣镇	甲基汞	水俣镇患病者 180 多人,死亡 50 多人	口齿不清,步态不稳,痴呆,耳聋眼瞎,全身麻木,精神失常	甲基汞被鱼吃后,人吃中毒的鱼而生病	氮肥生产催化剂中氯化汞和硫酸汞及含甲基汞的毒水、废渣排入水体
富山事件(骨痛病)	1931—1977 年	日本富山县(蔓延到其他 7 条河流流域)	镉	患者超过 280 人,死亡 34 人	关节痛、神经痛和全身骨痛,最后骨骼软化,饮食不进,在衰弱疼痛中死亡	吃含镉的米,喝含镉的水	炼锌厂未经处理净化的含镉废水排入河流
四日事件	1955—1979 年	日本四日市(蔓延到几十个城市)	二氧化硫、烟尘、重金属粉尘	患者 500 余人,有 36 人在气喘病折磨中死亡	支气管炎、支气管哮喘、肺气肿	有毒重金属微粒及二氧化硫吸入肺部	工厂向大气排放二氧化硫和煤粉尘数量多
米糠油事件	1968 年	日本九州爱知县等 23 个府县	多氯联苯	患者 5 000 多人,死亡 16 人,实际受害者超过 1 000 人	眼皮肿,全身起红疙瘩,肝功能下降,肌肉痛,咳嗽	食用含多氯联苯的米糠油	米糠油生产中,用多氯联苯作载热体,因管理不善毒物进入米糠油中

（3）全球性环境问题阶段。

从 1984 年英国科学家发现南极上空出现的"臭氧洞"开始,全球气候变化、生物多样性锐减等全球环境问题日益受到人们的关注。当代环境的核心问题是与人类生存和生活有密切关系的"全球变暖""臭氧层的破坏"及"酸雨"三大全球性的大气污染问题,以及大面积的生态破坏(如大面积的森林被毁、草原退化、土壤侵蚀和荒漠化),突发性严重污染事故迭起,20 世纪后期影响较大的环境公害事件见表1.2 。

表 1.2　20 世纪后期影响较大的环境公害事件

事件	时间	地点	危害	原因
塞维索化学污染	1976 年 7 月	意大利北部	多人中毒后,居民搬迁,几年后婴儿畸形	农药厂爆炸,二噁英污染
"阿莫戈·卡迪茨"号油轮泄油	1978 年 3 月	法国西北部布列塔尼半岛	藻类、湖间带动物、海鸟灭绝,工农业、旅游业损失大	油轮触礁,22 万 t 原油入海
三哩岛核电站泄漏	1979 年 3 月 28 日	美国宾夕法尼亚州	周围 80 km 约 20 万人口极度不安,损失 10 亿多美元	核电站反应堆严重失水
威尔士饮用水污染	1984 年 1 月	英国威尔士	200 万居民饮水污染,44% 的人中毒	化工公司将酚排入河流
墨西哥气体爆炸	1984 年 11 月 19 日	墨西哥	4 200 人受伤、1 000 人死亡,1 400 栋房屋损毁,10 万人疏散	石油公司一个油库爆炸
博帕尔农药泄漏	1984 年 12 月 2—3 日	印度中央邦博帕尔市	1 408 人亡,2 万人中毒,15 万人接受治疗,20 万人逃离	45 t 异氰酸甲酯泄漏
切尔诺贝利核电站泄漏	1986 年 4 月 26 日	苏联、乌克兰	31 人死亡,203 人受伤,13 万人疏散,直接损失 30 亿美元	4 号反应堆机房爆炸
莱茵河污染	1986 年 11 月 1 日	瑞士巴塞市	事故段生物绝迹,160 km 鱼类死亡,480 km 水不能饮用	化学仓库起火,1 250 t 剧毒农药的铜罐爆炸,硫、磷、汞等进入下水道,排入莱茵河
莫农格希拉河污染	1988 年 11 月 1 日	美国	沿岸 100 万居民生活受严重影响	石油公司油罐爆炸,约 1.3 万 t 加仑原油入河
埃克森·瓦尔迪油轮漏油	1989 年 3 月 24 日	美国阿拉斯加	海域严重污染,约 15 万左右海鸟及 4 000 头海獭死亡	漏油 26.2 万桶

（4）重视生态建设与可持续发展的现代。

进入 20 世纪下半叶，人们认识到了环境与生态的重要意义，开始了理智的反思，世界大多数国家的政府和很多民间组织开始行动起来，积极推动和参与各领域的环境保护行动。

1972 年，在瑞典首都斯德哥尔摩举行了第一次联合国人类环境与发展大会，全世界 113 个国家和一些国家机构代表参加了会议，通过了《联合国人类环境会议宣言》（简称《人类环境宣言》）、《人类环境行动计划》等文件，确定每年 6 月 5 日为"世界环境日"，并建议成立了联合国环境规划署（UNEP）。这次大会是国际社会生态环境保护的一个重要里程碑，标志着人类对环境的认识走出了污染治理的狭义范围，并对环境问题的全球性及其影响的久远性取得初步共识，开始了世界范围内探讨环境保护和改善战略的进程。

1992 年，在巴西里约热内卢召开了联合国环境与发展大会，有 183 个国家的代表团和 70 个国际组织的代表出席，会议通过了《里约环境与发展宣言》《21 世纪议程》等文件，这是全人类环境与发展道路上的第二座里程碑。

2015 年 12 月 12 日，在"联合国气候变化框架公约 21 次缔约方大会"——巴黎气候变化大会上，近 200 个缔约方达成《巴黎协定》。《巴黎协定》是基于《联合国气候变化框架公约》继《京都议定书》后第二份有法律约束力的气候协议。2016 年 4 月 22 日 170 多个国家领导人在纽约联合国总部纽约签署了该协定，明确了全球共同追求的"硬指标"，为全球应对气候变化行动做出安排，以达到降低气候变化给地球带来的生态风险以及给人类带来的生存危机。

1.3.3 当前世界关注的全球环境问题

1.全球环境问题

自工业革命以来，随着科学技术的发展，人类干扰自然、改造自然的力量空前增大，与此同时，环境也付出了巨大的代价。总体而言，当今世界环境质量正进一步恶化，而且局部的、小范围的环境污染与破坏已经演变成区域性的，甚至全球性的环境问题。它们已不是一个民族、一个国家的问题，而是整个人类、地球共同面临的问题。

（1）资源短缺与消耗过大。

资源与环境问题是当今世界上人类面临的重要问题之一，这些问题是多方面的，主要表现在以下几个方面。

①全球淡水资源短缺。地球上可用的淡水资源仅占全球总水量的 0.3%，且分布不均，水资源消耗的不断增加与可利用的水资源储量不符，全世界有 20%～40% 的人口得不到符合卫生标准的淡水或处于缺水状态；局部海洋污染严重，绿色海洋资源和海洋经济严重受损。水资源的短缺不仅制约着经济的发展，影响粮食的产量和全球粮食安全，而且有可能引起同一条河流上下游之间的国家冲突。

②土地资源不足。土地资源有两方面属性——面积和质量。从土地资源面积的属性来看，地球总面积为 5.1×10^8 km²，陆地与岛屿占 1.49×10^8 km²。土地的地理分布、土壤厚薄、肥力高低、水源远近、潜水埋深和地势高低及坡度大小等对农业有着比较大的影响；

土地地质的稳定性、承压性和受地貌灾害(火山、地震、滑坡等)、气象灾害(干旱、暴雨、大风等)威胁的程度等对工矿开采和城乡规划建设有着较大的制约;土地的通达性——离居民点的远近、道路交通状况等,影响着劳动力与机械到达该土地所消耗的时间和能量。考虑到这些因素,陆地面积中有30%是"适居地"——适宜人类居住,适居地包含可耕地、住宅、工矿、交通、文教和军事用地等。在适居地中,折合人居面积为0.45~0.53 hm²。随着世界人口的增长,人类面临着土地、耕地资源不足的问题越来越严重。

③能源和矿产资源消耗过大,呈现枯竭趋势。当今世界能源的消耗主要源自不可再生资源(煤和石油等),世界能耗继续增长,煤、石油和天然气等化石能源被广泛利用到人类生产生活的各个领域,消耗巨大,呈现枯竭趋势。矿产资源的无度开采,浪费严重,现代工业技术的发展,除基础工业之外,各国军事、航空领域的大规模生产和高数量的产出,造成金属、稀有金属、非金属等矿产锐减,最终导致矿产资源耗竭。几十亿年地质历史时期内形成的矿物资源,在短短的几百年人类历史中耗竭,这是人类历史上最大的悲剧。

(2)环境污染严重。

自然环境中的环境要素(大气、水、土壤、生物等)受人类活动影响,污染严重,污染物含量超过了环境本底值,产生了严重的后果。

①大气环境中的温室气体不断增加、大气组成发生变化、新型污染、工业与核事故的突发,导致全球变暖、臭氧层空洞、酸雨、极端气候等频繁出现和发生。

②水环境中除常见的污染成分之外,难降解有机物、重金属、激素、抗生素等持久性污染物、热污染、放射性污染及新型烈性病毒等屡见不鲜,污染成分越来越复杂,浓度和污染程度难以遏制,造成了淡水水源和水体污染,海洋污染也日益严重,在水量型缺水的危害下,又新增了水质型缺水危机。

③土壤环境状况总体不容乐观,工业活动、采矿、城市和交通基础设施等占地、用地,废物和污水的产生和处置、农业和畜牧业等各行业、领域产生的重金属、杀虫剂、多环芳烃、持久性有机污染物、放射性核素、新型污染物(药物、内分泌干扰素、激素制剂等)、致病微生物、抗生素耐药细菌等,严重地污染了部分地区的土壤,耕地土壤环境质量堪忧,以及工矿业废弃地土壤环境问题突出。

④固体废物减量化、无害化与资源化已经成人类面临的重要课题,随着人们失去了"必需"和"过剩"之间的界限,全球每年有70亿~100亿t的城市废物产生,至少有20亿~30亿人的生活环境中缺乏固体废物的收集与处理设施;世界各地的固体废物处理场、站等设施至少影响6.4亿人的日常生活。巨量固体废物的产生不但侵占土地、堵塞江湖、影响卫生、耗费资源和能源,而且严重污染了空气、地下水、土壤,进而危害生态环境、农业和人类的生存。

(3)生态破坏。

人类社会进入重视生态建设与可持续发展的时代之后,人们虽然提出和做出了众多对环境和生态的保护措施,但由于前期的一些行为,森林锐减、草原和牧场退化、土地沙漠化、土壤侵蚀与水土流失、积水和盐渍化、生物物种灭绝、生物多样性减少等问题仍没有被遏制。

2.发达国家的环境现状与问题

发达国家的环境质量有了明显的提高,比较好地解决了国内的环境污染问题,生态环境和生态系统得到了较好的修养和恢复;工业烟气的污染治理成效显著;黑臭水体治理及环境水体明显变清,水体的水质都获得了显著改善,水生态得到了明显的改善。但发达国家仍然需要面对全球性的气候问题和大环境改变而产生的自然灾害问题,如干旱炎热带来的森林大火、极端天气造成的洪灾和旱灾等,以及资源与能耗问题。

3.发展中国家的环境现状与问题

与发达国家不同,部分发展中国家的环境问题主要是环境污染和生态环境破坏问题,它们正走着"先污染、后治理"的道路。事实上,正是由于资本的驱动,发达国家将国内重点污染企业转向发展中国家,降低了自己国家的环境污染负荷,发展中国家因为没有足够的资金和技术,只能为自己的经济发展而带来的环境污染付出代价。空气污染、水污染、农药污染、森林锐减、土地沙漠化、土壤侵蚀、积水和盐渍化、土地资源短缺、生物多样性等方面的问题一直没有得到有效解决。自 1950 年以来,世界森林已损失了一半,其主要承受者是发展中国家。

4.我国的环境问题

进入 21 世纪,我国开始实施可持续发展战略,生态及环境有了明显的改善,正逐步将"绿水青山就是金山银山"的理念变为现实。

天然林保护工程、三北防护林工程、长江上游防护林和生态公益林建设工程、沿海防护林体系建设工程、太行山绿化工程、平原绿化工程、国家水土保持重点工程、国家土地整治工程等一系列生态建设重大工程等对改善局域小气候、抗御自然灾害、促进农牧业生产起到了有益的作用,森林覆盖率明显增加。截至 2021 年,我国已经建成了 474 个国家级自然保护区,实施湿地保护修复项目 2 000 余个。但我国森林生态功能的总体效应仍然较弱,个别毁林、乱砍盗伐现象时有发生,物种多样性减少、珍稀物种灭绝现象仍难以控制。

在退耕还林、退耕还草、"水十条"(2015 年 4 月国务院发布的第 17 号文件《水污染防治行动计划》)、"三条红线"(2011 年中央一号文件《中共中央国务院关于加快水利改革发展的决定》第六条"实施最严格的水资源管理制度"中的内容)、生态流域治理、黑臭水体治理及河长制等一系列工程的实施下,加之碳中和、碳排放量控制等国际公约的履行,我国的整体生态环境发生改变,草原退化与减少的趋势减弱,水土流失、土地荒漠化、土壤污染逐步受到遏制。但全国总耕地面积仍在缩减,水旱灾害严重,地表水、地下水污染与水量和水质型缺水问题短期难以解决;工业"三废"污染仍然难以有效控制,重金属污染治理、空气温室气体排放控制、工业废弃物处置等浪费了大量的人力、物力,却难以见到成效。

自从我国实施环境保护策略和政策以来,截至目前,我国的环境污染态势得到了有效控制,生态环境、大气环境、水体环境、土壤环境总体上有所改善,但前景不容乐观,财力不足仍然是环境改善的主要障碍,管理水体滞后制约着环境污染控制工作的进行。

1.4 可持续发展

1.4.1 可持续发展的提出

20 世纪中叶,随着环境污染的日趋加重,特别是西方国家公害事件的不断发生,环境问题频频困扰人类。20 世纪 50 年代末,美国海洋生物学家蕾切尔·卡逊(Rachel Karson)在潜心研究美国使用杀虫剂所产生的种种危害之后,于 1962 年发表了《寂静的春天》。书中列举了大量污染事实,轰动了欧美各国。书中指出:人类一方面在创造高度文明,另一方面又在毁灭自己的文明,环境问题如不解决,人类将生活在"幸福的坟墓之中"。

1970 年 4 月 22 日,美国 2 000 多万人(相当于美国人口的 1/10)举行了大规模的游行,要求政府重视环境保护,根治污染危害。为纪念这次活动,将 4 月 22 日定为世界地球日。

1972 年,联合国人类环境会议在斯德哥尔摩召开。大会通过了《人类环境宣言》,同时发表了报告《只有一个地球》。《人类环境宣言》指出:"为了在自然界里取得自由,人类必须利用知识在同自然合作的情况下建设一个较好的环境。为了这一代和将来的世世代代,保护和改善人类环境已经成为人类一个紧迫的目标"。该宣言为保护和改善人类环境所规定的基本原则被世界各国所采纳,成为世界各国制定环境法的重要依据和国际环境法的重要指导方针。为纪念这一天,将 6 月 5 日定为世界环境日。世界环境日的意义在于提醒全世界注意地球环境状况和人类活动对地球环境的危害。

1983 年第 38 届联合国大会,成立了世界环境与发展委员会(WCED),该委员会于 1987 年向联合国大会提交了研究报告《我们共同的未来》。该报告分为"共同的问题""共同的挑战"和"共同的努力"三大部分。在系统探讨了人类面临的一系列重大经济、社会和环境问题之后提出了"可持续发展"的概念。

1992 年 6 月 3—14 日,联合国环境与发展大会(UNCED)在巴西里约热内卢召开,会议通过并签署了 5 个重要文件——《里约环境与发展宣言》《21 世纪议程》《关于所有类型森林问题的不具法律约束的权威性原则声明》《气候变化框架公约》和《保护生物多样性公约》,其中《里约环境与发展宣言》和《21 世纪议程》提出建立新的全球伙伴关系,为今后在环境与发展领域开展国际合作确定了指导原则和行动纲领。以这次大会为标志,人类对环境与发展的认识提高到了一个崭新的阶段。大会为人类高举可持续发展旗帜,走可持续发展之路发起了总动员,使人类迈出了跨向新的文明时代的关键性一步,是人类环境与发展中的重要里程碑。

2015 年 12 月 12 日在第 21 届联合国气候变化大会(巴黎气候大会)上通过《巴黎协定》,该协议于 2016 年 4 月 22 日在联合国总部纽约经 170 多个国家领导人正式签署后,成为继《京都议定书》后第二份有法律约束力的气候协议。该协议于 2016 年 11 月 4 日起正式实施,是对 2020 年后全球应对气候变化的行动做出的统一安排。

1.4.2　可持续发展的概念

可持续发展的概念包括两个重要内涵：一是人类要发展，要满足人类的发展需求；二是不能损害自然界支持当代人和后代人的生存能力，即"既满足当代人的需求，又不对后代人满足其自身需求的能力构成危害的发展"。

可持续发展体现了人与自然、人与其他生物之间的公平性。满足人类基本的需求和提高生活质量的需求是人类享有的权利，但这应当坚持与自然和谐，而不应当凭借人们拥有的技术及投资，以耗竭资源、破坏生态和污染环境的方式来追求这种发展和权利的实现。应当通过人类技术的进步和管理活动对"发展"进行调节与制约，以求得与生态环境的保护相适应。更重要的是，应当努力做到使自己的机会与后代的机会相平等，不能允许当代人一味地、片面地、自私地为了追求今世的发展，而无限度地损耗天然资源，毫不留情地剥夺后代人本应合理享有的同等发展与运用资源的权利。不仅要留给后代一个丰衣足食、富裕发达的社会，而且要留给他们一个清洁卫生、舒适优美的环境以及多种多样可供持续利用的自然资源。

1.4.3　可持续发展理论概要

1. 发展是可持续发展的前提

可持续发展不否认经济增长，发展是可持续发展的核心，是可持续发展的前提。

可持续发展的内涵是能动地调控自然－社会－经济复合系统，使人类在不超越环境承载力的条件下发展经济，保持资源承载力和提高生产质量。发展不限于增长，持续不是停滞，持续依赖发展，发展才能持续。

2. 全人类共同努力是实现可持续发展的关键

人类共同居住在一个地球上，全人类是一个相互联系、相互依存的整体，没有哪一个国家能够脱离世界而达到全部自给自足。当前世界上的许多资源与环境问题已超越国界和地区界限，并具有全球性的规模。要达到全球的持续发展需要全人类的共同努力，必须建立稳固的国际秩序和合作关系，将保护环境、珍惜资源当作全人类的共同任务。对于全球的公物，如大气、海洋和其他生态系统要在同一目标的前提下进行管理。

3. 公平性是可持续发展的尺度

可持续发展主张人与人之间、国家与国家之间的关系应该互相尊重、互相平等。一个社会或一个团体的发展不应以牺牲另一个社会或团体的利益为代价。可持续发展的公平性包含以下三点。

（1）当代人之间的公平。

当代人之间的公平即同代人之间的横向公平性，当今世界的现实是一部分人富足，而另一部分贫穷，这种贫富悬殊、两极分化的世界不可能实现可持续发展，因此，要给世界以公平的分配和发展权，要把消除贫困作为可持续发展进程中特别、优先的问题来考虑。

（2）代际之间的公平。

人类赖以生存的自然资源是有限的,当代人在利用环境和资源时,必须考虑到给后代人留下生存和发展的必要资源和资本。当代人不能为自己的发展与需求而损害人类世世代代需求的条件——自然资源与环境,要给后代以公平利用自然资源的权利。

（3）公平分配有限资源。

各国拥有按本国的环境与发展政策开发本国自然资源的主权,并负有确保在管辖范围内或控制下的活动不损害其他国家或在各国以外地区环境的责任。

4.全社会广泛参与是可持续发展实现的保证

可持续发展的目标和行动,必须依靠社会公众与社会团体最大限度地认同、支持和参与。公众、团体和组织的参与方式和参与程度将决定可持续发展目标实现的进程。

5.生态文明是可持续发展的目标

如果说农业文明为人类生产了粮食,工业文明为人类创造了财富,那么生态文明将为人类建设一个美好的环境。也就是说,生态文明主张人与自然和谐共生:人类不能超越生态系统的承载能力,不能损害支持地球生命的自然系统。

6.可持续发展的实施以适宜的法律体系为条件

可持续发展的实施强调"综合决策"和"公众参与",需要改变过去"单打一"制定和实施经济、社会、环境政策的做法,提倡根据社会、经济、环境等全盘考虑,并进行科学、全面分析后来制定政策并予以实施。可持续发展的原则要纳入经济发展、人口、环境、资源、社会保障等各项立法及重大决策之中。

1.4.4　可持续发展的总体要求

（1）以人与自然和谐的方式发展。

（2）要把环境与发展视为一个相容而又不可分离的整体,制定社会经济可持续发展的政策和法律。

（3）发展科学技术,改革生产方式和能源结构。

（4）以不损害环境为前提,控制适度的消费规模和工业发展的生产规模。

（5）从环境与发展最佳相容性出发,确定管理目标的优先次序。

（6）加强对资源的保护和科学的管理。

（7）发展绿色文明和生态文化。

1.4.5　清洁生产与循环经济

1.清洁生产

联合国环境规划署与环境规划中心(UNEPIE/PAC)采用"清洁生产"这一术语来表征从原料、生产工艺到产品使用全过程的广义的污染防治途径,给出了以下定义:清洁生产是指将综合预防的环境保护策略持续应用于生产过程和产品中,以期减少对人类和环境的风险。清洁生产旨在减少产品整个生命周期过程中——从原料的提取到产品的最终处置对人类和环境的影响。清洁生产的定义包含了两个全过程控制：生产全过程和产品生命周期全过程。

对生产过程而言，首先是采用清洁的能源，包括常规能源的清洁利用、可再生能源的利用、新能源的开发和节能技术的使用；其次是节约原材料和能源，淘汰有毒有害的原材料，保证中间产品无毒、无害，减少生产过程中的各种危险因素，并在全部排放物和废物离开生产过程以前，尽最大可能减少它们的排放量和毒性。

对产品而言，产品在使用过程中以及使用后不致危害人体健康和生态环境，易于回收、复用和再生，合理包装，具有使用功能（节能、节水及降低噪声等）、合理的使用寿命和报废后易处理、降解等环境友好特性。

清洁生产不包括末端治理技术，如空气污染控制、废水处理、固体废弃物焚烧或填埋，清洁生产通过应用专门技术、改进工艺技术和改变管理态度来实现。目前我国采用的是国际通行的"ISO14000 环境管理体系"来实施清洁生产管理，《中华人民共和国清洁生产促进法》已于 2003 年开始实施。最新修正是根据 2012 年 2 月 29 日第十一届全国人民代表大会常务委员会第二十五次会议《关于修改〈中华人民共和国清洁生产促进法〉的决定》修正，自 2012 年 7 月 1 日起施行。

2. 循环经济

循环经济萌芽于 20 世纪 60 年代美国经济学家鲍尔丁的"宇宙飞船论"，但直到 1992 年后，人们才真正开始关注循环经济。循环经济是一种建立在资源回收和循环再利用基础上的经济，本质是生态经济，是集清洁生产、资源综合利用、生态设计和可持续消费等为一体的一种新的经济发展模式。循环经济的目标是将经济活动对自然环境的影响降低到尽可能少的程度，甚至"零排放"。"减量、再用、循环"是其重要操作原则。

传统经济是一种由"资源—产品—污染排放"所构成的物质单向流动的经济，对资源的利用常常是粗放的和一次性的；循环经济倡导的是一种建立在物质不断循环利用基础上的经济发展模式，它要求把经济活动按照自然生态系统的模式，组织成一个"资源—产品—再生资源"的物质反复循环流动的过程（图 1.17）。发展循环经济，实现环境与发展协调的最高目标是实现从末端治理到源头控制，从利用废物到减少废物的质的飞跃。

循环经济活动的行为准则是减量化（reduce）原则、再使用（reuse）原则和再循环（recycle）原则——3R 原则。循环经济是一个系统工程，不是单纯的经济问题，在可持续发展理念的基础上，要遵循经济规律和生态学规律，以协调人与自然关系为准则，模拟自然生态系统运行方式和规律，在必须有企业经济效益体系支撑的前提下，建立国家政策和法律支持体系、技术与资金支撑体系、管理和监督体系等系统工程。

自 2009 年 1 月 1 日起实施的《循环经济促进法》以来，我国的循环经济取得了较大的成就，"2015 中国循环经济发展论坛"统计数据表明：经过近十年的发展，循环经济在调整产业结构、转变发展方式、建设生态文明、促进可持续发展中发挥了重要作用，"十二五"时期的前 4 年，我国资源产出率提高了 10% 左右，单位 GDP 能耗下降 13.4%，单位工业增加值用水量下降 24%；2014 年我国资源循环再利用产业产值达 1.5 万亿元，从业人员达 2 000 万人，回收和循环再利用各种废弃物和再生资源近 2.5 亿 t，与利用原生资源相比，

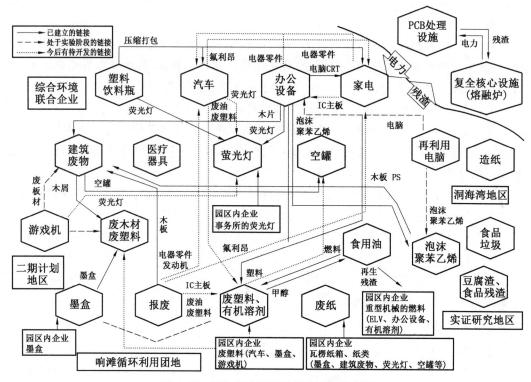

图 1.17　某生态工业园区循环经济示意图

节能近 2 亿 t 标准煤，减少废水排放 90 亿 t，减少固体废物排放 11.5 亿 t。循环经济指标体系已经是建立生态文明建设的评价指标体系之一。

　　清洁生产是循环经济的基石，循环经济是清洁生产的扩展。在理念上，它们有共同的时代背景和理论基础；在实践中，它们有相同的实施途径，应相互结合。

思考题与习题

　　1. 自然经济时代与工业经济时代人类对环境态度有什么变化？

　　2. 什么是工业经济？工业经济的遗患有哪些？

　　3. 地球的结构及其主要部分有哪些？

　　4.《中华人民共和国环境保护法》中的环境概念是什么？

　　5. 什么是环境质量？

　　6. 环境有哪些特性？举例说明环境特性中的持续反应性。

　　7. 什么是环境问题？环境问题是如何分类的？什么是环境污染？

　　8. 当前世界关注的全球环境问题有哪些？

　　9. 什么是可持续发展，它的理论概要有哪些？

　　10. 什么是清洁生产？什么是循环经济？

第2章 生态环境保护与修复

2.1 生态系统的组成、类型与特征

2.1.1 生态系统定义

生态系统(ecosystem)简称生态系,是 20 世纪 30 年代由英国植物群落学家坦斯利(A.G.Tansley)提出的,到 20 世纪 50 年代得到广泛的传播。20 世纪 60 年代以后,世界性的环境污染和生态平衡的破坏等许多关系到人类前途和命运问题的出现,使生态系统的研究得以迅猛发展。

生态系统是自然界一定空间内的生物与生物之间、生物与非生物环境之间的相互作用、相互影响、不断演变、不断进行着物质和能量交换的功能体,是由种群、生物群落及其生存环境共同组成的动态平衡系统。生态系统具有一定的结构和功能单位,在一定时间内能够达到动态平衡,并能形成相对稳定的统一整体。

在一定的自然区域范围内,一个生物物种所有个体的总和称为种群(population)。

在一定的自然区域范围内,许多不同物种组成的生物集合体称为群落(community)。

生态系统的类型可根据范围大小分类,大至整个生物圈(是指地球上有生命活动的领域及其居住环境的整体,由大气圈(atmosphere)的下层、整个水圈(hydrosphere)、土壤岩石圈(lithosphere),以及活动于其中的生物组成)。整个海洋、整个大陆,小至一个池塘、一片农田,都可作为一个独立的系统或作为一个子系统;任何一个子系统都可以与周围环境组成一个更大的系统,成为较高一级系统的组成成分。

2.1.2 生态系统组成

1.生态系统的非生物成分

生态系统中的非生物成分(非生物环境)是生物生存栖息的场所,是物质和能量的源泉,也是物质交换的地方。

非生物环境包括气候因子、无机物质、有机物质。气候因子,如光照、水分、温度、空气及其他物理因素;无机物质,即参与生态系统的物质循环的物质,如 C、N、H、O、P、Ca 及矿物质盐类等;有机物质,起到联结生物和非生物成分之间的桥梁作用,如蛋白质、糖类、脂类、腐殖质等。

2.生态系统的生物成分

(1)生产者(producers)。

生产者是指能把简单的无机物合成有机物的绿色植物和藻类,以及光合细菌和化能细菌,它们可以进行光合作用,将非生物环境中的二氧化碳、水和矿物元素合成有机物质,同时,把太阳能转变成化学能并储存在有机物质中。可以说,生产者是生态系统中营养结构的基础,决定着生态系统中生产力的高低,是生态系统中最主要的组成部分。

(2)消费者(consumers)。

消费者不能像生产者那样进行光合作用制造食物,仅能直接或间接地依赖生产者为食,从中获得能量的异养生物,主要指各种动物、营寄生和腐生的细菌类及人类本身。

根据消费者的食性不同或取食先后,消费者可分为草食动物、肉食动物、寄生动物、杂食动物和腐食动植物。

根据消费者在食物链及食物网中的位置不同,可分为不同营养级:①直接以植物为食的动物称为草食动物,是初级消费者或一级消费者,如牛、羊、马、兔子等;②以草食动物为食的动物称为肉食动物,是二级消费者,如黄鼠狼、狐狸等;③肉食动物之间是弱肉强食的,由此还可以分为三级消费者、顶级消费者。

(3)分解者(decomposers)。

分解者是指各种具有分解能力的微生物,主要是细菌、放线菌和真菌,也包括一些微型动物(如鞭毛虫、土壤线虫等)。它们在生态系统中的作用是把动植物残体分解为简单的化合物,最终分解为无机物,归还到环境中,重新被生产者利用。分解者在生态系统中的作用极为重要,如果没有它们,动植物的尸体将会堆积如山,物质不能循环,导致生态系统毁坏。利用分解者的作用而建立的废水生化处理设施对防止水体污染起到了重要作用。

根据生态系统中生物成分所处的地位和作用,又可将其分为基本成分和非基本成分。生产者和分解者是任何一个生态系统都必不可少的,为基本成分;而消费者不会影响生态系统的根本性质,是非基本成分,生态系统的组成如图2.1所示。

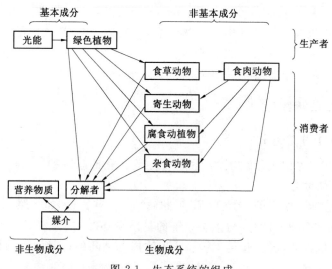

图 2.1　生态系统的组成

2.1.3　生态系统的类型划分

生态系统是一个很广泛的概念,目前尚无统一和完整的分类原则,可按生态类型的不同分为陆地生态系统、水域生态系统;也可根据生态系统形成的原动力和影响力分为自然生态系统(如原始森林、未经放牧的草原)、半自然生态系统(如天然放牧的草原、人工森林、养殖湖泊等)、人工生态系统等,生态系统的类型如图 2.2 所示。

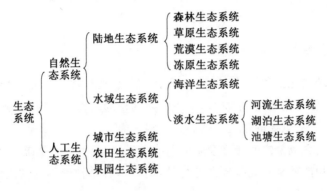

图 2.2　生态系统的类型

2.1.4　生态系统的基本特征

1.开放性

生态系统是一个不断与外界环境进行物质和能量交换的开放系统。生态系统的有序性和特定能的产生是与这种开放性分不开的。

在生态系统中,能量是单向流动的,绿色植物接收太阳光能,经生产者、消费者、分解者利用、消耗、散失。而维持生命活动所需的各种物质,如碳、氮、氧、磷等元素,则以矿物形式进入植物体内,然后以有机物的形式从一个营养级传递到另一个营养级,最后有机物经微生物分解为矿物元素而重新释放到环境中,并被生物再次循环所利用。

2.运动性

生态系统是一个有机的统一体,它总是处于不断运动和相互适应调节状态下的相对稳定状态,并对外界环境条件的变化表现出一定的弹性。这种稳定状态实际上是动态平衡的,是随着时间推移和条件变化而呈现的一种富有弹性的相对稳定的运动过程(能量流动和物质循环)。在相对稳定阶段,生态系统中的运动对其性质不会产生影响。

3.自我调节性

生态系统作为一个有机的整体,在不断与外界进行能量和物质交换的过程中,通过运动性不断调整其内在的组成和结构,并表现出一种自我调节的能力,以不断增强对外界条件变化的适应性、忍耐性,维持系统的动态平衡。

当外界条件变化太大或系统内部结构发生严重破损时,生态系统的自我调节能力会下降或丧失,造成生态平衡的破坏,也正是当前人类的行为打乱及破坏了全球或区域生态系统的自我适应、调节功能,才导致了如此多且严重的环境问题。

4.相关性与演化性

任何一个生态系统,虽然有自身的结构和功能,但又同周围的其他生态系统有着广泛的联系和交流,很难把它们截然分开,表现出系统间的相关性。对于一个具体的生态系统而言,它总是随着一定的内外条件的变化而不断地自我更新、发展和演化,表现为产生、发展、消亡的历史过程,呈现一定的周期性。

2.1.5 生态系统的营养结构

生态系统的结构包括生物结构(个体、种群、群落、生态系统)、形态结构(生物成分在空间、时间上的配置与变化,包括垂直、水平和时间格局)、营养结构(生态系统中各成分之间相互联系的途径,最重要的是通过营养关系实现的)。

生态系统各组成成分之间建立起来的营养关系,构成了生态系统的营养结构,能量流动和物质循环等功能就是在此基础上进行的,所以营养结构也称为功能结构。生态系统营养结构模式如图 2.3 所示。

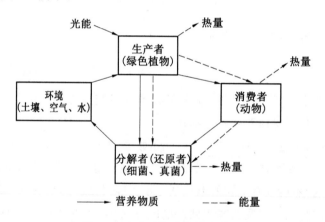

图 2.3 生态系统营养结构模式

1.食物链

生态系统中,由食物关系把各种生物连接起来,彼此形成一个以食物连接起来的链锁关系,称为食物链。按照生物间的相互关系,一般把食物链分成捕食性食物链、寄生性食物链、腐生性食物链、碎食性食物链。在生态系统营养结构中,人们更注重和熟知的捕食性食物链,如,藻类→甲壳类→小鱼→大鱼,又如,青草→野兔→狐狸→狼,小麦→蚜虫→瓢虫→小鸟→猛禽等形成的食物链。

2.食物网

在生态系统中,一种消费者往往不只吃一种食物,而同一种食物又可能被不同的消费者所食,各食物链之间相互交错相连,形成复杂的网状食物关系,称为食物网。图 2.4 给出了一个简化的温带落叶林中的食物网。

食物网本质上反映了生态系统中各有机体之间的相互捕食关系和广泛的适应性。生态系统越稳定,生物种类越丰富,食物网越复杂。食物网在自然界中普遍存在,维护着生态系统的平衡和自我调节能力,推动着有机界的进化,是自然界发展演化的生命之网。

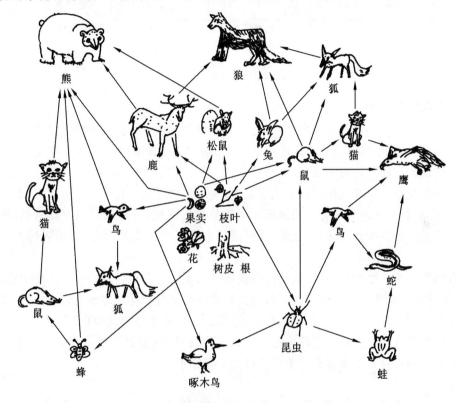

图 2.4　简化的温带落叶林中的食物网

3.营养级

生物群落中的各种生物之间进行物质和能量传递的级次称为营养级。食物链中每一个环节上的物种都是一个营养级,每一个生物种群都处于一定的营养级上,生产者为第一营养级,二级消费者为第三营养级等,依此类推,而杂食性消费者却兼为几个营养级。

自然界中的食物链增长不是无限的,通常营养级可达 3～5 级,一般不超过 7 级,因为低位营养级是高位营养级的营养及能量的供应者,但低位营养级的能量仅有 10％能被上一个营养级利用(也称 10％率)。如第一营养级——初级生产者获得的能量,自身呼吸、代谢要消耗一部分,剩余的又不能全部被草食动物利用。因此,在数量上,第一营养级必将大大超过第二营养级,逐级递减,从而形成了生产率金字塔、生物量金字塔、生物数目金字塔等,如图 2.5 所示。可见,人为减少低位营养级的生物数量必将影响高位营养级的产量。

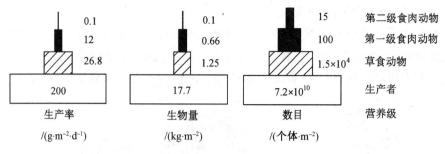

图 2.5　生态金字塔图

4.食物链的特点

自然界中的食物链不能无限增长,通常营养级可达 3～5 级,食物链在生态系统中不是固定不变的,它不仅在生态系统的进化历史上有改变,在短时间内也会有变化,特别是人为因素更会加速食物链的改变。

在一个复杂的食物网构成的生态系统中,个别食物链的变化不会影响大局,但在有些特殊情况下,如人为因素或者生物链的某一环节发生变化,可能破坏整个食物链,甚至影响到生态系统的结构和功能;反过来,要想恢复生态系统原来的状态,却需要付出巨大的代价。

食物链还有一个重要特性,就是能够使环境污染中不能被代谢的有毒物质浓缩,也就是说,某种元素或难降解的物质随着营养级的提高会在有机体中逐步增多,这种现象称为生物放大作用或生物富集作用。例如,汞盐、长链的苯酚化合物、DDT 等都可在食物链中富集。食物链这一概念揭示了环境污染中有毒物质转移、积累的原理和规律。生态系统理论对人类的生存和活动有极其重要的理论指导作用。

2.2　生态系统中的物质循环与能量流动

2.2.1　生态系统中的物质循环

在生态系统中,生物生存不仅需要能量,也需要物质。物质既是化学能量的载体,又是有机体维持生命活动进行生物化学过程的结构基础。在自然界的 100 多种化学元素中,生物有机体维持生命活动所必需的元素约有 40 多种,其中 O、C、H、N、P 被称为基本元素,占全部原生质的 97% 以上,它们与 K、Na、Ca、Mg、S、Fe 等一起被称为大量营养元素。另一些元素虽然需要量极少,但对生物的正常生长发育却不可缺少,称为微量营养元素,如 Cl、Co、I、Mn、Mo、Zn 等。

构成生命有机体的化学营养元素首先被植物从空气、水、土壤中吸收利用,然后以有机物的形式从一个营养级传递到下一个营养级;当动植物有机体死亡并被分解者分解后,它们又以无机的矿质元素归还到环境中,再次被植物重新吸收利用,这就是生态系统的物质循环,图 2.6 所示为生物圈中的水、氧和二氧化碳循环。

各种营养元素的生物地球化学循环特点不尽相同,但都有一个或几个主要的环境蓄

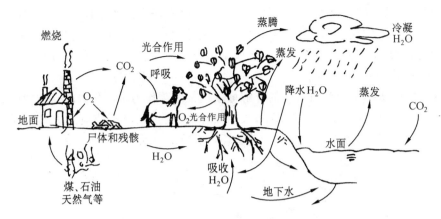

图 2.6　生物圈中的水、氧和二氧化碳循环

库,在这种蓄库中,某种元素储存的数量大大超过正常结合在生命系统中的数量,这种蓄库一般是大气圈、水圈和岩石圈。根据主要蓄库的不同,物质循环可分为三种类型:水循环、气体循环和沉积循环。

1. 水 循 环

水由氢、氧两种元素组成,是生命过程中氢的主要来源,一切生命有机体大部分(约70%)是由水组成的,任何一个生态系统都离不开水,同时,水循环为生态系统中物质和能量的交换提供了基础。此外,水还能起到调节气候、清洗大气和净化环境的作用。

水约占地球表面的 71%,在冰川、冰山、海洋、河流、湖泊、土壤、大气和生物体中的水约有 1.4×10^{18} m³。海洋、湖泊、河流和地表水不断蒸发进入大气,植物吸收到体内的大部分水分通过叶表面的蒸腾作用进入大气;大气中的水分遇冷形成雨、雪、雹等,落入海洋、河流、湖泊及陆地表面,落到陆地上的水有一部分渗入地下,形成地下水,再供植物根系吸收,另一部分在地表形成径流,流入海洋、河流和湖泊等,如图 2.6 所示。

水循环的主要蓄库在水圈。水循环不仅为陆地生物、淡水生物和人类提供淡水来源,而且其他物质的循环都是与水循环结合在一起进行的。没有水循环,生命就不能维持,生态系统也无法启动。

2. 气 体 循 环

气体循环的物质主要有 C、H、O、N 等,气体循环的主要蓄库是大气圈,其次是水圈。参加气体循环的元素具有扩散性强、流动性大、容易混合及循环周期短等特点,很少出现元素的过分聚集和短缺现象,具有明显的全球循环的性质。

(1)碳的循环。

碳是构成生物体的主要元素,约占生命物质的 25%,碳以二氧化碳和碳酸盐的形式存在于无机环境中,虽然最大量的碳元素被固结在岩石圈中,但因通过光合作用进入生物体内的碳元素来源于空气中的二氧化碳,具有典型的气体循环性质。在地球表层,碳的贮藏量约为 20×10^6 亿 t,在大气中的二氧化碳量约为 7 000 亿 t。

气体循环中的碳元素是通过绿色植物从空气中获得二氧化碳开始的,经光合作用转化为葡萄糖,再合成为植物体的碳水化合物,经过食物链的传递,成为动物体的碳水化合物;植物和动物通过呼吸作用把摄入体内的一部分碳转化为二氧化碳释放入大气,另一部分则构成生物的机体或在机体内储存;动、植物死后残体中的碳被微生物分解成二氧化碳并排入大气,也有小部分动植物尸体长期埋于地下,形成化石燃料,人们利用这些物质通过燃烧把二氧化碳排放到大气中。

此外,风化、火山活动和石灰岩的分解可以把某些碳作为二氧化碳或碳酸盐归还于大气和地表;海洋中的碳酸盐可沉积海底,长期储存;火山爆发又可使地壳中的一部分碳回到大气中,碳就是这样周而复始地进行着循环,如图 2.7 所示。

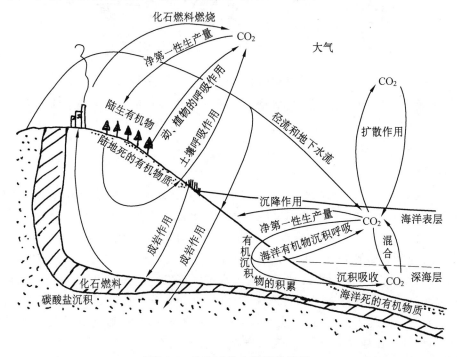

图 2.7　生态系统中的碳素循环

由于工业的高速发展,人类大量耗用化石燃料,空气中的二氧化碳的浓度不断增加,加强了温室效应,对世界的气候产生影响,对人类造成危害。

(2)氮的循环。

氮元素是构成生物体有机物质的重要元素之一,是组成蛋白质的必需元素。氮元素存在于生物体、大气和矿物之中,大气圈是氮元素的蓄库,约占总体积分数的78%。

氮循环过程包括固氮作用、氨化作用、硝化作用和反硝化作用:N_2被还原成 NH_3 和其他氮化物的过程称为固氮作用;微生物分解有机氮化物产生氨的过程称为氨化作用;微生物将 NH_3 氧化成硝酸盐的过程称为硝化作用;微生物还原硝酸盐,释放出 N_2 和 N_2O 的过程称为反硝化作用或脱氮作用。

氮循环的大致途径为:①土壤中的氨或氨盐经硝化细菌的硝化作用,形成硝酸盐和亚硝酸盐,被植物吸收,在植物体内形成各种氨基酸,再转变成蛋白质;②动物直接、间接以植物为食,从植物中摄取蛋白质作为自己蛋白质的来源。动物在新陈代谢过程中分解蛋白质,形成氨、尿素等排入土壤。动、植物尸体在土壤中的微生物作用下分解成氨等,这些氨也进入土壤,另一部分被植物利用,一部分在反硝化细菌的作用下分解成游离氮,进入大气,完成了氮的循环。此外,火山喷发时也会有氮气进入大气;化学肥料的生产也将使空气中的氮变成铵盐储存于土壤中,还有一部分硝酸盐随水流入海洋或以生物遗体形式保存在沉积岩中。

大气中的氮进入生物有机体内主要有四种途径,可固氮量约为 9.18×10^7 t,具体为:①生物固氮。苜蓿、大豆等豆科植物和其他少数高等植物能通过根瘤菌这一类固氮细菌或某些蓝绿藻固定大气中的氮,转变为硝酸盐供给植物吸收,每年约为 5.4×10^7 t。②工业固氮。人为通过工业手段,将大气中的 N_2 合成 NH_3 或 NH_4^+,即合成氮肥供植物利用,每年约为 3.0×10^7 t。③岩浆固氮。火山喷发时,喷射出的岩浆可以固定一部分氮,每年约为 0.2×10^6 t。④大气固氮。通过雷雨天发生的闪电现象,形成电离作用,可使 N_2 转化成硝酸盐并经雨水带进土壤,每年约为 7.6×10^6 t。生态系统中的氮循环如图 2.8 所示。

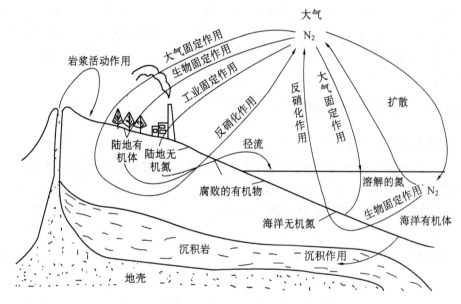

图 2.8　生态系统中的氮循环

3.沉积循环

沉积循环是指参与循环的物质中很大一部分通过沉积作用进入地壳而暂时或长期离开循环,营养元素主要有磷、硫、碘、钾、钠、钙等。沉积循环的蓄库主要是岩石圈和土壤,有些元素只有当地壳抬升变为陆地后,以岩石风化、侵蚀和人工采矿等形式释放出来,才能参与生态系统被利用,因此,循环周期很长。

磷是有机体不可缺少的重要元素,生态系统中生物体细胞内的一切生化作用所需的能量都是通过含磷的高能磷酸键在二磷酸腺苷(ADP)和三磷酸腺苷(ATP)之间可逆转化提供的。光合作用产生的糖,如果不经过磷酸化,碳的固定是无效的;而作为遗传基础的 DNA 分子骨架,也是由磷酸和糖类构成的。磷没有任何气体形式或蒸气形式的化合物,因此,磷是较典型的沉积循环,生态系统中的磷循环如图 2.9 所示。

图 2.9　生态系统中的磷循环

磷的主要来源是磷酸盐岩石的沉积物、鸟粪、动物化石,以及动物的骨骼。磷通过侵蚀和采矿从岩石中移出,进入水循环和食物链。磷溶于水但不挥发,所以,磷可从岩石圈进入水圈,形成可溶性磷酸盐而被植物吸收;再经过一系列消费者的利用,将其含磷的物质、废料等有机化合物归还到土壤中,通过分解者的分解作用转变成可溶性磷酸盐,再供有机体利用。

2.2.2　生态系统的能量流动

1.生态系统中的能量流动

生态系统中的能量流动是单方向的,最终以热的形式消散,生态系统必须不断地从外界获得能量。生态系统中的能量流动主要始于生产者利用简单无机物合成有机物的过程中,将太阳能或化学能转变成化学能储存在有机分子键内,并随着食物的营养级传递和消耗。

2.能量流动与物质循环的关系

在生态系统中,能量流动和物质循环虽然具有性质上的差别,各自发挥作用,但是它们之间是紧密结合、相互伴随、不可分割的,这两个基本过程使生态系统各个营养级之间和各种成分(非生物成分和生物成分)之间构成了一个完整的功能单位,从而组织有效的生产。

能量流动和物质循环是在生物取食过程中同时发生的,能量储存在有机分子键内,当能量被生物通过新陈代谢作用释放出用以生命活动时,该有机物也被分解,并以较简单的物质形式释放到环境中,生态系统中能量流动与物质循环的关系如图 2.10 所示。

2.2.3　生态因子概念及相关定律

1.生态因子的相关概念

生态因子(ecological factor)是指对生物有影响的各种环境因子。生态因子分为非生物因子、生物因子和人为因子三大类。

非生物因子主要指环境因子,包括气候因子、水分因子和土壤因子等。生物因子主要

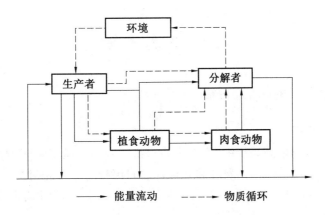

图 2.10　生态系统中能量流动与物质循环的关系

指生物与生物之间的相互作用关系,如竞争、捕食、共生、寄生、共栖、拮抗等。人为因子包括人类的开荒、种植、放牧、采伐及环境污染等,是一类非常特殊的因子。

生态因子常直接作用于个体、群体和种群,主要影响个体生存和繁殖、种群分布和数量、群落结构和功能等。各个生态因子不仅本身起作用,而且相互作用引发影响,既影响其他因子,又受周围其他因子的影响。

2.最低量律和耐性定律

在生物生长所必需的营养元素中,供给量最少(与需要量相差最大)的元素决定着植物的产量,这一原理被表述为最低量律(law of the minimum)。

一种生物能否生存,要依赖全部因子综合存在的环境,只要环境中一项因子的量不足或过多,超过该种生物的忍耐限度,则该物种不能生存,甚至灭绝,这一概念被称为耐性定律(law of tolerance)。

3.生态因子和限制因子

在耐性定律中,不仅把最低量因子和最大量因子并提,而且将因子的范围扩大到涵盖任何生物生长发育起作用的环境因子,其中的任一种环境因子对于生物的生长发育都是必不可少且不能相互替代的。若其中任一种环境因子的量接近或超过耐性下限或上限时,便构成了威胁生物生存的限制因子(limiting factor)。例如,当某一环境中的年最低温度低于某种植物能够忍受的最低温度时,即使这时温度条件、土壤类型等极适合于植物的生长发育,此种植物仍将无法生存于该环境中。

耐性定律和限制因子的概念适用于一切生物个体及生物群体。限制因子会随时间、地点而改变,也因生物种类而异。人类在生产实践中应该掌握消除限制因子的途径,也要注重人类活动对生态系统的影响,以期能够在环境保护及生态环境建设中获得良好的收效。

2.3　生态平衡

2.3.1　生态平衡的概念、特征

1.生态平衡的概念

在任何一个正常的生态系统中,能量流动和物质循环总是不断地进行着。在一定的时期内,生态系统中的生产者、消费者和分解者之间保持着一种相对的平衡状态,也就是系统的能量流动和物质循环在较长的时间内保持稳定状态,这种平衡状态称为生态平衡(ecological balance)。

2.生态平衡的特征

生态平衡表现在其结构和功能上,包括生物种类的组成、各个种群的数量比例,以及能量和物质的输入、输出等,都处于相对稳定的状态。生态平衡是动态的平衡,不是静止的平衡。系统内部因素和外界因素的变化,尤其是人为的因素,都可能引起系统的改变,甚至破坏系统的平衡,所以,平衡是暂时的、相对的。

3.反馈与自我调节能力

生态系统作为具有耗散结构的开放系统,在系统内通过一系列的反馈作用对外界的干扰进行内部结构与功能的调整,以保持系统的稳定平衡,称为生态系统的自我调节能力,生态系统的反馈与自我调节如图2.11所示。

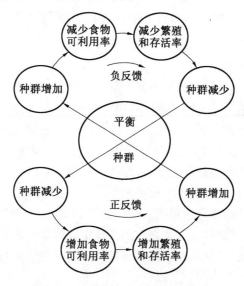

图 2.11　生态系统的反馈与自我调节

生态系统之所以能够保持动态平衡,主要是内部具有自动调节的能力。当系统的某一部分出现机能异常时,就可能被不同部分的调节所抵消。生态系统的组成成分越多,能量流动和物质循环途径越复杂,其调节能力也越强;相反,成分越单纯,结构越简单,其调节能力也越小。

4.生态阈限与生态平衡失调

一个生态系统的调节能力再强,也是有一定限度的,生态学上把这个自我调节能力的极限值称为阈值,即生态阈限(ecological threshold)。当外界压力过大,使系统的变化超过生态阈限时,其自我调节能力也随之下降,甚至消失。此时,系统结构被破坏,功能受阻,以至整个系统受到伤害甚至崩溃,这就是平常所说的生态平衡失调或生态危机。

2.3.2　影响生态平衡的因素

1.自然因素

影响生态平衡的自然因素主要是指自然界发生的异常变化或自然界本来就存在的对人类和生物影响的因素,如地壳变动、火山爆发、山崩、海啸、水旱灾害、流行病等由自然界发生异常变化引起生态平衡的破坏。

2.人为因素

影响生态平衡的人为因素主要指人类对自然资源的不合理利用,以及工农业生产带来的环境污染等。人为因素引起生态平衡的破坏主要有三种类型。

一是生物种类的改变,影响生态系统。当人类的活动有意或无意地使生态系统中的某一物种消失或某一新物种出现时,都可能影响整个生态系统。如在澳大利亚草原上引进欧洲野兔,结果使野兔成灾,由此造成局部草原破坏。

二是环境因素的改变,引起生态平衡破坏。工农业的迅速发展,产生了大量的污染物并进入环境,使生态系统中的环境因素改变,影响整个生态系统,甚至造成生态系统的破坏。如含有氮、磷等的营养物质大量进入水体,增加了水中的营养成分,造成水藻丛生,使水中溶解氧减少,水中鱼虾等因缺氧而大量死亡,引起水系统正常生态系统的破坏。

三是信息系统的破坏,改变了生物种群的组成。在生态系统中,某些动物繁殖期间,雌性个体会释放性激素,引诱雄性,实现配偶,繁衍后代,当人们排放某些污染物质到环境中后,使某一动物排放的性激素失去或放大作用,便破坏了这种动物的繁殖,改变了生物种群的组成,使生态平衡受到影响,甚至破坏。

2.3.3　生态学的一般规律

1.相互制约协调规律

相互依存与相互制约反映了生物间的协调关系,是构成生物群落的基础。

(1)物物相关规律。

生态系统中不仅有同种生物的相互依存、相互制约关系,而且在异种生物间、不同群落或系统之间也存在相互依存与制约关系,彼此相互影响。生态系统中无论是在动物、植物或微生物中,还是在物种跨界之间都存在着这种相互依存与制约的"物物相关"。

生态系统中"物物相关"的影响有直接的,有间接的,有立即表现出来的,也有滞后显现出来的,因此,在生产建设中,特别是在需要排放污染、倾倒废物、喷洒药品、施用化肥、采伐、开垦、修建大型水利工程及其他重要建设项目时,务必注意调查研究,摸清自然界诸事物之间的相互关系,并对与其生产活动有关的其他事物也加以全面考虑,从而做到统筹兼顾。

(2)相生相克规律。

相生相克规律是通过食物而相互联系与制约的协调关系,具体形式就是食物链与食物网中各生物种之间相互依赖、彼此制约、协同进化。被食者为捕食者提供生存条件,同时又为捕食者控制;反过来,捕食者又受制于被食者,彼此相生相克使整个体系成为协调的整体。生物体间的这种相生相克,使生物保持数量相对稳定,是生态平衡的一个重要方面。

2.物质循环与转化规律

自然界通过动、植物和微生物,以及非生物成分之间的作用,一方面合成物质,另一方面又把物质分解为原来的简单物质,重新供动植物使用,从此不断地进行着新陈代谢。若人类的活动超出了生态系统的调节限度,便引起生态平衡的破坏。

3.相互适应与协同进化规律

生物与生物,以及生物与环境之间存在着作用与反作用的过程。生物与环境是互相制约、互相影响的。植物从环境中吸收水分和营养;反过来,生物又以排泄物和尸体把水分和营养还给环境,而还回的物质不同于原来的物质,这样如此下去,生物和环境彼此相互适应与补偿,促进了生物的发展和进化。

4.输入与输出的动态平衡规律

动态平衡规律又称协调稳定规律,一个自然生态系统的生物与环境之间的输入与输出是相对稳定的关系,生物体进行输入时环境必然进行输出,反之亦然。也就是说,对于一个稳定的生态系统,无论对生物还是对环境,以及对整个生态系统,物质的输入与输出总是处于相对的平衡状态。对于生物体而言,当物质输入不足时,如对农田施肥不足将影响作物生长,使其产量下降。对于环境而言,如果物质移入过多,如生物体不足,营养成分过剩,就会出现富营养化现象。

5.环境资源极限规律

任何生态系统中的环境资源在质量、数量、空间和时间等方面都有其一定的限度,不能无限制地供给,因而生物生产力通常都有一个大致的上限,每一个生态系统对任何外来干扰都有一定的忍耐极限。所以,采伐森林、捕鱼狩猎不应超过能使资源永续利用的产量;保护某一物种时必须要有足够其生存、繁殖的空间;排污时,必须使排污量不超过环境的自净能力等。

以上生态学的一般规律是生态平衡的理论基础,生态学规律与生态平衡关系示意图如图 2.12 所示。

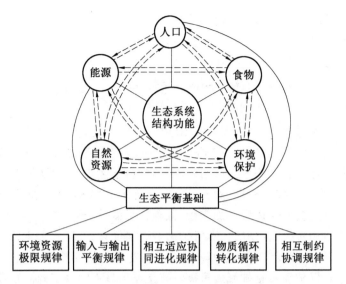

图 2.12　生态学规律与生态平衡关系示意图

2.4　生态保护工程

2.4.1　我国生态保护和修复体系建设形势

环境治理与保护并重是经济社会可持续发展的重要保证,走以最有效利用资源和保护环境为基础的循环经济之路,才是全面建成小康社会、加快现代化建设的必然选择。党的十八大以来,我国不断提升生态保护领域基础保障能力,在基础理论和适用技术研究、生态保护监测监管能力、生态灾害应急保障和综合防控等方面都取得了长足进步,对促进我国生态保护和修复事业发展起到了重要的支撑作用。

2.4.2　生态保护规划的原则与目标

2021 年 12 月 22 日,国家发展改革委、科技部等部门联合印发《生态保护和修复支撑体系重大工程建设规划(2021—2035 年)》,规划提出,我国目前生态保护和修复治理技术及模式单一,生态修复系统性和整体性不足,生态保护修复科技支撑作用尚需加强。各类生态系统及野生动植物日常监测和定期调查水平不一,自然生态系统基础数据更新不及时甚至相互矛盾等情况依然存在,生态安全风险预测预警能力相对欠缺,生态领域监测监管能力亟待提升。除此之外,还存在自然生态系统保护管理体系短板突出,气象保障服务生态支撑功能不完善等问题。

为顺应新时代生态保护和修复支撑体系建设面临的形势和要求,我国生态保护规划制定的基本原则和近期目标如下。

1.基本原则

(1)坚持问题导向,着力解决关键突出矛盾。

（2）坚持夯实基础,着力提高一线保障能力。

（3）坚持科技创新,着力引领行业发展方向。

（4）坚持统筹谋划,着力推进资源共建共享。

（5）坚持生命至上,着力筑牢防灾减灾安全底线。

2.近期目标

到2025年,重要领域、重点区域生态保护和修复科技创新将取得明显进展,服务于生态保护和修复的基础研究和技术创新平台进一步完善,科技保障服务能力明显增强;"天空地"一体化自然生态监测监管网络基本建立,自然生态系统保护和重大工程建设监管能力显著提升,森林、草原、河湖、湿地、海洋、水资源、水土保持、荒漠化、石漠化、外来物种入侵等相关领域调查监测体系更加完善;重点区域森林、草原火灾综合防控能力,林草有害生物防治能力稳步提高,基层生态管护站点更加优化;气象服务生态保护和修复能力逐步增强,生态保护和修复支撑体系基本满足全国生态保护和修复重大工程建设需求。

重点支持生态保护和修复领域国家级科技支撑项目100项,森林、草原火灾受害率分别控制在0.09％、0.2％以内,林业有害生物成灾率控制在0.82％以下,人工增雨雪率提高到12％～15％。

3.远期目标

到2035年,完成生态保护和修复领域国家级科技支撑项目20～300项,森林、草原火灾受害率分别控制在0.08％、0.2％以内,林业有害生物成灾率控制在0.72％左右,人工增雨雪率稳定在12％～15％,生态保护和修复基础研究和关键技术达到全球领先水平,适用技术得到广泛应用,全国综合性生态监测监管和评价体系较为完备,生态保护管理设施装备水平和综合能力基本满足现代化需求,工程建设长效监管机制和保障服务体系高效有力,为生态保护修复治理体系和治理能力现代化提供有效支撑。

2.4.3 生态保护工程主要技术策略

开展生态保护修复工程需要牢固树立山水林田湖草是一个生命共同体理念,坚持"节约优先、保护优先、自然恢复为主"的方针,统筹考虑自然生态各要素,进行整体保护、系统修复、综合治理。

1.重要生态系统保护修复

重要生态系统保护修复主要以河流、湖泊、湿地为主要目标,重点解决该类生态系统脆弱性和功能退化等问题——对草场、林地等资源较为充裕的区域,采取国土整治、恢复植被、连通河湖水系、修复岸线、恢复自然栖息地等综合整治工程;对湖泊水体、库塘湿地、退化草原和退化林地进行全面整治,使其生态系统的各项机能得到有效的恢复。

2.生物多样性及其森林草原等关键物种栖息地保护

生物多样性及其森林草原等关键物种栖息地保护主要是为了解决关键物种减少、生物多样性下降、外来物种入侵等问题,通过在特殊生态保护区内建立生物岛或物长廊等措施,营造生物良好的生存环境,从而对稀有和濒危物种进行保护。同时,联动重要的生态修复工程,建立与森林、草原、湿地、水体等不同类型生态系统共生的生物多样化保护区,强化生态系统的自我修复功能,促使其各项功能得到提升。

3.流域水环境保护治理

流域水环境保护治理主要是为了解决防洪能力差、水量减少、水系不连通、水质不达标、水生态功能退化等现象,通过强化源头控制和系统保护达到综合治理的目标,坚决执行"河长制""湖长制",以流域为单位,由上而下对水源地采取保护措施,通过水量调度、生态补水、河湖水系连通、污染源控制等措施,将河湖疏浚和防洪改造相结合,全面实施水环境综合治理,提高重点水源地、河流、湖泊的生态功能。

4.污染与退化土地修复治理

我国土地退化主要可分为六种类型,对于沙化、石漠化、水土流失等问题,通常可通过林草种植、退耕还林、封山育林、流域治理等措施改善;对于荒漠化、盐碱化、土地污染等问题,则可通过生化或农业举措进行治理;对于已被污染破坏的土地,关键是做好源头控制,中轻度污染区域采取"预防为主,防控结合",重点污染区域则启用修复治理工程。

5.国土综合整治

国土综合整治的目标是提升国土空间品质,其含义是在以人为本的基础上,因地制宜调整空间布局,选择最优的国土空间要素配置,提高区域资源利用效率,修复退化受损的山水林田湖生态系统,打造宜居生活空间、宜业生产空间,其内涵是国家主权管理地域空间内土地及其上的资源综合。

这一策略针对目前国土空间利用不合理,生态空间、生产空间、生活空间的矛盾冲突,以及耕地、建设用地、矿山等自然资源和非自然资源利用不合理、闲置低效等问题。通过确定整治规划,划分重点整治区域,调配空间自然、非自然要素比例,最终优化国土空间功能。比如有针对性地实施城乡建设用地增减挂钩、耕地占补平衡;实施退耕还林还草还湿,退养还海;调整凌乱的居民点布局等。同时,在城市化地区处置闲置建设用地、盘活低效建设用地、整理破碎田块形成粮食生产合力等措施来促进高度城市化地区土地节约集约利用,提升农村建设区域空间利用效率。

2.5 生态修复

2.5.1 生态修复概述

1.生态修复的概念

生态修复(ecological rehabilitation)是指根据生态学原理,通过一定的生物、生态以及工程的技术与方法,人为地改变和切断生态系统退化的主导因子或过程,调整、配置和优化系统内部及其外界的物质、能量和信息的流动过程与时空次序,使生态系统的结构、功能和生态学潜力尽快成功地恢复到一定的或原有乃至更高的水平。

近年来有部分学者认为,生态修复的概念应囊括生态恢复、重建和改建,即非污染的退化生态系统,如毁林开荒等,水土流失和荒漠化可以通过退耕还林和封禁治理等手段恢复生态系统,此过程可称为生态修复。生态修复可以理解为"生态的修复",即应用生态系统自组织和自调节能力对环境或生态本身进行修复。

生态修复的意义不仅满足了经济发展的需要,也满足了资源、环境变化、地球景观及物种多样性的需要。

2.生态修复的层次

生态修复根据层次可分为物种层次的恢复、种群层次的恢复、景观层次的修复等三个层次。

生态修复在外延上可以从四个层面理解:第一是污染环境的修复,即传统的环境生态修复工程的概念;第二是非污染生态系统的修复,即大规模人为扰动和破坏生态系统的修复,一般指开发建设项目的生态修复;第三是大规模农林牧业生产活动破坏的森林和草地生态系统的修复,即人口密集农牧业区的生态修复,相当于生态建设工程或生态工程。第四是小规模人类活动或由自然原因(森林火灾、雪线上升等)造成的退化生态系统的修复,即人口分布稀少地区的生态自我修复,处于实施进程中的水土保持生态修复工程和重要水源保护地、生态保护区的封禁管护均属于这一范畴。

生态修复研究与实践主要在于两方面:一是扰动土地严重的工矿区人工生态重建,着重于植物群落模式的试验实践;二是退化草地和森林采伐或火烧迹地的恢复,强调采取人工重建措施的快速性和短期性,该方面修复相对忽视生态自我修复的能力与过程。

3.污染环境的生态修复特点

污染环境的生态修复是以生态学原理为基础对多种修复方式的优化综合,因此,其特点是:

(1)严格遵循和谐共存、循环再生、区域分异、整体优化等生态学原理。

(2)多学科交叉生态修复的实施,需要生态学、物理学、化学、植物学、微生物学、分子生物学、栽培学等多学科的参与。

(3)生态修复主要是通过植物和微生物等的生命活动来完成的,生态修复的影响因素多而复杂。

4.生态修复基本理论与原理

(1)自我设计与人为设计理论。

自我设计理论是指只要有足够时间,退化生态系统将根据环境条件合理地组织自己并最终改变组分;人为设计理论则是指通过工程方法和植物重建可直接修复退化生态系统,该理论在生态修复实践中得到了广泛应用。

(2)限制因子原理。

任何一种生态因子只要接近或超过生物的耐受范围,就会成为这种生物的限制因子,故生态修复时必须找出该系统的关键因子。

(3)生态系统结构理论。

生态系统的结构包含物种结构、时空结构和营养结构,故生态修复时要合理布局结构,提升系统稳定性和资源利用率。

(4)生态适宜性原理。

在与环境的长期协同进化过程中,生物对生态环境产生了生态上的依赖,即产生了对光、热、温、水、土等方面的依赖性。如果生态环境发生明显变化,生物就不能正常地生长,故生态修复时要让最适应的植物或动物生长在最适宜的环境中。

(5)生态位理论。

生态位指在自然生态系统中一个种群在时间、空间上的位置及其与相关种群之间的功能关系,故在生态修复时要避免引进生态位相同的物种,要尽量使各物种的生态位错开。

(6)生物群落演替理论。

群落由一种表现形式转化为另一种表现形式的过程称为演替,群落演替可通过人为手段调控,改变演替速度或演替方向。

(7)生物多样性原理。

根据生命有机体及其赖以生存的生态综合体的多样化和变异性,在修复工程的前、中、后期要进行基本的生物多样性本底调查,以及后续的有效监管和工程后评估。

(8)缀块—廊道—基底的景观格局理论。

景观格局理论是指以生态系统为基点,在景观尺度上进行实践、设计与表达。许多土地利用和自然保护问题只在景观尺度下才能有效解决,因此,应该从景观层次考虑生境破碎化程度和整体土地利用/土地覆盖变化。

生态修复过程中的污染物消除或转化,通常都是通过生物吸收富集与降解去除的。在数以百万甚至千万计的有机污染物质中,绝大多数都是可生物降解的,但也有许多是难降解或不能降解的,这就要求在加深对微生物降解机理的了解,以提高微生物降解潜力的同时,要对新合成的化学品进行生物可降解性试验,对那些不能生物降解的化学品进行明令禁止或限制,只有这样才能更有利于人类和生态的可持续发展。

5.生态修复主要方法

(1)物理修复。

物理修复是指根据物理学原理,利用一定的工程技术,使环境中污染物部分或彻底去除或转化为无害形式的一种污染环境治理方法。

物理修复方法很多,如污水处理中的沉淀、过滤和气浮等,大气污染治理的除尘(重力除尘法、惯性力除尘法、离心力除尘法、过滤除尘法和静电除尘法等),污染土壤修复的置稳定化、玻璃化、换土法、物理分离、蒸汽浸提、固定、低温冰冻等。

(2)化学修复。

化学修复是指利用加入环境介质中的化学修复剂与污染物发生的化学反应,使污染物被降解、毒性被去除或降低的修复技术。

通常情况下,在生物修复的速度和广度上不能满足污染修复时才选择化学修复方法。化学物质可以是氧化剂、还原剂、沉淀剂或解吸剂、增溶剂,根据污染物和污染介质特征的不同,可以将上述物质以液体、气体或活性胶体注入地表水、下表层介质、含水土层,或在地下水流经路径上设置的可渗透反应墙,将反应沉淀后或过滤后的污染物去除。目前,现代的各种创新技术,如土壤深度混合和液压破裂技术、传统的井注射技术都是为了将化学物质渗透到土壤表层以下或者与水体充分混合。

化学修复方法应用范围十分广阔,如污水处理的氧化、还原、化学沉淀、萃取、絮凝等;

气体污染物治理的湿式除尘法、燃烧法,含硫、氮废气的净化等;污染土壤修复的化学淋洗、溶剂浸提、化学氧化修复、化学还原与还原脱氯修复、土壤性能改良修复技术等。

（3）生物修复。

生物修复一般指微生物修复,即利用天然存在的或人为培养的专性微生物对污染物的吸收、代谢和降解等作用将环境中污染物去除的环境修复技术,可分为原位生物修复和异位生物修复。

①微生物修复。微生物修复是人类最早采取的修复污染环境的手段,广义的生物修复既包括微生物修复、植物修复,也包括植物与微生物的联合修复,甚至还涉及土壤动物修复和细胞游离酶修复等。

②植物修复。植物修复是指利用植物的生命活动与其根际环境中微生物的生命活动是密不可分的特点,在修复植物对污染物质起作用的同时,其根际圈微生物体系也在起作用,但表现出来的是植物对污染物修复起绝对作用,因而,将其称为植物修复。

修复植物是指能够达到污染环境修复要求的特殊植物,如能直接吸收、转化有机污染物质的降解植物;对空气净化效果好的绿化树木和花卉等;利用根际圈生物降解有机污染物的根际圈降解植物;以及提取重金属的超积累植物、挥发植物和用于污染现场稳定的固化植物等。

植物修复途径主要包括:利用植物根际圈共生或非共生特效降解微生物体系的降解作用,净化污染的土壤或水体;利用挥发植物,以气体挥发的形式修复污染的土壤、水体或净化空气;利用固化植物钝化土壤或水体中有机或无机污染物,使之减轻对生物体的毒害;利用植物本身独有的特点,使污染物得以降解和脱毒。

③植物—微生物联合修复。对于以微生物降解为主要机制的根际圈生物修复来说,起到主导作用的是微生物及其根际圈微生物体系,但植物也对污染物起到某些直接降解或转化作用,而且为这些微生物的生存创造了更加有利的条件,这些条件却是至关重要的,因此,根际圈生物降解修复也可以称为植物—微生物联合修复。

（4）自然修复。

生态系统都具有自然修复的能力,包括污染物的自净化、植被的再生、群落结构的重构、生态系统功能的恢复等。例如,土壤中重金属可在物理、生物、化学作用下失活或转化,从而减轻重金属毒害。虽然自然修复很难像人工修复那样定向且全面地修复生态系统的各影响因子,但生态因子的调节性能力、因子量的增加或加强等也能够弥补部分因子不足所带来的负面影响,使生态系统能够保持相似的生态功能,例如,土壤中微生物的增加可以提高营养元素的活性从而弥补土壤肥力的不足,提高系统生物产量。

2.5.2　河流生态系统的修复

人类大规模的工农业生产、采矿以及为防洪、航运等进行的蓄水、修建水库等活动,对原本健康和完整的河流系统产生了极大的负面影响,严重抑制了河流的自然恢复。河流建设项目对环境冲击和影响的内容较多,其影响范围不仅不会局限在当地,还会影响其上下游地区,河道内外的潜在生态影响会彼此重叠,整个生态系统的弹性不断下降,可持续状态难以持续。

狭义上讲,河流(溪流)生态系统主要是指由水生植物、水生动物、底栖生物等生物与水体等非生物环境组成的一类水生生态系统。广义的河流生态系统包括陆域河岸生态系统、水生生态系统、湿地及沼泽生态系统等一系列子系统组合而成的复合系统。河流生态系统是一个由流水系统、静水系统和陆生系统(包括各系统内生物群落)三大部分组成的完整复合的生态系统。

1.河流生态系统修复的特点

污染河流的生态修复技术主要是利用微生物、植物等生物的生命活动,对水中污染物进行转移、转化及降解,从而达到使水体净化的目的。该技术具有处理效果好,生态水体修复的工程造价相对较低,低能耗甚至不耗能,运行成本低廉,所需的微生物来源广、繁殖快等特点;此外,这种处理技术不需向水体投放药剂,不会形成二次污染,避免了河湖库等大范围的污水治理工作。

近年来,越来越多的学者提出河流修复的方法应基于城市景观美学,不仅保证生态与美学价值、美感度与自然度并存,更要保证工程手段与生物多样性并存,基于城市景观美学的河流修复方法如图 2.13 所示。

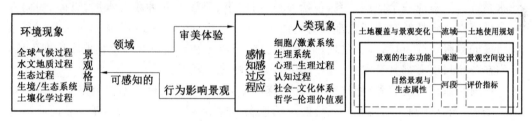

图 2.13　基于城市景观美学的河流修复方法

2.河流生态系统修复的基本理论

河流生态系统修复的基本理论主要包括以生态学基础发展起来的流域生态学,以河流生态机理理论发展而来的河流连续统理论(river continuum concept,RCC)、洪水脉冲理论(flood pulse concept,FPC)和河流水系统理论(fluvial hydrosystem concep,FHC)。

(1)流域生态学研究的主要内容。

①流域景观系统的结构(不同生态系统或要素间的空间关系,即与生态系统的大小、形状、数量、类型、构型相关的能量、物质和物种的分布)、功能(空间要素间的相互作用,即生态系统组分间的能量、物质和物种的流)和变化(生态镶嵌体结构和功能随时间的变化)。

②流域形成(古地理和古气候)的历史背景及发展过程。

③流域内主要干、支流的营养源与初级生产力,干、支流间的能量、物质循环关系及其规律,流水与静水生境之间营养源和能源的动力学研究以及江湖阻隔的生态效应。

④流域生物多样性测度,生态环境变化过程对流域景观格局(如水生、陆生及水陆交错带生物群落和物种)的影响与响应;河流生态系统形成、结构、功能等的研究是流域生态学的一个重要内容,尤其水陆交错带的研究是河流带生态恢复与重建研究的基石。

(2)河流的生态机能理论。

①河流连续统理论。由源头集水区的第一级河流起,河水向下流经各级河流流域形成一个连续的、流动的、独特而完整的系统,称为河流连续统(river contiuum),即河流生态系统内现有的和将来产生的生物要素随着生物群落的结构和功能而发展变化,常表现为一种树枝状的结构关系,归类于异养型系统,其能量、有机物质主要来源是地表水、地下水输入中所带的各种养分以及相邻陆地生态系统产生的枯枝落叶。就局部变量而言,河流连续统理论可作为响应变化和进行适度修改的最佳模型,并可指导某些有关激流生态系统的研究工作,最适用于小、中型的溪流,人工调控严重、缺少河流—漫滩作用的河流。

②洪水脉冲理论。影响河流生产力和物种多样性的一个关键因素是河流与漫滩之间的水文连通性。河岸带控制着生物量和营养物的循环和横向迁移。平水或枯水期,河岸带陆生生物向河漫滩发展延伸;洪水淹没期,河漫滩适合水生生物生长与繁殖。"洪水脉冲优势"通常被定义为变流量河流(有洪水脉冲)每年鱼类总数大于常流量河流所具有鱼类总数的程度。

③河流水系统理论。河流水系统理论描述了有关河流结构与功能连通性的特征,河流水系统可以看成一个四维体系,包括河道、河岸带、河漫滩和冲积含水层,纵向、横向和垂直洪流以及强烈的时间变化都会对此体系产生影响。此理论强调河流是由一系列亚系统组成的等级系统,包括排水盆地、下游功能扇、功能区和功能单元以及其他小尺度生境,它们在各个尺度上都具有水文、地貌和生态方面的复杂联系。

在河流系统"弹性"和"稳定性"概念的基础上,河流水系统理论不仅突出了生态系统的驱动力,同时强调了河流生态系统健康的理念。这里,弹性是指系统在受干扰时维持自身结构和功能的能力;而稳定性是指系统在受干扰之后返回平衡状态的能力。对大规模的洪水干扰,自然河道在发展过程中已具备了适应性。

3.河流生态系统修复的目标

(1)区域目标。

区域目标从关注人类生活质量出发,实现提高退化河流环境的美学价值与保护文化遗产和历史价值的目标。所以只有保护目标与运动、垂钓等娱乐休闲活动的经济利益保持一致,才能更有利于生态修复的启动。

(2)专项目标。

专项目标多数由河流管理机构发起,主要包括河道清淤疏通、河道系统稳定性维护和改善水质(溶解氧含量)方案实施等,这些目标往往与生态效益相关。举例来说,新型河流管理战略不仅有利于减少河床细沙含量,而且能进一步改善鲑鱼属鱼类的产卵环境。

(3)生态目标。

河流生态修复目标形式繁多,为平衡各项目标,只有从生态角度出发确立的改善河流功能的整体目标才能取得改善河流生物多样性、动植物群落和河流廊道的目的。因此,明确目标动植物群落生存发展所要求的物理生境条件是确定生态目标的一个关键因素,在生态修复过程中需要掌握与目标物种有依赖或共生关系的物种的生境需求,以及对目标物种进行深层次的鉴定。以上鉴定工作有助于地理学家和工程师借助于河流生态系统现状特征做出可持续的河流生境规划。

4.河流生态系统修复原则

(1)河流修复的基本原则。

河流修复必须不断减轻河流"压力",不断改善河道、河岸带或河流走廊以及河滩地的结构和功能;为适应河流管理的可持续发展,必须实现河流管理的"生态化"。河流生态修复一般遵循以下基本原则:

①河流生态学原则。河流系统在地形、水文方面的长期变化会渐渐影响群落的各个组成,从而导致群落优势种、相关度和丰富度及产量的大幅度改变。因此,从河流生态学角度来讲,要不断增加河流—河滩地之间的相互作用,不断改进河流沿岸的水文连通性和生态环境。

②生态系统、格局导向原则。河流生态恢复应该在生态系统(格局)水平上进行,应忽略生态系统边界的影响,对特定生境或具有特定物种的生境进行修复,但不能仅仅以物种修复为中心,还需要用整体规划的思想来改善河流系统纵向、横向的连通性。如果河流功能连通性能被成功修复,那么,生物多样性就会随之增加。

③自然原则。要采用一种可模仿自然的综合方法,促进河流水文、地形方面的功能,若要这种综合方法最为经济、有效,就要求工作人员对河流水文、地理和生态机能有充分的理解,而且还需要通过多学科合作的方法才能有效达到修复目标。

(2)河流恢复的实践原则。

在河流生态修复与重建实践中,以下具体原则对于河流生态恢复与重建成功与否十分重要。

①多目标兼顾原则。以滨水区多重生态功能作为主导目标,在了解河流历史变化与河流系统内地貌特征之间相互关系的基础上,预先掌握河流的变化,统筹规划,建立完善的河流生态系统来改善水域生态环境,同时,还要注重河流生态系统的防风护城功能、为人民提供亲水与娱乐休闲场所功能,以及增加滨河地区土地利用价值等功能,以适应现代城市社会生活多样性的要求。

②系统与区域原则。河流生态系统的形成和发展是一个自然循环(良性和恶性)、自然地理等多种自然力的综合作用过程,所以,必须从系统角度来改善河水流量、冲积物侵蚀、转运和沉积等有关功能,以期使物理生境的系统修复为景观生态改善和乡土动植物再植提供基础;与此同时,还要在区域层面上充分考虑上一级河流的结构和流域规则,对"自然化"河道进行生境结构改善,以更好地实现整个流域系统功能的修复。

③资源保护的原则。河流生态系统功能发挥的好坏,很大程度上取决于河流水系与河岸带等结构是否完整。因此,河流生态系统要贯彻资源保护原则,保护两岸现有水系、湿地、漫滩以及河岸带等资源。

④景观设计生态原则。要依据景观生态学原理,保持河流的自然地貌特征和水文特征,保护生物多样性,增加景观异质性,强调景观个性和自然循环,构架区域生境走廊,实现生态可持续发展。

⑤尊重自然、美学原则。在修复过程中,且满足防洪的前提下,保留原河道的自然线形,避免裁弯取直,运用自然材料和软式工程,强调植物造景,不主张完全人工化,更防止大量生硬的人工雕琢痕迹。

⑥可持续发展原则。河流生态系统中生物多样性是河流可持续发展的基础,因此,河流生态修复规划应注重生物的引入与生境的营造,要将目标物种与控制河流的基础地貌格局紧密联系起来,组织构成"格局－形态－生境－生物群落"连续统一体,为河流恢复明确一种等级梯度结构。

5.河流生态系统修复的技术方法

河流生态系统修复的主要内容有河道整治修复、河口地区修复、河漫滩修复、河流自然生境修复和湿地修复等,其依据是河流生态系统的组成。不同生态系统修复内容对应着不同的河流修复技术,同时应考虑工程建设对环境影响的内容、程度不同而进行适当的调整,重视生态修复对自然营造力的适宜度,不能强行修复,只有依靠自然规律来维持和发展才能达到最佳效果。河流生态系统水质修复主要措施见表2.1。

表 2.1   河流生态系统水质修复主要措施

技术名称	技术原理	技术适用性
曝气复氧	通过向水体曝气,提高水体溶解氧浓度,加快微生物新陈代谢与污染物之间的氧化还原反应速率,降低水体污染含量,达到水体净化的目的	适用于水流较慢或静态水体,以及气温高而导致的水体缺氧
微生物强化处理	向受污染的水体投加促进微生物生长和活性的物质,或投加代谢能力高的高效菌种,加快水体污染物的降解和转化	适用于有机污染物污染的河流
生物浮床技术	应用无水栽培技术原理,在水面轻质浮床上种植高等水生生物或陆生植物,通过植物根系作用吸收水中氮、磷等营养物质,以达到水体净化的目的	适用于没有航道要求的城市水景观的河流,以及有机物和富营养化污染的河流
人工湿地技术	在处理单元的基质层上种植水生植物,利用基质、植物及微生物协调作用对河流水质进行净化	适用于河流水质异位处理,以及土地空间、地形条件适宜的区域
稳定塘技术	以水库、沟渠以及人工开挖的低洼地区作为稳定塘,受污染的水体在稳定塘内滞留,通过水体中的好氧微生物、厌氧微生物的代谢作用降解污染物	适用于小流量及低洼受污染的区域

6.河流生态系统修复的实例分析

(1)石家庄滹沱河生态修复实例。

滹沱河发源于山西省晋北高原繁峙县横涧乡泰戏山脚下的桥儿沟村,源头流经山西黄土地区,穿越太行山脉,在河北省沧州市献县与滏阳河交会形成子牙河,滹沱河全长为587 km,流域面积为2.73万 km²。由于水利建设、地下水过度开采等,该区域生态系统服务功能退化,生物多样性降低。具体表现为断流、水体变质等。

①修复理念。方案采用自然修复或近自然的修复方式,秉持针对性、可行性、经济性等特征,恢复该流域生态系统完整性和生物多样性,提升生态系统质量和稳定性。同时,营造差异化的河道景观,重塑河道文化景观风貌。

②修复措施。通过污染源治理、护滩疏槽、清运垃圾、生境营建等措施,以及在河道内

部建设沙洲、潜坝、石滩等方式增加河道自动力,以调整河道泥沙冲淤格局,丰富河道形态;在河流侧向结构上实现水面—水生植物群落—耐湿地被群落—陆生植被群落—护堤林的层次变化与生境类型变化,水面变化界线与防洪等级相结合,逐步恢复植被生境,为河流自我修复创造条件;规划生态道路,完善河道环境品质服务系统,形成水绿交融、城河互动的健康河流廊道;通过背景科普、布局多元活动场地等举措将生态保护的理念植入人心,营造河流文化策略。

(2)清川生态修复实例。

清川是某城市中心的一条河流,全长为 10.84 km,宽为 66 m,总流域面积为59.82 km²。随着城市建设的发展,大量生活垃圾及工业废水等直接排入河道,为了杜绝异味及病毒传播,当地政府于 20 世纪 70 年代将其完全填埋,由于河道被填埋、断流,水体无法与外界发生交换成为死水,水环境及生态遭到了严重的破坏,水体发臭,水中生物消失。直至 21 世纪初,当地政府才启动了河流修复工程,现已成为著名的旅游景点之一。

①修复理念。该工程修复方案体现了城市河流回归自然、天人合一的人性化修复理念,通过恢复河道、污水治理、滨水区重塑等措施重现河流原貌。

②修复措施。首先,通过开挖河道、疏通清淤、减少污染物排放、污染物源头治理等措施,再通过调用其他河流水、再生水、地下水等进行水源补给,保证城市河流水资源补给的同时提高水环境质量;其次,在河道流域设计了大量的人工湿地及水生植物,保持了稳定而持久的水生态环境;此外,还通过搭建人工湿地来增加生物多样性,并创造出丰富有趣及多样性的亲水空间,搭建人与水和谐相处的场景。

2.5.3 湖泊生态系统的修复

湖泊是世界上许多地区最重要的水资源,而且具有很高的生物多样性,是许多陆生动物和水鸟的食物来源。20 世纪 90 年代,我国开展了湖泊生态恢复实践,先后在太湖、洱海、滇池、巢湖、于桥水库等湖泊(水库)开展不同程度的研究和工程实践。

1. 湖泊的类型与特点

湖泊具有显著的地域特点,根据湖盆成因可以将世界湖泊分类为火山湖、构造湖、冰川湖、堰塞湖、水库等。湖泊具有热平衡和水体季节性分层的特点,即由水体中热量传递不均匀而出现季节性的温度分层现象,季节性水体分层是湖泊区别于河流等强水动力环境的重要特征。

湖泊水体是不断运动的,主要的驱动因素是湖面气象因素及河湖水量交换,而气象因素中风起主导作用。全部湖水交换更新一次需要的时间称为换水周期。

2. 人类活动对湖泊的影响

人类活动对原始的天然湖泊会产生极大的影响,一个原本贫营养的湖泊会由于人类污水的排放而产生更多的营养物,自然湖泊中的藻类密度并不大,每 500 g 湿重组织氮、磷、碳的质量比为 1:7:40。随着湖泊中营养物(氮、磷)的逐渐增加,湖泊会产生富营养化现象。据调查,2008—2017 年,我国的湖泊普遍受到氮、磷等营养物的影响,在普查的111 个湖泊中约有 55 个湖泊总氮浓度超过国家三类水体的水质标准,湖泊水质管控与治理成当务之急。

有毒有机物质也是引起湖泊污染的原因之一,常见的污染源有农药(含氯、磷、硫、汞、砷等农药)及农业废弃物、工业污染源(包括工业生产的"三废"排放,以及生产过程的有机物泄漏)、生活化石燃料的使用(可产生多种脂肪烃、芳香烃和杂环化合物)、生活污水及生活垃圾填埋。

另外,由于化石燃料大量燃烧,世界范围内大面积的酸性降水,不仅直接造成水生生物死亡,而且在酸性条件下沉积物和土壤中的有毒重金属元素被活化,造成湖泊水环境中重金属浓度升高,影响湖泊中生物的活性。

3.湖泊生态系统修复的基本原理

(1)湖泊反馈机制。

大多数湖泊营养负荷和生态系统环境条件之间存在简单的线性关系,尤其对于浅水湖而言,当湖泊营养负荷达到某一临界点时,湖泊会突然跃迁到浑浊状态。但也有例外,如在营养负荷累积初期,湖泊内存在不可忽视的跃迁阻力,浑浊状态的出现可能就会滞后或不明显,这些阻力可能是系统内某些反馈机制作用的结果,其中,生物反馈机制较为重要。

(2)大型沉水植物缓冲机制。

在浅水湖中,大型沉水植物可以通过生物量增加、沉积物再悬浮、根和植物体表面的促进脱氧作用而减少湖水中氮的含量,以及对浮游植物遮蔽影响其光合作用,造成浮游植物数量减少而产生缓冲作用。

除上述有关影响光照、减少营养物等直接作用外,大型沉水植物净化水质的功能还包括一些间接作用,例如,在总磷浓度不变的条件下,通过减少波浪的冲击力来促进沉积物的沉积并减少沉积物的再悬浮;大型沉水植物会间接地影响鱼类群落结构和无脊椎动物,多见食肉性鱼类和浮游动物,很少见深水鱼类和以浮游动物为食的鱼类,因而减少了深水鱼摄食过程的沉积再悬浮和增加浮游动物对浮游藻类的捕食;另外,大型沉水植物能释放某些化学物质,抑制浮游植物的生长,从而使得大型沉水植物多的湖泊特别清澈。

(3)化学作业机制。

有毒有机物质在湖泊中的迁移、转化过程如图2.14所示,主要有以下两类:①改变化合物结构的过程,如光降解过程、化合物转化过程等;②不改变化合物化学结构的过程,如随水介质的迁移和混合过程、挥发性物质的大气－水体交换过程、凝聚颗粒沉降过程等。

目前,许多湖泊中来自外部的营养负荷已经显著降低,主要是因为人为废水处理的情况得以改善。随着营养负荷的改变,一些湖泊能够迅速对其产生响应,而进入清水状态;但有些湖泊反应却很不明显,这是由于这些湖泊内营养物的减少程度不足以使湖泊自身启动富营养化恢复过程。例如,在生物群落和水交换频繁的浅水湖中,只有在总磷(TP)质量浓度降到 $0.05 \sim 0.1 \, \text{mg/L}$ 以下时才有可能达到清水状态。

(4)生物作用机制。

在某种程度上,生物间的相互作用也会影响湖泊磷负荷及其物理化学性质。例如,底栖鱼类和浮游鱼类间的相互作用阻碍了大型食草浮游动物的出现,而水质能够显著地被这些食草浮游动物所改善,主要是由于其能减少底栖动物的数量及氧化沉积物。此外,鱼

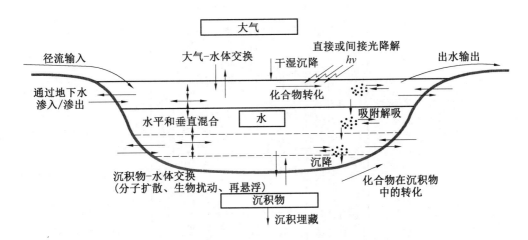

图 2.14　有毒有机物质在湖泊中的迁移、转化过程

类对沉积物的扰动、底栖鱼类的排泄物会加重湖水浑浊程度,从而引起光照强度减弱,阻碍了大型沉水植物的出现和底部藻类的生长,使得湖泊保持较低的沉积物保留能力,出现浑浊。

3.湖泊生态系统修复的生态调控与主要方法

(1)湖泊修复的生态调控措施。

湖泊修复的生态调控即湖泊水库中有毒有机污染物的修复,分为物理转化、化学转化、生物迁移和生物转化。物理转化是通过疏浚、机械除藻、凝聚、稳定塘等技术针对内源污染和外源污染修复;化学转化是通过水解、光化学降解等过程达到去除污染的目的,可以作为辅助技术或应急控制技术,但难以根治水体富营养化问题;生物迁移和生物转化是通过植物、水生动物、微生物修复治理过程提高水体本身的自我净化、恢复能力。

通常,湖泊生态系统的修复方案是多种技术联合,解决的问题也是交错综合的,图2.15所示为城市湖泊治理技术体系框架图。

①湖泊修复生态调控的物理化学措施。在控制湖泊营养负荷实践中,可以用许多方法来降低内部磷负荷,例如通过水体的有效循环不断干扰温跃层可加快水体与溶解氧、溶解物等的混合,有利于水质的恢复;或削减浅水湖的沉积物,采用铝盐及铁盐离子对分层湖泊沉积物进行化学处理;为控制浮游植物的增加,除对水体滞留时间进行控制外,增加水体冲刷以及其他不稳定因素也能实现这一目的。纯物理性的围栏结构可以保护大型植物免遭水鸟的取食,白天还能为浮游动物提供庇护。

②水位调控。水位调控是最为广泛应用的湖泊生态恢复措施之一,水深和沉水植物的生长存在一定关系,如果水位过深,植物生长会受到光线限制,如果水位过浅,频繁的再悬浮和较差的底层条件会使沉积物稳定性下降。此外,水位调控还可以控制损害性植物的生长和浮游动物对浮游植物的取食量,从而改善水体透明度,为沉水植物生长提供良好的条件。水位调控可以对营养、光照和生长空间等生态资源产生较大的影响,因此,对水生植物的组建、恢复及富营养化水体的生态修复具有极其重要的地位和作用。

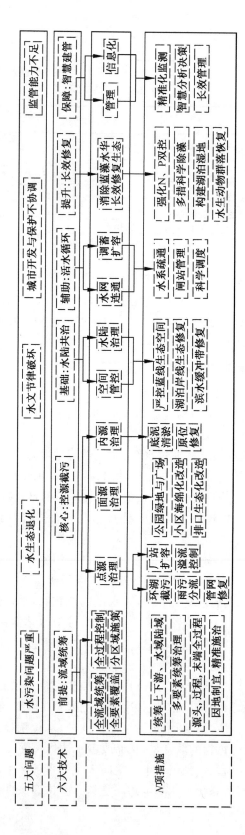

图 2.15　城市湖泊治理技术体系框架图

③采用生物迁移和生物转化中的生物操纵与鱼类管理生物操纵。生物迁移和生物转化中的生物操纵与鱼类管理生物操纵可使生物量增加,从而提高浮游动物对浮游植物的摄食效率,降低浮游植物的数量,使富营养化水平降低,改善透明度。图 2.16 所示为鱼类控藻原理示意图。

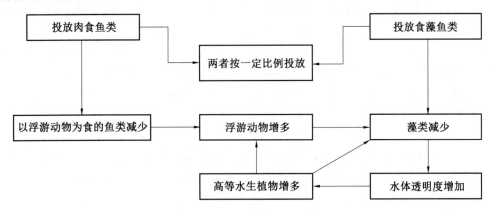

图 2.16　鱼类控藻原理示意图

④重建大型沉水植物的湖泊修复。重建大型沉水植物的湖泊修复是很多湖泊修复工程采用的措施,但也要注意,密集的植物床在营养化湖泊中出现也有危害性,如降低垂钓的娱乐价值、妨碍船的航行等。所以,在大型沉水植物蔓延的湖泊中经常通过挖泥机或收割的方式来实现其数量的削减,这可以提高湖泊的娱乐价值和生物多样性,并对肉食性鱼类有好处。另外,植物或种子的移植、蚌类和水生动物的引进也是一种可选的方法,这些物种的引入对于湖泊修复有切实作用,在改善水质的同时也增加了水鸟的食物来源,但也要可能因缺乏天敌而导致过度繁殖。

⑤食藻虫引导沉水植物生态修复工程技术。食藻虫引导沉水植物生态修复工程技术是利用经过长期驯化的食藻虫将蓝藻、有机碎屑等吞食清除,并产生一种生态因子抑制蓝藻过度繁殖的方法。上海海洋大学等高校专家利用长期驯化的食藻虫配合种植大量沉水植物形成“水下小森林”,通过营养竞争作用吸收过量的氮、磷物质,从而抑制蓝藻繁殖生长。另外,沉水植物经由光合作用释放大量溶解氧,促进底栖生物包括水生昆虫、螺、贝的繁殖,恢复自然生态抗藻效应,使水体保持稳定、清澈状态。

⑥微生物修复技术。微生物修复技术主要利用微生物的生物学特性降解水体中的氮、磷等营养元素和有机污染物,抑制藻类疯长,增加水体溶氧,改良水质。其方法主要包括投放生物菌种、生态稳定塘技术、微生物促生剂等。

(2)温带富营养化湖泊生态调控方法与过程。

在湖泊修复前,首先应掌握湖泊目前、过去的环境状态和营养负荷,仔细考虑应采用的方法并确定合适的解决方法。温带富营养化湖泊生态恢复推荐采用的操作过程为:

①现状测定。通过用地区系数模型或直接测定可确定每年的氮、磷负荷。通过压力－状态－响应框架(OECD)模型,能够计算出湖泊的磷含量并与平均营养浓度的实际测量值进行比较。管理者可以应用校正过的 OECD 模型(浅水湖、深水湖或水库)或者本地湖泊的经验模型。

②控制污染源。如果以目前的外部负荷为基础计算 TP,结果会比实际质量浓度高 0.05~0.1 mg/L(浅水湖的深度小于 3 m)或 0.01~0.02 mg/L(深水湖的深度大于 10 m)。控制污染的首要手段是减少外部的磷输入点源,可以通过降低肥料用量、建立沟渠以改变漫流状况、构建湿地、改进废水处理等实现。

③富营养化治理。如果测定的总磷浓度比 OECD 模型或本地模型计算的关键值高很多,并且在生长季节 TP 有规律地升高,说明内部负荷比较高,对于深水湖的 TP 质量浓度超过 0.05 mg/L、浅水湖的超过 0.25 mg/L 的状况,仅通过生物管理难以实现长期作用,这种情况应考虑采用物理化学方法,如在浅水湖中可采用沉积物削减或用铁盐、铝盐进行处理;在深水湖中可采用底层湖水氧化法,再结合化学处理。

如果测定 TP 质量浓度在浅水湖中接近 0.1 mg/L、深水湖中接近 0.02 mg/L,鱼类密度较高并以底栖食草性鱼类为主,叶绿素 a 或 TP 含量较高时,可以采用生物管理方法。

如果外部负荷超过上述范围,削减营养物负荷就存在经济或技术上的问题。若要改善环境状态,除运用上述方法外,还需要做后续的持续处理,但存在不能实现预期目标的风险。

如果大型沉水植物的生物量过大,推荐每年进行部分收割,当然也可选用生物控制,如鲤科鱼类或食草昆虫(如象鼻虫)。

4.湖泊生态系统修复实例分析

(1)南京玄武湖的生态修复工程。

玄武湖位于南京市玄武区,已有 1 500 多年的历史,与杭州西湖、嘉兴南湖并称"江南三大名湖"。但随着南京城市化的发展,玄武湖面临长期富营养化、生物多样性减少、生态系统不稳定、生物群落结构简化等问题。

①修复思路。玄武湖水生态系统受地表水文过程断裂的影响显著,故修复方案不仅要恢复湖泊本身,更要恢复周边范围的水文过程和可持续的水源,尽可能在修复过程中模拟自然过程,让自然发挥主观能动性,形成人工与生态结合的水文网络空间,从根本上改善并恢复玄武湖的水文生态。

②修复措施。通过带水吸淤、干湖冲淤两种方式去除表层淤泥,使沉积物的污染释放得到削弱;改善部分区域下垫面渗透蓄滞能力,提升玄武湖流域土壤及近地层的附水含量,维系稳定的水文循环过程;通过对雨水资源合理、可持续的储蓄,将符合水质要求的雨水导流至湖体,逐步削减对于人工补水、换水、调控水位的过度依赖;通过调节湖泊生物总量、增加底栖生物、恢复湖岸浅滩、湿地岸边生物的多样性等方法重建湖泊生态群落,以实现城市湖泊环境的综合整治;将湖泊治理工程与城市化建设相结合,在尊重自然规律拟自然化治理的基础上,辅助人工恢复手段,从根本上维系城市湖泊水环境生态系统健康。

(2)徐州云龙湖的生态修复工程。

云龙湖位于徐州南部风景区,地势较高,集水面积小,属浅水城市湖泊,受季节性影响较大,蓄水需通过补水解决。湖区水域总面积达 7.05 km²,最大水深为 5.1 m,平均水深约为 2.5 m。云龙湖水体污染的主要污染源为区域内居民生活污水污染、景区内娱乐设施污染、餐饮及旅游带来的污染、初期雨水地表径流带来的污染。

①修复思路。从源头控制污染,通过综合整治全面控源截污,"通过自然手段修复自

然问题"的修复原则,有效提高湖泊的水质,降低湖泊的富营养化程度。

②修复措施。采用各种措施对云龙湖补水及污染源进行综合整治,如关闭与搬迁排污企业、养殖企业等污染源,生活污水截污入管进行集中处理,面污染源实施口门控制等;科学制订湖区清淤计划,采取环保生态清淤方法重点清理小南湖等局部区域的湖底面层淤泥,提高湖区深度,同时去除底泥的污染物含量;生态补水,定期补水,贯通水系,加速湖水交换,使湖泊水体"动起来",提高其自净能力。

2.5.4　小流域与地下水生态系统的修复

1.小流域生态系统与水土流失的治理

(1)小流域生态系统的概念与特点。

小流域是水土流失治理工作的基本组织单位,小流域不仅是一个水土保持治理单元、自然集水区域,更是一个社会—经济—自然复合生态系统。治理大面积水土流失区时会将其划分为若干流域,分而治之,故通常情况下,小流域集水区域面积为 $3\sim50\ \mathrm{hm^2}$。

小流域治理是通过对一个单元小区或流域小区内的水资源、土壤、山地、光、热、气、肥的合理利用,对农、林、牧地和果园、经济林的统一规划与布局,采取耕作措施、工程措施、林草措施并加以科学管理,实现水土资源的最佳配置和综合利用。其目的在于,通过产业调整、土地优化利用、投资分配等多种措施和途径协调小流域生态系统与人类社会的各种活动之间的关系,以建立一个稳定、持久、高效的生态、经济和社会复合系统。

小流域生态系统有多种多样的存在类型和表现形式,不同地位的小流域有各自的特点:南方小流域大多分布在热带或亚热带季风气候区,气候温暖,以红壤丘陵为主,土壤较为贫瘠,季风影响显著,雨量充沛且时空分布不均,山丘区域源短流急,山洪暴发常伴随着山体滑坡和泥石流等地质灾害,其生态恢复和开发治理以防洪减灾为中心,以河道综合整治与搞好坡面水土保持为重点;北方小流域除少数石质山岭和凹陷平地外,大多覆盖着颗粒细小的黄土层,降水主要集中在夏季,植被覆盖率和水资源条件不如南方,抗旱保水成为小流域开发治理和生态恢复的工作中心,治沟和坡面水土保持成为工作重点。

(2)小流域水土流失治理技术。

水土保持是控制水土流失的根本措施,一般分为工程措施、生物措施、农业技术和综合措施,其相关技术如下。

①水土保持的工程技术。水土保持的工程技术是指通过工程的手段来实施水土保持的技术,包括沟道治理工程、小型蓄水工程、坡面治理工程。

沟道治理工程包括沟头防护工程、沟底工程、主河道工程等,其作用在于防止沟头前进、沟床下切、沟岸扩张,减缓沟床纵坡,调节山洪洪峰流量,减少山洪或泥石流的固体物质含量,使山洪安全地排泄,对沟头冲积圆锥不造成灾害。

小型蓄水工程包括小水库、水窖、蓄水池、引洪漫地等,其作用在于将坡地径流及地下潜流拦蓄起来,减少水土流失危害,灌溉农田,提高作物产量。

坡面治理工程包括梯田、拦水沟埂、挡土墙等,其作用在于通过改变小地形的方法防止坡地水土流失,将雨水及雪水就地拦蓄,使其渗入农地、草地或林地,减少或防止形成坡面径流,增加农作物、牧草及林木可利用的土壤水分。同时,将未能就地拦蓄的坡地径流引入小型蓄水工程。

②水土保持的生物技术。水土保持的生物技术是指在流域内为涵养水源、保持水土、改善生态环境和增加经济收入,采用人工造林(草)、封山育林(草)等技术建设生态经济型防护林体系,提倡多林种、多树种及乔灌草相结合。

a.水土保持林。梁顶或山脊以下、侵蚀沟以上坡面上营造的林木称坡面水土保持林。坡面是水土流失面最大的地方,也是水土流失比较活跃的地方。

b.分水岭防护林。丘陵或山脉的顶部通常称为分水岭,它是地表径流和泥沙的发源地,水蚀和风蚀较为严重,水土流失首先从顶部开始,在此区域种植的林木称分水岭防护林。

c.侵蚀沟防护林。营造侵蚀沟防护林的目的是控制沟头扩张前进、防止坡面滑坡崩塌、保护沟谷和促进水土淤积。侵蚀沟是各类地貌中危害程度最深、水土流失量最大的地方。侵蚀沟分为沟坡、沟头、沟底3部分,其中沟坡集水面积大,经常发生滑坡和崩塌;沟头径流冲蚀作用激烈,土体崩塌严重;沟底径流集中,流速快,导致沟底加宽加深。根据侵蚀沟的特点,沟坡防护林应注意坡向,选择根系发达、萌蘖力强、枝叶茂密、固土作用大的速生树种;沟头防护林应注意选择根蘖性强的固土抗冲速生树种;沟底防冲林应注意选择耐积水、抗冲、易生长的树种。

③水土保持的农业和综合技术。水土保持的农业和综合技术主要指在水土保持方面的耕作技术,主要分为两大类,一是以增加地面覆盖和改良土壤为主的耕作技术,如秸秆覆盖,少耕免耕的间、混、套、复种和草田轮作等;二是以改变地面微小地形、增加地面粗糙度为主的耕作技术,如等高带状种植、水平沟种植等。

2.陕北安塞区纸坊沟流域综合治理与生态修复实例

不同区域的水土流失类型和特点不同,其治理与生态恢复的模式也各不相同,会随着流域、文化和经济的不同而变化。在综合治理过程中,需要对治理措施配置进行适当的调整,对流域水土流失的治理调整空间配置,对生态可持续发展方案进行逐步细化。现以陕北安塞区纸坊沟流域为例介绍综合防治措施的配置。

黄土高原由于土质疏松易遭侵蚀,加之长期的滥伐滥垦,是我国水土流失最为严重的区域。陕北安塞区纸坊沟流域是延河支流杏子河下游的一条支沟,海拔高度为1 100～1 400 m,上下游沟床高差为210 m,总流域面积不到10 km²。由于黄土比较疏松,渗透性好,遇水很快分散,只要径流发生便会引起比较严重的土壤侵蚀,特别是坡耕地。该流域森林曾经破坏十分严重,但经过长期治理工作成果显著,纸坊沟实现了从森林绝迹到目前60.4%覆盖率的转变,如图2.17所示。

陕北安塞区纸坊沟流域治理:通过在梁峁顶部以隔坡水平阶整地形式播种沙打旺等牧草,坡上部修成窄条梯田栽植苹果和山楂等经济林,坡中部修成水平梯田种植小麦、玉米、谷子和豆类等,坡下部营造乔灌纯林或混交林,如刺槐、柠条、沙棘等;在川平地采用沟垄种植,小于25°坡耕地采用水平沟种植,25°～30°坡耕地实行草粮带状间作、轮作和草灌带状间作;将沟沿线以下的陡坡改良为草场,阳坡、半阳坡以羊草、甘青草场为主,阴坡、半阴坡建立柠条、锦鸡儿、长芒草(或白羊草)为主的草场,撂荒地补种沙打旺、红豆草,并实行封沟轮牧;沟道配置柳谷坊和淤地坝,达到节节拦蓄降水、控制水土流失和合理利用原土地的目的。

图 2.17 纸坊沟实现了森林绝迹到 60.4% 覆盖率的现状图

2.5.5 重金属污染土壤的修复

1.土壤的自净与污染特点

土壤作为生态系统的重要单元,不仅为动植物提供了赖以生存的环境,保证了生态系统的完整性与统一性,也为人类社会的建筑、医药等领域的发展提供了物质基础。土壤的自净能力使得土壤系统能够承载一定污染负荷,容纳一定量的污染物质,为环境的净化提供了净化能力。

与大气污染、水环境污染相比,土壤污染的影响更加严重,主要原因有 4 个方面:①土壤污染不会像水体污染和大气污染那样很容易通过颜色、气味、浊度等常规指标轻易分辨出来,故土壤污染的发现具有滞后性与隐蔽性;②由于土壤污染物来源很广,且各成分间容易发生相互反应形成更具有污染性的物质,因此土壤污染的复杂性远远高于其他环境的污染;③土壤中的污染物不能像大气和水环境中那样容易迁移转化,导致土壤中的污染物不断积累,浓度不断提高;④土壤污染恢复的长期性及不可逆性。

2.重金属污染土壤的修复

土壤污染尤以重金属污染对环境造成的危害更加严重,土壤中重金属元素不能为土壤微生物所分解,易于积累,最终通过生物富集途径危害人类的健康,许多重金属对土壤的污染作用往往是难以恢复的,由于发生氧化和还原等其他反应,重金属污染物的降解需要很长的时间,且治理成本更高。

(1)环境中的重金属污染。

近年来,由于人类的工业与农业生产活动,大量重金属污染物进入土壤环境,造成土壤重金属污染日益严重。我国土壤重金属污染中 Hg、Cd 污染最为严重,Pb、As、Cr 和 Cu 的污染也比较严重。相关资料表明,在我国遭受重金属污染的土地面积约为 0.1 亿 hm^2,每年被重金属污染的粮食达 1 200 万 t,造成的直接经济损失超过 200 亿元。这引起了国家有关部门的高度重视,在《国家环境保护"十二五"规划》中,提出要遏制重金属污染事件的高发态势,加强重点行业和区域的重金属污染防治。因此,在我国经济高速发展但是耕地资源日益紧张的今天,高效安全地修复重金属污染土壤已成为极为紧迫的任务。

（2）环境中的重金属形态。

环境中的重金属通常是指生物毒性显著的汞、镉、铅、铬及砷等，根据人们对重金属形态的初步认知，大致可分为以下四类。

①酸溶态重金属（如碳酸盐结合态）。酸溶态重金属是指土壤中重金属元素在碳酸盐矿物上形成的共沉淀结合态，对环境酸碱（pH）最敏感，当 pH 较高时可使游离态重金属形成碳酸盐共沉淀；反之，容易重新释放而进入环境中。

②可还原态重金属（如铁锰氧化物态）。可还原态重金属一般是以铁锰氧化物结合态存在，通常是矿物的外囊物和细粉散颗粒态吸附或共沉淀阴离子而成，比表面积大。土壤中 pH 和氧化还原条件变化对铁锰氧化物结合态有较大的影响，pH 和氧化还原电位较高时，利于铁锰氧化物的形成。

③可氧化态重金属（如有机态）。可氧化有机结合态重金属是土壤中各种有机物，如动植物残体、腐殖质及矿物颗粒的包裹层等，与土壤中重金属螯合而成，通常以重金属离子为核心，以有机质活性基团为配体结合，有时也以重金属与硫离子结合成难溶物质。

④残渣态。残渣态重金属一般存在于硅酸盐、原生和次生矿物等土壤晶格中，是自然地质风化过程的结果，在自然界正常条件下不易释放，能长期稳定在沉积物中，不易为植物吸收。残渣态结合的重金属主要受矿物成分及岩石风化和土壤侵蚀的影响。

另外，还有一种重要的重金属形态，即可交换态重金属，指吸附在黏土、腐殖质及其他成分上的金属，植物可以将其吸收，对环境变化敏感且易于迁移转化。

3.重金属污染土壤修复的基本原理

目前，重金属污染土壤修复技术发展迅速，研究与应用较多的主要是生物修复技术和化学稳定固化修复技术，下面分别探讨化学修复、植物修复、微生物修复重金属污染土壤的机理。

（1）土壤中重金属的动力学行为特征。

重金属污染土壤的修复方法主要是通过化学、物理化学的方法改变重金属的固液相分配、固相中的形态及有效性形态比例，从而达到降低土壤中重金属的活性。重金属污染土壤的固定或稳定修复法就是基于土壤中重金属动力学行为的基本原理。

土壤中重金属动力学行为受环境因素影响的过程实际上是"吸附－解吸－再解吸"的过程，也就是说，土壤解吸或吸附过程都可划分为两个阶段：初始快速反应阶段和一段时间后的慢速反应阶段。快速反应阶段是重金属以化学反应为主；慢速反应阶段重金属解吸以物理反应为主。

（2）植物修复重金属污染土壤的原理。

植物修复是指将某种特定的植物（超富集植物）种植在重金属污染的土壤上，利用该种植物对土壤中的污染元素具有特殊吸收富集的能力，使土壤环境中的重金属含量降低到一定水平，且待植物收获后并进行妥善处理（如灰化回收），将重金属移出土体的一种方式。其修复原理主要有以下两方面：

①超富集植物通过酸化、螯合、还原等作用对根际土壤中的重金属进行活化和吸收。例如，超富集植物可分泌类似于金属硫蛋白或植物螯合肽等金属结合蛋白作为植物的离

子载体,还可能分泌某些化合物,促进土壤中金属溶解,利于吸收。

②超富集植物的细胞壁与根部对土壤重金属的固定与束缚作用,取决于植物对重金属的外部排斥和内部耐受机制:外部排斥机制可以阻止金属离子进入植物体,并避免在细胞内敏感位点的累积;内部耐受机制主要是将进入细胞的重金属转化为无毒或毒性较小的结合态的重金属螯合物质,如小分子有机酸氨基酸、结合蛋白等,从而缓解体内重金属毒害效应。在重金属的胁迫下,植物往往采用多种机制的联合作用,避免原生质中金属的过量积累,减少中毒症状的发生,保证超富集植物能在高浓度的金属环境中生长,繁殖并完成进化史。

(3)微生物修复重金属污染土壤的原理。

微生物修复就是利用天然存在的或所培养的功能微生物群落,在一定的环境条件下促进或强化微生物代谢功能,达到降低重金属有毒污染物活性或降解成无毒物质的生物修复技术。微生物虽然不能破坏和降解重金属,但可改变它们的物理或化学特性,从而影响金属在环境中的迁移与转化。其修复机理包括细胞代谢、表面生物大分子吸收转运、生物吸附、空泡吞饮和氧化还原反应等。

微生物对土壤中重金属活性的影响主要体现在对重金属离子的生物吸附和富集、溶解和沉淀、氧化还原、生物降解、甲基化和脱甲基化的作用等。

4.重金属污染土壤修复的主要技术

重金属污染土壤的修复通常采用各种技术的组合,以期实现对土壤重金属污染修复的最大效果。在实际修复过程中,最终方案的选择是以下因素的函数:①污染物性质、污染程度、土壤条件等;②修复后土地的利用类别和方案;③技术上和经济上的可行性;④环境、法律、地理和社会因素也会进一步决定修复技术的选择。

重金属污染土壤修复技术按照不同的方法可进行不同的分类,如按学科分类可分为物理/化学修复、农业生态修复和生物修复;按场地及处理土壤的位置是否变化可以分为原位修复和异位修复。

(1)重金属污染土壤的植物修复技术。

植物修复技术就是利用植物及其根系微生物对污染土壤、沉积物、地下水和地表水进行清除的生物技术。重金属超富集植物,又称重金属超积累植物,是植物修复的核心部分,只有寻找到某种重金属的相对应的超积累植物才能进行植物修复。

超富集植物是指能超量吸收重金属并将其运移到地上部的植物,包括 3 个指标:一是植物地上部富集的重金属应达到一定的量,一般是正常植物体内重金属量的 100 倍左右;二是植物地上部的重金属含量应高于根部,即有较高的地上部与根浓度比率;三是在重金属污染的土壤上能良好地生长,一般不会发生毒害现象。

对于不同重金属,其超富集植物富集浓度界限也有所不同,且大多数超富集植物只能积累 1 种或 2 种重金属。目前,全世界已经发现超富集植物 500 多种,我国发现的主要重金属超富集植物见表 2.2。

表 2.2 　我国发现的主要重金属超富集植物

元素	元素含量 /(mg·kg⁻¹)	典型超富集植物及物种名
Cd	>100	天蓝遏蓝菜(*Thlaspi caerulenscens*)、东南景天(*Se-dum alfredii Hance*)、芥菜型油菜(*Brassica juncea*)、宝山堇菜(*Viola baoshanensis*)、龙葵(*Solanum nigrum L.*)等
Cu	>1 000	高山甘薯(*Ipomoeaalp ina*)、金鱼藻(*Ceratophyllum－denersum L.*)、海州香薷(*E.sp lendens*)、紫花香薷(*E.argyi*)和鸭跖草(*Commelina communis*)等
Mn	>10 000	粗脉叶澳洲坚果(*Macadamianeurophylla*)、商陆(*Phy-tolacca acinosa Roxb.*)等
Ni	>1 000	九节木属(*Psychotroiadouarrel*)等
Pb	>1 000	圆叶遏蓝菜(*Thlasp irotundifolium*)、苎麻(*Boehmerianivea (L.)Gaud.*)、东南景天(*Sedum alfredii Hance*)、蜈蚣草(*Pteris vittata L.*)、鬼针草(*Bidens bip innata*)、木贼(*Equisetum hiemale L.*)、香附子(*Txus rotundus L.*)等
Zn	>10 000	天蓝遏蓝菜(*Thlaspi caerulenscens*)、东南景天(*Se-dum alfredii Hance*)、木贼(*Equisetum hiemale L.*)和香附子(*Txus rotundus L.*)、东方香蒲(*Typha orientalis L.*)(春季)、长柔毛委陵菜(*Potentilla grifithii Hook. f. var.-velutina. Card*)、水蜈蚣(*Kyllinga brevifolia Rot-tb.*)等
Cr	>1 000	李氏禾(*Leersia hexandra Swartz*)等
As	>1 000	大叶井口边草(*Pteris cretica L.*)等
Al	>1 000	茶树(*Camellia sinensis L*).、多花野牡丹(*Melastoma affine L.*)等
轻稀土元素	>1 000	天然蕨类铁芒萁(*Dicrop teris dichitoma*)、柔毛山核桃(*Carya tomentosa*)、山核桃(*Carya cathayensis*)、乌毛蕨(*Blechnum orientale*)等

　　尽管超富集植物在修复土壤重金属污染方面表现出很高的潜力,但是其固有的一些属性还是给植物修复技术带来了很大的局限性:首先,重金属超富集植物是在自然条件下受重金属胁迫环境长期诱导形成的一种变异体,这些变异物种生长缓慢,其生物量相对于正常植株也较低;其次,对温度、湿度等条件的要求比较严格,物种分布呈区域性和地域性,使成功引种受到限制,不利于大规模的人工栽培;最后,重金属超富集植物的专一性很强,往往只对某一种或两种特定的重金属表现出超富集能力,并且其富集能力与多种因素有关。

　　人们为解决上述问题,最大限度地发挥超富集植物的修复能力,通过不懈努力,目前已经掌握了一定的方法,如:利用生物学手段培育出产量高、适应性强的超富集植物物种;寻找能同时富集几种重金属物质的植物并加以人工培育种植;另外,通过向土壤中添加螯合剂提高土壤中重金属物质的溶解度,从而增加超富集植物在根茎中的富集量。

（2）重金属污染土壤的物理、化学和物理化学修复技术。

土壤的重金属修复也可以通过挖掘、固定化、化学药剂淋洗、热处理等物理、化学及物理化学的方法来完成。

①土壤中重金属的固定和稳定（S/S 技术）。运用物理和化学的方法把土壤中的有毒有害污染物质固定起来的方法称为稳定或者固化。S/S 技术也包含把土壤中不稳定的污染物质转化为无毒或无害的化合物，间接的阻止其在土壤环境中的迁移、转化、扩散等过程，以降低污染的修复技术。

a.水泥固化。水泥固化是利用水泥在水化过程中的吸附、沉降、钝化和离子交换等多种物理化学过程，去除土壤中污染物或将与之形成的氢氧化物、络合物等固定在硅酸盐中的技术方法。该技术方法的优点是，水泥固化去除重金属形成的碱性环境可以抑制重金属的渗滤；不足之处是，硅酸盐水泥硬化后易被硫酸盐所侵蚀，重金属会在酸性条件下从固化态的水泥中析出。

b.石灰/火山灰固化。石灰/火山灰固化是应用各种焚烧后的飞灰、炉渣和水泥窑灰等具有波索来反应的物质为固化材料对危险废物进行固化的方法。这些物质都属于硅酸盐或铝硅酸盐体系，当发生反应时具有凝胶的性质，可以在适当的条件下进行波索来反应，将污染物质吸附在形成的胶体结晶中。

c.玻璃化技术。玻璃化技术也称熔融固化技术，它的原理是在高温下把固态的污染物加热融化成玻璃状或陶瓷状，形成玻璃体致密的晶体结构，从而永久地稳定下来。这是一种比较无害化的处理技术。

d.药剂稳定化技术。药剂稳定化技术通过投加合适的药剂改变土壤环境的理化性质，比如控制 pH、氧化还原电位、吸附沉淀等改变重金属存在的状态，从而减少重金属的迁移和转化。有机修复剂在处理土壤重金属污染方面有很大的作用，但修复剂的投加也会对生物有一定的毒害作用。

目前，S/S 中的许多技术措施尚处在实验室研究或中试阶段，应加快 S/S 技术示范、应用和推广，引导环保产业发展。

②电动修复。电动修复又称电动力学修复（electrokinetic remediation），被认为是"绿色修复技术"，具有高效、无二次污染、节能并能进行原位修复的特点，其基本原理是将电极插入受污染土壤或地下水区域，通过施加微弱电流形成电场，利用电场产生的各种电动力学效应（包括电渗析、电迁移和电泳等），驱动土壤污染物沿电场方向定向迁移，从而将污染物富集至电极区然后进行集中处理或分离。在这一过程中，土壤 pH、缓冲性能、土壤组分及污染金属种类会影响修复效果，如何控制土壤 pH 是电动修复技术的关键。

相比于化学固定/稳定化法只能降低土壤中污染物的毒性，不能从根本上清除污染物的缺点，电动修复可以从根本上去除金属离子，高效且经济，是一种原位修复技术，其不必搅动土层，不引入新的污染物质，保持了土壤本身的完整性，对现有景观、建筑和结构的影响较小。

电动修复重金属污染土壤也存在着技术上的局限：电动修复需要在酸性环境下进行，对环境产生危害；直流电压较高，修复过程存在活化极化、电阻极化和浓度差极化及土壤升温现象，从而降低修复效率；土壤内部环境，如碎石、大块金属氧化物，污染物的溶解性、脱附能力及非饱和水层等变化等因素都会对技术的成功造成不利影响；修复过程相对耗时长,可能长达几年。

2.5.6 有机物污染土壤的修复

1.土壤的有机物污染

随着经济的快速发展和城市化进程的加快,废水、废气、废渣的排放量急剧增加,加之农业生产上大量使用化肥、农药等化学物质,最终致使土壤遭到不同程度的污染。当污染物尤其是持久性有机污染物的进入量超过土壤的天然净化能力时,就会导致土壤污染,有时甚至达到极为严重的程度。

土壤中有机污染物按污染来源分为石油烃类(TPH)、有机农药、持久性有机污染物(POPs)、爆炸物(TNT)和有机溶剂,其主要来源、特性及危害见表2.3。

表 2.3　土壤中有机污染物主要来源、特性及危害

有机污染物	来源	特性	危害
石油烃类(TPH)	石油开采、加工、运输和使用	水溶性交叉,生物降解缓慢,对土壤理化性质及生态系统影响严重	堵塞土壤空隙,改变土壤有机质组成和结构,妨碍植物呼吸作用;破坏植物正常生理功能;沿食物链富集到生物体内,危害健康
有机农药	长期、大量、不合理使用	挥发性小、生物降解缓慢、高毒性、脂溶性强	进入植物体内,导致农产品污染超标,沿食物链富集到生物体内引发慢性中毒;增强土壤害虫的抗药性,毒害大量害虫的天敌
持久性有机污染物(POPs)	施用大量农药、火灾及火山爆发	长期残留性、生物累积性、半挥发性和高毒性	能通过各种环境介质长距离迁移,沿食物链富集到生物体内,聚积到有机体的脂肪组织中
爆炸物(TNT)	爆炸工业	具有吸电子基团,很难发生化学或生物氧化,水解反应	在土壤环境中停留时间很长,是显著的环境危险物
有机溶剂	废液的不恰当处理、储存罐泄漏	挥发性、水溶性、毒性	抑制土壤呼吸,高浓度氯化溶剂(TCE)会抑制土壤微生物的生长和繁殖,降低土壤呼吸率

2.有机物污染土壤的原位修复

(1)原位修复理论。

原位生物修复是指在污染现场就地处理污染物的一种生物修复技术,通过向污染的土壤中引入氧化剂(如空气、过氧化氢等)和其他营养物质,种植特殊植物甚至接种外来微生物、微型动物等,使污染物在生物化学作用下降解,达到修复的目的。原位修复可以采用的形式主要有投菌法、土耕法、生物培养法和生物通风法等。

(2)原位修复技术。

①植物修复。植物修复是指通过植物对污染物直接吸收和降解、植物分泌物对污

物的降解及根际微生物对污染物降解的修复技术。

a.植物的直接吸收和降解。植物的直接吸收和降解包括植物固定和植物降解两部分。植物固定是指通过植物生命活动产生的环境变化,调节污染土壤区域的理化性质,使有机污染物腐殖化而得到固定;植物降解指有机污染物被植物吸收后,可直接以母体化合物或以不具有植物毒性的代谢中间产物的形态,通过木质化作用在植物组织贮藏,或中间代谢产物进一步矿化为水和二氧化碳等,或随植物的蒸腾作用排出植物体。

b.植物分泌物的降解。植物的根系可向土壤环境释放大量分泌物,刺激微生物的活性,加强其生物转化作用。它们可直接降解一些有机化合物,且降解速度非常快,也可使难降解污染物发生共代谢作用。

c.根际微生物的降解。植物根际为微生物提供了生存场所,并可转移氧气和分泌一些物质、酶等进入土壤,为根际空间内的微生物提供营养、能量和适宜环境条件,刺激各种菌群的生长、繁殖和活性,使根际环境的微生物数量明显高于非根际土壤,形成菌根,不但可以加速根区降解有机污染物速度、增强微生物间的联合降解作用和提高植物的抗逆能力和耐受能力,还可以起到分散降解菌和疏松土壤的作用,促进植物的生长。这一共存体系的作用,将在很大程度上加速污染土壤的修复速度。

②微生物修复。微生物修复是利用微生物的降解作用而发展起来的微生物修复技术,通常是指利用土著微生物或投加外源微生物,通过其矿化作用和共代谢作用将有机污染物彻底分解为 CO_2、H_2O 和简单的无机化合物,如含氮化合物、含磷化合物、含硫化合物等,从而消除污染物质对环境的危害。该方法在农田土壤污染修复较为常见。

③植物－微生物联合修复。植物－微生物联合修复也称根际修复,它是利用植物根系环境在自然条件下或人工引进外源微生物条件下,通过微生物在植物根系环境中直接参与降解污染物质来强化植物修复的一种修复技术。

④物理化学修复。物理化学修复主要利用土壤气相抽提、空气喷射、土壤冲洗、原位加热修复技术等在原位对有机物污染土壤的一种修复技术。

a.土壤气相抽提技术。土壤气相抽提技术是一种利用真空泵产生负压,强制新鲜空气流经污染区域,解吸并夹带土壤孔隙中的挥发性有机物(VOCs)经抽取井流回到地面上,并将抽取出的 VOCs 气体通过活性炭吸附、生物处理等方法净化处理的技术,以达到去除有机污染物的目的。

b.空气喷射技术。空气喷射技术主要用于去除饱和区有机污染物的土壤原位修复技术,它主要是通过将新鲜空气喷射到饱和土壤中,产生的悬浮羽状体逐步向原始水位上升,从而达到去除潜水位以下的地下水中溶解的有机污染物的目的。

c.土壤冲洗技术。土壤冲洗技术是指利用高压水或含有助溶剂的水溶液直接注入被污染土壤层,或注入被污染土壤下面的地下水层,使地下水位上升至受污染土壤层,以达到污染物从土壤中分离出来,最终形成迁移态化合物而达到去除的目的。

d.原位加热修复技术。原位加热修复技术是指利用热传导(如热井和热墙)或辐射(微波加热)的方式加热土壤,以促进半挥发性有机物的挥发,从而实现对污染土壤的修复。

3.有机物污染土壤的异位生物修复

(1)异位生物修复机理。

异位生物修复是指将被污染的土壤挖出,移离原地,并在异地用生物及工程手段使污染物降解。异位生物修复可保证生物对污染物的降解在力学条件下进行,还可防止污染物转移,对污染土壤处理效果好。

当原位生物修复方法难以有效满足环境要求时,异位生物修复技术成为重要选择,主要包括生物堆法、堆肥化、生物反应器等,其主要成本情况见表2.4。

表2.4 常用的异位生物修复方法及成本情况

处理方法	污染物类型
条垛式堆肥	三硝基甲苯(TNT)、环三亚甲基三硝胺(RDX)
静态堆肥	石油烃类
生物堆(通风式堆体)	石油烃类
序批式生物泥浆反应器	苯系物和汽油
预制床法	五氯苯酚、多环芳烃和二噁英
生物泥浆法	五氯苯酚
生物泥浆法	多环芳烃

(2)异位生物修复技术。

①生物堆法。生物堆法通常是将受污染的土壤挖掘出来集中堆置,并结合多种强化措施,采用生物强化技术,如直接添加外源高效微生物,补充水分、氧气和营养物质等,为堆体中微生物创造适宜的生存环境,从而提高对污染物的去除效率。生物堆法常用于处理污染物浓度高、分解难度大、污染物易迁移等污染修复项目。由于它对土壤的结构和肥力有利,限制污染物的扩散,所以生物堆法已经成为目前处理有机污染最为重要的方法之一。

②堆肥化。堆肥化是指采用传统堆肥技术处理固体废弃物的方法,一般应用于受石油、洗涤剂、卤代烃、农药等污染土壤的修复处理,快速、经济、处理效果好,通常是在移离的土壤中直接掺入能够提高处理效果的材料,如树枝、稻草、粪肥、泥炭等易堆腐物质,然后通过机械或压气系统充氧,并添加石灰等调节 pH 稳定,经过一段时间的堆肥发酵处理后就能将大部分的污染物降解,消除污染后的土壤可返回原地或用于农业生产。

③生物反应器。生物反应器法类似于污水生物处理法,它是将挖掘出来的受污染土壤与水混合后置于反应器内,并接种微生物进行处理。处理后土壤-水混合液经固液分离后,土壤运回原地,分离的液体根据其水质直接排放或送至污水处理厂进一步处理。生物反应器处理法和其他处理方法相比较具有很多优点,如传质效果好、环境营养条件易于控制、对环境变化适应性强等,但是其工程复杂、费用高。

④土壤淋洗修复技术。土壤淋洗修复技术利用淋洗液或化学助剂的溶解及水力冲洗来去除污染物,达到修复污染土壤的目的,其原理是淋洗液或化学助剂中的物质与土壤污染物发生解吸、螯合、溶解或固定等化学作用。通常该方法适用于土壤黏粒含量低于25%,被石油烃类、挥发性有机物、多氯联苯和多环芳烃等污染的土壤。

思考题与习题

1. 什么是生态系统？种群和群落的概念是什么？
2. 生态系统中分解者的作用是什么？
3. 生态系统的基本特征有哪些？
4. 什么叫食物链？食物链的特点是什么？
5. 什么是生物富集？
6. 生态系统有哪些物质循环？特点如何？
7. 什么叫生态平衡？破坏生态平衡的因素有哪些？
8. 生态学的一般规律有哪些？其主要内容是什么？
9. 我国生态保护规划的近期目标与远期目标是什么？
10. 什么是生态修复？生态修复的层次有哪些？
11. 生态修复基本理论与原理有哪些？
12. 生态修复的主要方法有哪些？
13. 重金属污染土壤修复的主要技术有哪些？

第3章 城市建设与城市生态

随着全球城市化进程的加快、经济的快速发展和人们生活水平的不断提高,城市建设与城市环境改善问题已经引起了世界各国政府和公众的广泛关注。由于城市在世界各国的国民经济和社会发展中占有举足轻重的地位,世界各国都十分重视城市环境保护方面的问题。我国的城市化已进入高速发展阶段。迅速的城市化进程,使城市环境污染问题日趋严重。国内外大量事实已经证明,城市中巨大的人口压力、日益紧缺的资源和环境质量的恶化已经成为城市发展的重要制约因素。因此,在城市化进程中,保护和提高城市环境质量及居民的生活环境,直接关系到人们生活水平的提高,关系到城市经济和社会的可持续发展,因此加快推进我国现代化建设具有重要作用。

3.1 城市、城市化与环境

3.1.1 城市概念及类型

城市分类时在很多情况下并没有考虑生态系统,一般都是按照城市规模、功能和形态进行分类,在分类时并没有对生态做特殊考虑和过多要求。

1. 按城市规模分类

城市按照人口的数量可划分为大、中、小城市。各国的划分标准并不一致,我国一般规定:大城市是指市区和近郊区非农业人口在 50 万以上的城市;中等城市是指市区和近郊区非农业人口在 20 万以上、不满 50 万的城市;小城市是指市区和近郊区非农业人口不满 20 万的城市。

2. 按城市性质或功能分类

我国多采用"主导职能分类法"和"主导基本因素分类法",一般将城市分为五类:①综合性城市,如首都、省会等,一般规模较大,有经济、政治、文化、军事等职能,在用地组成与布局方面比较复杂;②加工工业城市,如株洲、常州等;交通港口城市,如大连、青岛、徐州等;③风景旅游、革命纪念地和历史文化城市,如桂林、黄山、延安、苏州等;④矿业城市和工业城市,如大同、鞍山、大庆等;⑤农村性城镇,包括县级市,是联系城乡的桥梁和纽带,也是近些年城镇化的主体对象,如众多省会郊区县城、发达地区的县、镇等。

3.按城市形态(空间格局)分类

按城市形态(空间格局)分类一般可分为单中心块状城市、多中心组团式城市、一市多片星座城市、手掌状放射式城市、带形城市等。

3.1.2　城市环境的概念与组成

1.城市环境的概念

城市是非农业人口聚居的场所和活动中心,是自然环境和人工环境的有机组成。城市环境是环境的一个组成部分,是指影响城市人类活动的各种自然的或人工的外部条件。它是人类有计划、有目的地利用和改造自然环境创造出来的高度人工化的生存环境,是一个典型的受自然、经济、社会因素共同作用的地域综合体。

狭义的城市环境主要包括地形、地貌、土壤、水文、气候、植被、动物、微生物等自然环境,以及住宅、道路、管线、基础设施、不同类型的土地利用、废气、废水、废渣、噪声等人工环境。

广义的城市环境除了包括狭义的城市环境外,还包括人口分布及变化、服务设施、娱乐设施、社会生活等社会环境,资源、市场条件、就业、收入水平、经济基础、技术条件等经济环境以及风景、风貌、建筑特色、文物古迹等美学环境。从环境保护的角度看,城市环境主要是指狭义的城市环境。

2.城市环境的组成

城市环境可分为自然环境和人工环境(或社会环境)两个部分。

城市自然环境是城市环境的基础,它为城市这一物质实体提供了一定的地域空间,包括城市的大气环境、水环境、生物环境、土壤环境和地理环境等。因此,城市环境在许多方面都必然受到自然环境的影响和作用。城市自然环境中的各个环境要素,如地形、地貌、气候、水文等,决定城市用地形态、城市用地布局、城市建筑结构、城市基础设施配置和工程造价等各个方面;同时,城市环境的建立也改变了自然环境的性质和状况。

城市人工环境是在城市自然环境基础上建立起来的,它是由实现城市各种功能所必需的物质基础设施单元组成的,包括房屋建筑、管道设施、交通设施、供电、供热、供气和垃圾清运等服务设施,通信广播电视和文化体育等娱乐设施,以及园林绿化设施等。

根据人类活动与城市中某一地域相联系的方式,还可将城市社会环境划分为居住环境、交通环境、工业环境、商业环境、文教环境、旅游娱乐环境等,这种划分与城市功能分区相吻合,在城市环境改造和建设中具有实际指导意义。

3.1.3　城市化与城市化进程

1.城市化的含义

城市化也称为城镇化,是一个国家或地区的人口由农村向城市转移、农村地区逐步演变成城市地区、城市人口不断增长的过程;在此过程中,城市基础设施和公共服务设施不断提高,同时城市文化和城市价值观念成为主体,并不断向农村扩散。城市化就是生产力进步所引起的人们的生产方式、生活方式以及价值观念转变的过程。

2.城市化进程

城市人口的自然增长和农村人口向城市的涌入是城市化水平提高的原因,在 20 世纪后期,大量的农村人口涌向城市,进入到 21 世纪以后,这一过程在相关条件和政策的驱动下仍然持续。1950 年,全世界达 500 万人口的城市只有 6 个,1975 年,全世界仅有约 1/3 的人口居住在城市;到 2000 年,人口规模超过 500 万的城市有 28 个,超过 1 000 万人口的城市有 18 个,全世界有近 1/2 的人口居住在城市;目前全球超过 1 500 万人口的城市有日本东京、印度孟买、美国纽约、巴西圣保罗、中国上海等城市。城市在整个国民经济中占有十分重要的地位,是人类社会政治、经济、文化、科学教育的中心,经济活动和人口高度密集,伴随我国城市化的不断发展,城市群的形成和发展将是一种必然趋势。

3.我国的城市化进程

目前,我国的城市化进程及城市化水平不断提高,国家实行严格控制大城市规模、合理发展中等城市和小城市的方针,促进生产力和人口的合理布局。截至 2020 年末,全国共有设市城市 685 个,其中直辖市 4 个,副省级市(中央计划单列)15 个,地级市 278 个,县级市 388 个。据统计,2018 年我国城镇化率达到 59.58%,预计到 2030 年我国城镇化率将达到 70%,2050 年将达到 80%左右。在 2020 年 11 月 1 日开展的第七次全国人口普查显示:全国总人口共 141 178 万人,与 2010 年的 133 972 万人相比,增加 7 206 万人,增长 5.38%。我国居住在城镇的人口为 90 199 万人,占 63.89%;居住在乡村的人口为 50 979 万人,占 36.11%。与 2010 年相比,城镇人口增加 23 642 万人,乡村人口减少 16 436 万人,城镇人口比例上升 14.21%(图 3.1)。

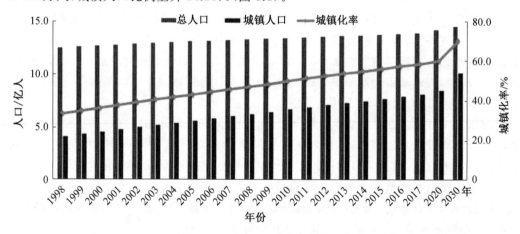

图 3.1　我国城市化的发展态势

3.1.4　城市化带来的环境问题

城市化可使经济快速发展,提高人们生活水平,但城市环境面临巨大的资源与环境压力,如人口的急剧膨胀、资源的大量消耗,部分城市市区原有的自然生态系统破坏严重,地表大部分被建筑物、混凝土路面所覆盖。因此,引发了各种各样的环境问题,制约着城市的健康发展。

1.城市化后世界范围内的城市环境普遍问题

世界上的许多城市在城市化的进程中先后普遍地出现了包括环境污染在内的"城市综合征",甚至发生了环境公害。例如,英国伦敦的烟雾事件、美国洛杉矶的光化学烟雾事件等。人们共同关心的影响范围大和危害严重的环境问题有三类:一是全球性的大气污染,如温室效应、臭氧层破坏和酸雨;二是大面积森林被毁、草场退化、土壤侵蚀和沙漠化;三是突发性的严重污染事件迭起。与此同时,发展中国家的城市环境问题、生态破坏以及一些国家的贫困化愈演愈烈,水资源短缺在全球范围内普遍发生,其他资源(包括能源)也相继出现将要耗竭的信号。这些全球性大范围的环境污染问题严重威胁着人类的生存和发展。

2.我国城市化后的城市环境问题

我国的环境问题也首先在城市中突出地表现出来,城市环境污染问题正在成为制约我国城市发展的一个重要障碍。

城市化后,城市向外蔓延扩张,交通道路的需求急剧扩大,造成土地、能源及空间的浪费;人口急剧增多,住宅紧缺及无序开发,消耗大量的能源、材料,以及城市规划滞后,致使自然环境破坏;城市基础设施建设落后于城市扩张速度,出现供水不足、水环境污染、能源浪费、电力等供应紧张、碳排放量显著增加等影响。

目前,城市的环境问题主要包括城市气候问题、城市空气污染问题、城市水污染问题、城市固体废物污染问题、城市噪声污染问题、有毒化学品污染问题、城市电磁波污染问题及生态环境系统脆弱问题等。这些环境问题很多是由盲目的城市化建设造成的。城市的水源短缺和水污染问题将成为我国城市在 21 世纪面临的最紧迫的环境问题。

3.2　城市生态系统与环境效应分析

3.2.1　城市生态系统的概念

城市是生物圈中的一个基本功能单位,是一种特殊的以人为主体的生态系统。城市生态系统(urban ecosystem)是生态系统的重要组成部分之一,从生态的角度看,城市是以人类生活和生产活动为中心的,由居民和城市环境组成的自然、社会、经济复合生态系统(图 3.2)。

城市生态学以整体的观点开展研究,除了研究城市的形态结构以外,更多地把注意力放在全面阐明其组分(子系统)之间的关系,以及它们之间的能量流动、物质代谢、信息和人的流通所形成的格局和过程(即城市的生理方面)。

3.2.2　城市生态系统的组成与结构

1.城市生态系统的组成

城市是一个庞大而复杂的复合生态体系,可分为自然生态系统、经济生态系统和社会生态系统三个子系统,各子系统又分为不同层次的次级子系统。这些子系统之间按照一定的形态结构和营养结构组成城市生态系统,如图3.3所示。

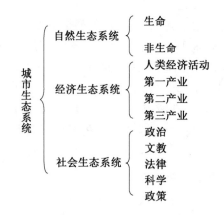

图 3.2   城市生态系统包含的子系统

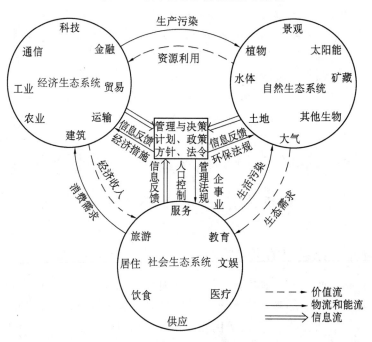

图 3.3   城市生态系统的组成结构

自然生态系统包括城市居民赖以生存的基本物质环境,如太阳、空气、淡水、森林、气候、岩石、土壤、动物、植物、微生物、矿藏和自然景观等。它以生物与环境的协同共生及环境对城市活动的支持、容纳、缓冲及静态系统,包括工业、农业、交通、运输、贸易、金融、建筑、通信、科技等,涉及生产、分配、流通与消费的各个环节,它以物资从分散向集中的高密度运转,能量从低质向高质的高强度集聚,信息从低序向高序的连续积累为特征。

社会生态系统是人类在自身的活动中产生的,主要存在于人与人之间的关系上,存在于意识形态领域中,涉及城市居民及其物质生活与精神生活的诸方面,它以高密度的人口和高强度的生活消费为特征,如居住、饮食、服务、供应、医疗、旅游,以及人们的心理状态,还涉及文化、艺术、宗教、法律等上层建筑范畴。

2.城市生态系统的结构

(1)形态结构。

从城市的构型上看,城市的外貌除了受自然地形、水体、气候等影响外,更受城市形成的历史、文化、产业结构、民族、宗教及管理者的兴趣等人为因素的影响。一般城市的总体构型有单中心块状城市、多中心组团式城市、一市多片星座城市、手掌状放射式城市、带形城市结构等。除城市构型外,城市的人口密度、功能分区和交通桥梁、道路等都是描述形态结构的因素。

(2)营养结构。

城市生态系统是以人类为中心的复合生态系统,系统中生产者——绿色植物的量很少,几乎没有起到生产者的作用,城市生态系统的营养物质(水、食品、物资、材料等)的加工、输入、传送过程都是人为因素起着主导作用;消费者主要是人,分解者微生物亦少。因此,城市生态系统不能维持自给自足的状态,需要从外界供给物质和能量,从而形成不同于自然生态系统的倒三角形营养结构,如图 3.4 所示。

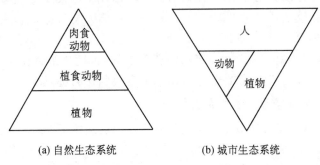

(a) 自然生态系统　　　　　(b) 城市生态系统

图 3.4　自然与城市生态系统的营养结构比较

城市生态系统营养物质的传递媒介主要是金融、货币,政治经济规律起着决定性作用。可以认为,城市生态系统的营养结构主要是城市的经济结构,包括城市产业结构、能源结构、资源结构;经济结构又决定着城市的人口结构和形态结构,经济结构又是制约城市环境状况的主要因素,所以,研究城市生态系统的中心问题是研究城市的经济结构,把握住这一中心环节,对于城市规划、管理,以及城市的环境保护工作都是极为重要的。

3.2.3　城市生态系统的特点

城市生态系统是一个结构复杂、功能多样、巨大而开放的复合人工生态系统,包括自然、社会、经济。与自然生态系统相比,城市生态系统具有如下特点。

1.城市生态系统是以人为主体的生态系统

城市生态系统是人工生态系统。人类是城市生态系统中的生产者,亦是主要的消费者,在自然环境和条件的大背景之下,人工控制对该系统的存在和发展起着决定性的作用,人类为了自身的利益对城市生态系统进行着控制和管理,同时也受到太阳辐射、气温、气候、风、水等因素控制。

2.城市生态系统是容量大、流量大、密度高、运转快、高度开放的生态系统

城市生态系统是以热为主体的生态系统,为维持巨量人口的能量需要和生存需求,必须具备大量、高速的能源和能量输入、输出,同时也必须依靠从其他生态系统(如农田、森林、草原、海洋等生态系统)人为引进物质和能量。

物流链很短,物质流基本是线性的,常常是资源到产品和废物,城市生态系统的能流和物流可概括为开采→制造→输入→使用→废弃,产生的大量废弃物大多不是在城市内部消化,需要输送到其他生态系统中去消化。

这种与周围其他生态系统高速而人量的能流和物流交换主要依靠人类活动来协调,正是城市生态系统的这种非独立性和对其他生态系统的依赖性,使城市生态系统显得特别脆弱,自我调节能力很小。

3.城市生态系统是人类自我驯化的系统

城市生态系统是不完全的生态系统,消费者与生产者比例失调,在人为干涉下,抑制了绿色植物和其他生物的生存与活动,原有的生态系统中的生产者已变为美化环境、消除污染和净化空气等作用为主,适合于分解者的环境已发生重大变化,生活污水和废弃物等已使分解者无法在就地环境中发挥作用,反过来又影响人类自身的生存和发展,几乎都需要输送到污水处理厂、垃圾处理厂进行处理。人类驯化了其他生物,把野生生物限制在一定范围内,同时人们集中在一个相对密闭的有限空间内,把自己圈在人工化的城市中,使自己不断适应城市环境和生活方式,这就是人类自我驯化的过程。

4.城市生态系统是多层次的复杂系统

仅以人为中心,即可将城市生态系统划分为三个层次的子系统。

(1)生物(人)—自然(环境)系统。

生物(人)—自然(环境)系统只考虑人的生物性活动,是人与其生存环境的气候、地形、食物、淡水、生活废弃物等构成的子系统。

(2)工业—经济系统。

工业—经济系统只考虑人的经济(生产、消费)活动,是由人与能源、原料、工业生产过程、交通运输、商品贸易、工业废弃物等构成的子系统。

(3)文化—社会系统。

文化—社会系统只考虑人的社会活动和文化生活,是由人的社会组织、政治活动、文化、教育、康乐、服务等构成的子系统。

以上各层次的子系统内部都有自己的能量流、物质流和信息流,而各层次之间又相互联系,构成一个不可分割的整体。

3.2.4 城市生态系统的功能

城市生态系统是城市居民与城市环境构成的对立统一体,与自然生态系统一样,也具有物质循环、能量流动和信息交换等基本功能。

1.城市生态系统的能量流

为了推动城市生态系统的物质流动,必须从外部不断地转入能量,如煤、石油、电力、水及食物(生物燃料)等,并通过加工、储存、传输、使用等环节使能量在城市生态系统中进行流动。

城市的能量流是城市居民生存、城市经济发展的基础,其中一部分能量被储存在产品中,而另一部分则以热能、磁能、辐射能等形式耗散于环境中,成为城市的热、磁、光、微波污染的污染源。城市生态系统能量流的基本过程如图 3.5 所示。

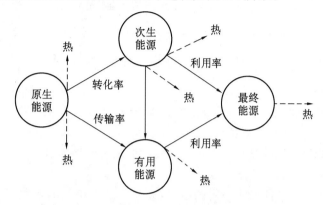

图 3.5　城市生态系统能量流的基本过程

图 3.5 中的原生能源(又称一次能源)是从自然界直接获取的能量形式,主要包括煤、石油、天然气、油页岩、油砂等,以及太阳能、生物能(生物转化了的太阳能)、风能、水力、潮流能、波浪能、海洋温差能、核能(聚、裂变能)和地热能等。原生能源中有少数可以直接利用,如煤、天然气等,但大多数要经过加工或转化后才能利用。

次生能源为经过加工或转化便于输送、储存和使用的能量形式,较单一,如电力、柴油、液化气等。有用能源是指将次生能源转化为特殊的使用形式,如马达的机械能、炉子的热能、灯的光能。最终能源则是能量使用的最终目的,是存在于产品中或投入到所创造的环境中的能量形式。如,水泵把机械能转变为水的势能;炼钢炉把热能转变为钢材内部的分子能;日光灯把光能投入到所创造的明亮中。

天然气和电力消费及原生能源用于发电的比例,是反映城市能源供应现代化水平的两个指标。城市生态系统与自然生态系统相同,其能量流动有两个相同的性质。

(1)遵守热力学第一、第二定律,在流动中不断有损耗,不能构成循环(单向性)。

(2)除部分热损耗是由辐射传输外,其余的能量都是由物质携带的,能量流的特点体现在物质流中。但是能量每流过一个能级时,并不服从"百分之十"率。

2.城市生态系统的物质流

城市生态系统的物质流动是建立在城市与城市外区域的工业原料、农副产品的输入与工业产品、废弃物的输出形成的城市新陈代谢基础之上的,即每天从外界输入大量的矿石、煤、油、粮食、淡水等,同时,又向外界输出大量的产品、副产品、生活垃圾与工业废弃物。

在物质流中,以货物流的流动过程最为复杂,它不是简单的输入和输出,要经过生产、消耗、累积及排放废弃物等过程,如图 3.6 所示。资源流是物质流的重要组成部分,其特点是不稳定,但流动数量极大,有时会存在利弊两方面的影响,如空气、氧气和二氧化碳,其流动速率和强度直接影响城市的大气环境质量。

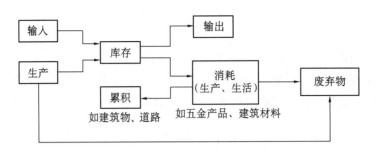

图 3.6 城市系统中货物流的流动途径

3.城市生态系统的信息流

信息是指消息,是对某一事物不确定性的度量,或者是指对某事物知道、了解的程度。一个事物越复杂,其中所含的信息就越多。信息流是对城市生态系统的各种"流"的状态的加工、传递、控制和认识的过程。城市的重要功能之一是输入分散、无序的信息,输出经过加工、集中、有序的信息。

城市中的任何活动都能产生一定的信息,如属于自然信息的水文、气候、地质、生物、环境等信息;属于经济信息的市场、金融、价格、新技术、人才、贸易等信息。

城市具有完善的新闻传播网络系统,因而,可以在广阔的范围内高速度、大容量及时地传播信息。城市具有现代化的通信基础设施,能够以信息系统连接生产、交换、分配和消费的各个领域、环节,可高效地组织社会生产和生活。

信息流的大小反映了城市的发展水平和现代化程度。信息流的高密度集中与高速度有序是现代城市的重要特征之一。

4.城市生态系统的人口流

人口流是一种特殊的物质流,它包括时间上和空间上的变化,往往能影响城市的规模、性质、交通,以及生产、消费能力和经济发展等走向。时间上的变化体现在城市人口的自然增长和减少上;空间上的变化体现在城市内部的人口流动和与相邻系统之间的人口流动上。

城市人口流可从自然生态系统的流动情况分为常住人口和流动人口。劳力流是特殊的人口流,即由就业、退休等导致劳力数量和空间上的变化。智力流则是特殊的劳力流,智力的开发过程(入学、就读、毕业、升学)是人口流在时间上的变化,反映城市智力结构的改变过程;而智力在空间上的变化则反映智力(人才)在不同部门中的改变。

城市,特别是大城市,既是人口的密集之地,也是各种人才荟萃与培养之地,他们是使一个城市富有生机,城市经济可持续发展的主导因素。另外,高强度的人口流动也会带来严重的环境问题。

5.城市生态系统的价值流

城市生态系统的价值流是物质流的表现与计量形式的体现,包括投资、产值、利润、商品流通和货币流通等,反映城市经济的活跃程度,其实质仍是物质流。

当今世界,货币金融的流动往往会改变一个城市,甚至一个地区或者国家的性质与功能,所以,国际性大都市必须是一定范围的金融中心。

总的来讲,城市生态系统物质流、能量流、信息流之间的关系为:信息流指导能量流和物质流;能量流为物质流和信息流提供能源;物质流是能量流和信息流的基础。

3.2.5　城市生态系统的平衡与调控

城市生态系统的平衡,是指城市在自然—经济复合生态系统的动态发展过程中,保持自身相对稳定有序的一种状态,是在人类有意识的调控下才能达到的一种动态平衡。

从生态控制理论观点看,要保持全系统稳定运行,城市中人类与自然环境间要相互协调,结构组成合理,系统的输入与输出均衡,各个经济部门有计划地按比例发展。

城市生态系统调控的目标有两个:一是高效,即高的经济效益和发展速度;二是和谐,即和谐的社会关系和稳定性。城市生态系统调控的目的在于:利用一切可以利用的机会,充分提高物质能量利用效率,使系统风险最小,综合效益最高,从而使社会、经济、环境得到协调发展。

调控城市生态系统各种"生态流"时应遵循以下原则。

1.循环再生原则

注重综合利用物质,建立生态工艺、生态工厂、废品处理厂等,把废物变成能够被再次利用的资源,如再生纸、垃圾焚烧发电、污水的净化处理和再利用等。

2.协调共生原则

城市生态系统中各子系统之间、各元素之间是互相联系、互相依存的,在调控中要保证它们的共生关系,达到综合平衡。共生可以节约能源、资源和运输,带来更多的效益。如采煤和火力电厂的配置、公共交通网的配置等。

3.持续自生原则

城市生态系统整体功能的发挥是在其子系统功能得以充分发挥的基础上的。子系统应在合理的生态阈值范围内,为系统整体功能服务,而不是局部组织结构的增大。子系统间相互作用和协作,城市整体才能形成具有一定功能的自组织结构,达到良性循环状态。

按照生态学理论,只要通过对城市生态系统的物质流、能量流、信息流、人口流、价值流做适当调控,即通过输入负熵值,使系统总熵值降低,并保持这种负熵值连续适量输入,就可以使城市生态系统达到高度有序化,并保持这种高度有序的动态平衡状况。

循环再生原则、协调共生原则、持续自生原则是生态控制论中最主要的原则,也是城市生态系统调控中必须遵循的原则。

3.2.6　城市环境效应分析

1.环境效应的概念

环境效应(environmental effect)是指人类活动或自然因素作用于环境后所产生的正、负效果在环境系统中的响应。当对环境施加更有利于人类的生产和生活方面发展的影响时,在环境系统中就会产生正效应,或称为环境优化;反之,当对环境施加不利于人类的生产和生活方面发展的影响时,在环境系统中就会产生负效应,或称为环境恶化。

当环境系统具有稳定的有序结构时,其承受外部施加的有害影响的能力比较强,做出负效果响应的时间也会相应延长;反之,其承受有害影响的能力较弱,系统响应的时间也将相应缩短,容易导致环境系统的衰亡。

2.城市环境效应分析

城市环境效应是指城市中人类的生产活动和生活活动给自然环境带来一定程度的积极影响和消极影响的综合效果(或称为正效应和负效应的综合效果)。

城市环境效应通常包括城市环境污染效应、城市环境生态效应、城市环境地学效应、城市环境资源效应、城市环境美学效应等。

(1)城市环境污染效应。

城市环境污染效应是指城市中人类的生产活动和生活活动给城市自然环境所带来的污染作用及其效果。城市环境的污染效应从污染物的类型上可分为空气污染效应、水体污染效应、固体废物、噪声、恶臭、辐射和有毒物质污染等。按污染物引起环境变化的性质可分为物理效应、化学效应和生物效应三种。

①污染物引起的环境物理效应。污染物引起的环境物理效应是指由物理作用引起的环境效果,包括城市"热岛效应""温室效应"和"雨岛效应",以及噪声、振动、地面下沉等。例如,城市环境中人口稠密、工业生产、家庭炉灶、交通运输所排放的热量进入空气中,使城市区域的空气直接变暖,再加上城市下垫面的改变,建筑群和街道的辐射热量,致使城市中某一区域的气温高于周围地带,形成城市"热岛效应"。

②污染物引起的环境化学效应。污染物引起的环境化学效应是指在环境条件的影响下,物质之间的化学反应所引起的环境效果,包括环境酸化、土壤盐碱化、地下水硬度升高、发生光化学烟雾等。例如,化石燃料燃烧排放的二氧化硫和氮氧化物与水蒸气结合后形成酸雨,并随大气降水降落地面而引起的地面水体和土壤的酸度增大。

③污染物引起的环境生物效应。污染物引起的环境生物效应是指由各种环境因素变化而导致生态系统变异的效果。环境生物效应种类繁多,数量巨大,成因多样。生物效应的例子有许多,例如工业废水、生活污水及农业污水大量排放江河湖泊,改变了水体的物理、化学和生物条件,致使鱼类受害,数量减少,甚至灭绝。由于城市的环境生物效应关系到人和生物的生存和发展,因此,有关这种效应的机理及其反应过程的研究已经引起广泛的关注。

污染引起的生物效应可分为急性生物效应和慢性生物效应,前者如某种细菌传播引起的疾病流行,后者如日本有机汞污染引起的水俣病和镉污染引起的痛痛病都是经过数年后才出现的。

城市环境的污染效应在一定程度上受城市所在地域自然环境状况的影响,例如,沿海城市的污染效应比相同规模的内陆城市的污染效应小,南方和北方相同规模的城市污染效应也有区别;同时,城市环境的污染效应还受城市性质、规模、城市结构及能源结构类型等的影响。一般而言,以非工业职能为主的城市,如政治、文化和科技、风景旅游、休闲疗养、纪念地城市等,城市环境污染效应要小于以工业及交通职能为主的城市。

（2）城市环境生态效应。

城市环境生态效应是指由城市的自然过程和人为非污染活动造成的,给城市中除人类之外的生物的生命活动所带来的影响。其后果是,城市中除人类以外的生物有机体外,其他生物大量、迅速地减少、退缩以至消亡。这既是城市化及城市人类活动强度对城市各类生物的冲击所致,也是城市生态环境恶化的重要原因之一。

引起城市环境生态效应的例子很多:如城市开发建设中的砍树、填湖造地、房屋建设等引起的自然生态环境改变;人为的建（构）筑物、柏油马路代替了树林、草地、农田生态系统,破坏了生物的栖息地,生物赖以生存的栖息环境发生了变化,使得城市的野生动物灭绝,有益微生物不能在城市土壤中生存,很多以前常常可以看见的昆虫、鸟类从城市中消失,生态系统变得简单化等。结果是城市环境中剩下的生物只有一些家养动物和少数喜欢生活在居住区的受保护的动物和人工绿化植物、栽培观赏植物等。

（3）城市环境地学效应。

城市环境地学效应是指人类生产和生活活动对自然环境,尤其是对与地表环境有关方面所造成的影响,包括土壤、地质、气候、水文的变化及自然灾害等。城市环境地学效应表现在城市热岛效应、城市地面沉降和城市地下水污染等方面,其中"热岛效应"是因为人们没有合理地规划和建设城市,所以在局部地区气象条件（如云量、风速）、季节、地形、建筑形态的综合作用下,阻止大气污染物扩散,加重城市污染。

地面沉降也是一种城市环境地学效应,人为的地面沉降速度是自然沉降速度的几十倍,甚至几百倍,最主要的因素是城市中的工业生产和生活活动中大量抽取地下水所致,其后果可造成地表积水、海湖水倒灌、建筑物及交通设施损毁等。

城市地下水污染也是一种城市环境地学效应,人类排放的工业废水、生活污水及固体废物渗透液等污染物引起的地下水水质污染,主要表现为地下水的硬度升高,汞、镉、铬、砷、氰化物、硝酸盐等重金属和无机盐类以及苯、酚和香烃类等有机物含量升高,而且地下水一旦污染将很难恢复。

（4）城市环境资源效应。

城市环境资源效应是指人类生产和生活活动对自然环境中的资源,包括能源、水资源、矿产、森林等资源的消耗及枯竭程度。

城市环境资源效应体现在对自然资源的消耗力和消耗强度等方面,也能反映人类拥有的最新利用资源的方式,不仅会对城市经济和社会生活产生影响,而且还会对除城市以外的其他环境产生影响和作用。

（5）城市环境美学效应。

城市环境美学效应是指人类为满足其生存、繁衍、活动的需要,在其城市自然环境中修建包括房屋、道路、休闲设施等在内的各种综合体环境景观,对人的心理和行为产生的作用和影响。可以说,城市环境的景观不仅仅由人工环境构成,在相当程度上还包括地形、地质、土壤、水文、气候、植被等物理环境。因此,城市环境美学（景观）效应是城市物理环境与人工环境在内的所有因素的综合作用的结果。这表明,城市人类对城市环境美学效应具有积极的作用。

3.3 生态城市建设的原则与内容

进入 21 世纪以来,人们更加重视应用生态学原理和方法来研究城市社会经济与环境协调发展的战略,促进城市这一人工复合生态系统的良性循环,生态城市、人与自然和谐共生、可持续发展等理念和目标已成为人类城市的发展目标。

3.3.1 生态城市的概念及特征

1.生态城市概念

生态城市是现代文明的象征,生态城市是一个具有经济发达、社会繁荣、生态保护三者保持高度和谐,技术与自然达到充分融合,城乡环境清洁、优美、舒适,从而能最大限度地发挥人的创造力与生产力,并有利于提高城市文明程度的稳定、协调、持续发展的人工复合生态系统城市。

2.生态城市的特征

从总体上说,在生态城市的条件下,人们在各种社会经济活动中所付出的劳动能获得较大的经济成果,而且付出的劳动能提高生态系统的动态平衡与社会系统的层次和文明程度;同时,在付出劳动的过程中,又能降低因自然灾害等外部力量对生态的影响和环境破坏。生态城市具体包括以下特征。

(1)生态城市具有高效益的转换系统。

生态城市以转变"高耗能""非循环机制"为目标,追求的是自然物质投入少、经济物质产出多、废弃物排放少且再生循环。因此,生态城市的各个系统以合理的产业结构(第三产业、第二产业、第一产业的倒金字塔构造的合理比例关系)为基础,充分利用自然资源,使产出最大,污染最小,在满足消费需求的同时又能使城市的生态环境得到保护。

(2)生态城市具有高效率的流转系统。

生态城市的流转系统以现代化的城市基础设施为支撑骨架,在加速物流、能源流、信息流、价值流和人口流的有序运动过程中,减少经济损耗和对城市生态环境的污染。

高效率的流转系统包括构筑于城市内外的地铁、高架道路、高速公路干线、空中航线和远洋航线等的三维空间交通运输系统;建立在通信数字化、综合化和智能化基础上的快速有序的信息传输系统;配套齐全、设施先进的物资、能源供给及废物排放处理系统;网络完善、布局合理、服务良好的商业、金融服务系统;城郊生态支持系统。

(3)生态城市具有高质量的环境状况。

生态城市具有对自身产生的空气、固体废物、噪声等污染予以科学的防治和及时处理、处置的功能,使各项环境质量指标均能达到无害化及高标准排放。

(4)生态城市具有多功能、立体化的绿化系统。

生态城市的绿化系统是由大地绿化、城镇绿化和庭院绿化所构成的点、线、面相结合,高低错落绿化网络,在更大程度上发挥绿化调节城市气候(如湿度、温度等),美化城市景观和提供娱乐、休闲场所的功效。根据联合国有关组织的规定,生态城市的绿地覆盖率应达到 50%,居民人均绿地面积为 $90\ m^2$,居住区内人均绿地面积为 $28\ m^2$ 等。

(5)生态城市具有高素质的人文环境。

作为建设生态城市的基础和智力条件之一,应具有良好的社会风气和社会秩序,丰富多彩的精神生活与良好的医疗条件及祥和的社区环境。同时,人们能保持高度的生态环境意识,能自觉地维护公共道德标准,并以此来规范各自的行为。

(6)生态城市具有高水平的管理功能。

生态城市通过其结构对人口控制、资源利用、社会服务、劳动就业、治安防灾、城市建设、环境整治等实施高效率的管理,以保证资源的合理开发利用,城市人口规模、用地规模的适度增长,最大限度地促进了人与自然、人与生态环境关系的和谐。

3.3.2　生态城市建设内容

1.生态城市建设的概念

生态城市建设是指运用环境科学和生态学的理论与方法,在城市生态规划的基础上,以空间的合理利用为目标,进行城市规划及设计,建立高效、和谐、健康、可持续发展的人类聚居环境。在生态城市建设过程中,应建立科学的人工化环境措施,协调人与人、人与环境的关系,协调城市内部结构与外部环境关系,使人类在空间的利用方式、程度、结构、功能等方面与自然生态系统相适应。

2.生态城市建设的内容

生态城市建设的内容是由城市现实存在的生态问题所决定的。生态建设相应包含两大部分内容:一是资源开发利用;二是环境整治。前者着重研究在资源开发、利用过程中所产生的生态问题;后者着重研究解决、治理环境污染问题。

(1)确定城市人口适宜容量。

城市的适宜人口数量是社会经济发展水平、消费水平、自然资源和生态环境建设的依据,城市的人口容量一定要与城市区域内的物质生产、自然资源相适应,要考虑人口增长与生产发展和资源有限性之间的矛盾,并维持它们之间的平衡。城市人口适宜容量的确定,其核心是资源与生产和浪费的平衡,使人口的增长与资源的丰欠程度、气候条件的好坏、资源开发利用深度及社会物质生产和消费水平相匹配。

(2)研究土地利用适宜性程度。

土地资源是人类最主要的自然资源,不同的利用方式对城市生态系统有着深刻的影响。生态城市建设在土地开发利用的过程中,不仅要考虑经济上的合理性,而且要考虑与其相关的社会效益和环境效益。在具体进行城市土地适宜性研究过程中,要借助于土地生态潜力和土地生态限制分析。

(3)推进产业结构模式演进。

生态城市建设要有合理的城市产业结构。城市产业结构决定了城市基本活动的方向、内容、形式和空间分布。无论原有的产业结构采取哪种类型,具有哪些特性,生态城市建设中所确定的产业结构模式都应遵循生态工艺原理演进,在其内部形成"资源—产品—废物—资源",最终成为首尾相接的统一体相互利用的循环经济。

(4)建立城市与郊区的复合生态系统。

生态城市与城市郊区应建立广泛的经济、社会和生态联系。从经济、社会联系看,城市是个强者,郊区乡村的经济、社会发展依附于市区;但从生态联系看,城市又是个弱者,郊区的生物生产能力和环境容量大于城市,是城市存在的基础。因此,在生态城市建设过程中,必须将城市和郊区看作一个完整的复合生态系统,增强城市生态系统的自律性和协调机制,加强城市郊区生态农业建设,这是城市—郊区复合生态系统完善结构和强化功能的重要途径。

(5)防治城市污染。

城市污染防治是生态城市建设的重要而具体的内容,只有通过城市环境污染的有效防治才能形成并维持高质量的城市生态系统,其重点是解决城市的空气、水、固体废物和噪声污染等的处理,其中心环节是在做好环境污染预测基础上,使环境的承受能力与排污强度相适应,污染控制能力与经济增长速度相协调。

(6)保护城市生物。

城市绿化程度及人均绿地面积是体现城市生态建设水平的重要指标,各类生物,尤其是绿色植物在生态城市建设中担负着重要的还原功能,应制订科学合理的规划,内容包括城市绿地、湿地系统规划,国家森林公园及自然保护区规划,珍稀及濒临灭绝动植物保护规划等。

(7)提高资源利用效率。

生态城市建设的一个重要组成部分是提高资源综合利用效率,这是提高城市环境质量的重要措施,应贯穿于资源开发、再生利用等多个环节中,通过城市合理规划、生态项目建设、水资源保护、供水优化、能源利用及保护、再生资源利用等多方面予以体现。

3.生态城市建设的原则

生态城市应该以环境为体,经济为用,生态为纲,文化为常,要根据城市的具体特征,因地制宜地建设,如绿色城市、健康城市、园林城市、山水城市。因此,生态城市的建设应遵循以下几个原则:

①系统原则。用系统的观点从环境和区域生态系统的角度,考虑城市生态环境问题。

②自然原则。城市生态环境建设,必须充分考虑自然特征和环境承载能力。

③经济原则。在发展经济的同时,必须保护环境,实现经济发展与环境保护相协调。

④生态原则。维持城市人工生态系统的平衡,必须注意生态系统中结构与功能的相互适应,使城市能量、物质、信息的传递和转化持续进行,处于动态平衡状态。

⑤阶段性原则。发展生态城市,不能急功近利,要将城市的社会经济水平与科学技术水平相结合,分阶段地确定目标,使其持续发展。

3.4　城市规划、建设与生态城市

3.4.1　城市规划对生态城市建设的影响

城市规划是一个城市的灵魂,是建设城市的总纲领,良好的、合理的生态城市规划方案是建设生态城市的基础和前提,也是城市健康发展的关键。城市规划在很大程度上影响着城市的发展,合理的城市规划不但能促进城市的发展,带动经济的进步,而且能为市民创造良好的生活环境,提高居民的生活质量。城市规划对生态城市建设影响是多方面的,以下从城市规划对城市生态环境的影响、交通系统及布局的影响、气候的影响及水体的影响几个方面进行简要论述。

1.城市规划对城市生态环境的影响

城市规划其实就是对城市环境的改造和再创造,既要保护原有的资源环境、生态环境、自然环境,又要为居民营造和创建良好的生活环境。不合理的城市规划,使城市建设行为破坏了生物赖以生存的栖息环境,城市涵养水源的能力及土壤整体质量发生变化,后移植的绿色植物和树木难以在短时间形成生态效益,使得微生物不能在城市土壤中生存,引起自然生态环境改变。

在城市规划和生态规划中,一定要以人为本,充分考虑城市规划与环境因素的关系,在城市规划过程中要因地制宜,以自然生态原貌为主,“以水为水、随坡就势”,改变那种以规划者的意志为主——破坏原有的树林、草地和植被,堆填低洼地带、填湖与夯筑湿地、铲平高地与坡地,进行建房、造地等,随后又人为引进植物绿化、挖池与堆石造景等城市建设和改造的行为方式。因此,一定要与可持续发展思想相结合,在尽力维护城市自然生态原貌的基础上,以建立生态城市为目标,处理好城市资源开发与维护的关系。

2.城市规划对交通系统及布局的影响

城市规划影响城市道路建设的合理性,从而影响城市功能区及布局。城市合理的布局是方便人们生产、生活、娱乐等各项活动的基础手段之一,从而产生区域经济效益,扩大经济辐射。

如不考虑功能区和整体格局划分,道路、桥梁及穿城铁路规划不合理,遇阻修路、遇山开路、遇水架桥,势必造成城市格局条块分割;甚至一条不合理的铁路规划、道路铺设及桥梁架设,就能影响城市状态布局和功能区的作用发挥,不但造成了城市拥堵、资源浪费、能源浪费,产生和加剧噪声及空气污染,而且影响城市的经济发展和区域经济。因此,城市规划一定要与城市道路建设衔接,让道路规划、路网建设与城市规划结合,有预见性地全面考虑城市规化与生态城市建设。

3.城市规划对气候的影响

城市规划及城市布局对城市局地气象条件以及污染物扩散有明显的影响,如建筑物对气流有摩擦阻力作用,在城市高层住宅区、楼房密集地区及绿地植被少、街道狭窄等地区,风速明显低于其他地区,在污染物排放量一定的情况下,这些地区的污染程度、形成雾霾的概率及出现城市热岛现象的情况明显高于其他地区。

在生态城市建设中,要考虑城市规划对气候的影响。在规划设计时,在大尺度层面上,将易形成雾霾季节的主导风向等因素考虑在内,减少其主导风向上的高层建筑建设,或利用楼房的长度走向及主要道路的走向,形成有利于主导风穿行带的布置;在小尺度层面上,要考虑广场的尺度、街道两侧及附近的建筑物形式、绿化树木的高矮错落,既要避免小风时气流阻塞交通尾气和居民排放烟尘的污染,还要避免强风时建筑间狭管风引起的不安全及不舒适感。

4.城市规划对水体的影响

水体及河流对城市的重要性是众所周知的,在数百年及数千年的自然演化状态下,河流逐渐演化成一个由水体、河床、河漫滩、自然堤、河谷阶地、山地、植被、湖泊、支流、湿地及动物等构成的复杂网络状系统。河流不但严重影响城市布局与城市规划的走向,而且城市规划对于河流的自然演进也起着非常重要的影响。

城市化及城市空间的扩展,城市的大片不透水的地表,覆盖及破坏了自然堤以上的地势及生态条件,减少了河流地下渗水的涵养及补充条件,增大了雨季与干旱季节的河流流量变化的幅度,河流的调蓄受到了严重影响,非旱即涝,更大范围内造成河流的上下城市之间的自然湖泊、支流、湿地、动植物栖息地大规模地破坏。城市工业污染物、居民生活污染物的排放,污染了河流并对河流生态系统产生严重危害,是城市规划和生态城市建设面临的重要课题。

因此,在生态城市建设及城市生态规划时,首先应尊重自然水体的状态,保护好自然水体、湿地、洼地、自然径流通道泛洪区等敏感区,人不侵犯水源地,充分利用水体的自然状态及景观进行规划,因势利导,建立缓冲区,做好防护及管理措施规划。

3.4.2 城市规划与环境保护

1.控制城市规模与人口数量

人口总量与排污总量呈正相关,城市规模及人口对污染效应起到叠加的效果,局地环境自净容量有限,加之污染物繁杂巨量,致使污染效应叠加,改变了生物原有的栖息环境,使部分生物因生存环境的改变而灭绝或减少;产生的大量固体废弃物中的有毒有害物质污染了土地,降低了土壤质量;工业企业生产、住宅及交通路网的建设、生产和生活污水的排放,改变了自然状态下的水循环,影响了水的再分配,也使水质、水量和地下水发生变化;各种气体的排放和各项建设改变着太阳辐射强度和地面的热容量,导致气候变化等,严重破坏城市生态环境,并反过来影响人们的生活环境。

一个城市要受到地理环境与自然环境的限制,在规划时也尽可能合理设置用地规模、人口规模,将城市规模和人口数量调控到恰到好处,避免城市规模过大或占地与人口数量不协调而出现城市交通拥堵、经济竞争力不强、房价过高、环境污染严重等"城市病"。

2.避免小城镇、卫星城无序发展

城市近郊小城镇及卫星城是城市体系的良好补充,在城市规划中,要克服以往那种"单中心摊大饼"式的规划(图 3.7),采用多中心分布的方格形或三角形道路网对近郊小城镇或卫星城进行规划(图 3.8),要避免小城镇密集无序发展,辅助的卫星城功能明确。

图 3.7　单中心摊大饼式的城市规划与发展

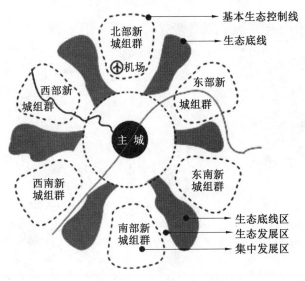

图 3.8　多中心分布的方格形或三角形道路网对近郊小城镇或卫星城的规划

3.制定城市交通及居住形态发展策略

为了使城市规划的布局合理,更加符合现代化发展需要,符合自然生活规律的进化,建立生态城市,要合理改造原有城市的道路系统——分散车流＋干道畅通:主干道与支路实行严格隔离,人车分流与机动车和非机动车分流;将道路拓宽取直,打通断头路,修建立交桥;改变以往的主要街道两侧布满商店和公共建筑的现状;建立合理的交通管理制度及重视公共交通,建立城市公交快速道、专用道(图 3.9)。

图 3.9　利用生态绿地与城市快速道和公共交通规划建设生态城市

4.开发新空间,实现城市山水化

为尽量控制城市规模和减少占地,在城市规划和生态城市建设中,增加城市郊区森林和环城林带建设,增加立体绿化,发挥绿色隔离作用,保留原有的水生态系统及规划城市水系,充分利用地下空间及城市山体空间的开发(图3.10),这是充分利用有限用地增加城市人口规模,以及减少环境污染、城市拥堵和改善城市生态的有效途径;也可以利用地上架空空间(图3.11),将绿地及山水湿地保留在地面,既保护了自然生态环境,又解决了城市空间拓展的问题。

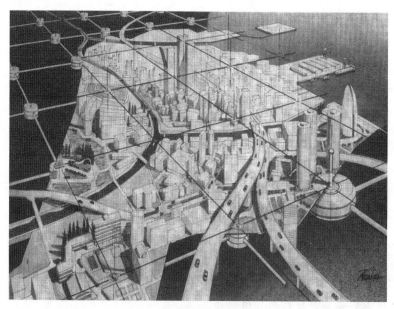

图 3.10　大深度地下城市构想

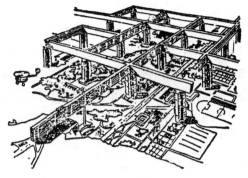

图 3.11　汽车干道上空的城市及地面上空的城市

3.4.3　土木工程对城市生态系统的影响

城市建设中的土木工程(建设项目)对城市生态系统有着重要影响,因此,在生态城市建设中要正确处理好各类土木工程与生态系统的关系,使土木工程建设项目对生态城市的建设影响最小,且起到促进作用。

1.土木工程对城市生态系统的影响

土木工程建设项目几乎包括所有的建设项目类型,但最常见的还是住宅建设项目、工业建设项目、市政基本建设项目等,这些建设项目的影响主要有以下几个方面。

(1)改变土地的性质和自然生态结构。

土木工程建设项目涉及的任何项目首先都会改变土地性质,在项目地址上的草地、耕地、林地、树木、湿地等都会被清除,破坏了原有的生态系统、结构及物种存活条件,并被永久侵占。因此,在土木工程项目前期论证时,一定要考虑好对原有的生态系统的影响、生态补偿措施,以及是否能对生态城市建设产生促进作用。

(2)建设项目施工期产生水土流失、空气污染及噪声污染。

土木工程建设项目的施工期都涉及土石方工程,其中地面开挖会造成水土流失;施工机械及运输车辆密集会产生空气污染(尘污染、尾气污染)及噪声污染;施工产生的废土、石渣及原料需要堆场,占用土地资源甚至污染土壤;施工队伍生活区、仓储区、车库区、机械区产生垃圾、废水等会对环境产生影响。

(3)项目建成运营期产生景观效应及环境效应。

缺乏生态规划的项目会改变生态城市建设的进程,改变城市的景观,破坏原有城市的风貌及特点,加剧雾霾及城市热岛效应等环境危害。

2.城市道路系统与公路工程对城市生态及城际间生态系统的影响

城市道路系统及城际间的公路工程对城市生态及城际间生态系统的影响是不容忽视的。城市道路系统建设对城市生态系统的影响,可参照"城市规划对交通系统及布局的影响"的相关内容。

城际公路一般包括高速公路及一、二级公路,公路一旦建成后,公路及附属设施将永久占地,而且占地面积不容小觑。以高速公路为例,据相关资料表明,高速公路(四车道)每千米平均占地 8 hm²,导致许多野生动物的栖息地丧失。在城际公路施工期间,取土量及取土场占地巨大,而且一般都是从两侧农田取土,取土深度为 3~4 m,取土后土地难以复耕;施工期间的便道、拌料场、施工人员驻地、预制场等都需要占地,压实及改变了土壤的性质,阻碍了绿色植物的生长;施工噪声、振动及人为惊吓、捕猎因素等的影响会对鸟类、小型穴居动物、两栖动物等产生各种影响乃至死亡。公路工程施工期间造成了植被破坏,水土流失严重,减少的建设区域的植被面积致使植物群落及物种多样性和生物量急剧下降,短时间难以恢复。

城际公路工程项目完成后,对人类来说是相互连接的廊道,但对生物来说却是一道屏障,高速公路隔离网阻断了动物通道,一条四车道的高速公路相当于两倍于宽度的河流分隔,高速车流对迁徙的生物物种造成的伤害概率大大增加。因此,在公路工程规划和设计时应充分考虑生态问题,如设置动物通道,用桥梁取代开挖或高路基,如图 3.12 所示,以及设置动物出没标识、设置灯光反射装置等,提醒减速行驶及吓退小动物夜间的穿越等。

图 3.12　基于生态廊道及通道规划的高速公路

3.城市防洪工程及水利工程对城市生态系统的影响

(1)城市防洪工程。

城市防洪工程能使城市居民在雨洪时期生命财产免受危害,因此,城市防洪工程建设是改善城市社会环境的重要举措,是改善经济环境的重要保障,规划合理的防洪工程也是生态城市建设的有力补充,如图 3.13 所示。城市的防洪工程是典型的土木工程,具有土木工程建设项目的所有特点,在建设施工期及建成运营期同样会影响城市环境与生态,如施工期的占地与施工等方面的影响;工程建成后会使城市内河与外河自然通道隔绝,影响水系的自然循环;防洪工程设置的闸、坝等设施使水体流动受阻,污染物在河段内长时间停留,形成黑臭水体,严重破坏水环境。因此,在城市防洪工程建设中,应充分考虑工程对环境的影响,应用生态城市建设的理念、方法和技术,促进城市生态建设。

(2)水利工程。

现代的水利工程已经由原来的疏浚河道、引水灌溉、消除水害等单项功能走向综合项目,按其服务对象分为防洪工程、农田水利工程、水力发电工程、航道和港口工程、供水和排水工程、环境水利工程、海涂围垦工程等。可同时为防洪、供水、灌溉、发电等多种目标

图 3.13　合理的防洪工程对生态城市建设的补益作用

服务的水利工程,称为综合利用水利工程。

　　水利工程需要修建坝、堤、溢洪道、水闸、进水口、渠道、渡漕、筏道、鱼道等不同类型的水工建筑物,以实现其目标,如长江三峡水利工程主要建筑物由大坝、电站厂房、船闸和升船机等枢纽组成,如图 3.14 所示。水利工程规划是流域规划或地区水利规划的组成部分,工程影响面广,一项水利工程的兴建对其周围地区乃至城市的环境将产生很大的影响,既有兴利除害、调节水量、保护水资源、促进区域经济发展等有利的一面,又有淹没、浸没、移民、迁建等不利的一面,对江河、湖泊及附近地区的自然面貌、生态环境、自然景观,甚至对区域气候都将产生不同程度的影响。为此,制订水利工程规划必须从流域或地区的全局出发,统筹兼顾,以期减免不利影响,收到经济、社会和环境的最佳效果。

图 3.14　长江三峡水利工程的大坝、电站厂房、船闸和升船机等枢纽工程

3.4.4　城市地下综合管廊

　　城市地下综合管廊又称"共同沟""共同管道",是指在城市地下建造一个隧道空间,将电力、通信、燃气、供热、给排水等各种工程管线集于一体的城市地下综合体,其设专门的检修口、吊装口、监测系统,是城市运行的重要基础设施,如图 3.15 所示。

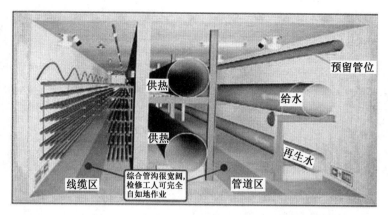

图 3.15　城市地下综合管廊规划示意图

城市地下综合管廊的作用如下：

(1)将架空线、地下管道整合,增加城市道路及绿化用地,方便电力、通信、燃气、供排水等维护和检修,减少管线检查井;减少架空线与绿化的矛盾,增加城市道路及绿化用地,美化城市景观。

(2)避免敷设和维修地下管线时频繁挖掘道路,保持路面的完整性,减少路面多次开挖及工程维修费用;减少对交通和出行造成影响和干扰。

(3)具有一定的防震减灾作用,能够较好地抵抗地震灾害,保护置于其内的管道和线路不受损坏,减轻震后救灾和重建的难度。

(4)一次性投资高,后续的综合效益大,综合管廊平均造价(人民币)为 10 万～100 万元/m,较普通管线高很多,但节省道路空间和每次的开挖成本,增加道路通行效率,减少环境破坏,综合的后续效益远高于投入成本。

城市地下综合管廊从整体上看生态效益比较明显,但也要考虑其是土木工程建设项目,必然会对环境及生态产生影响,同时也要考虑深埋地下对地下水位和地表树木、植物的影响,因此,在项目规划及建设过程中要考虑相应的技术手段及补偿措施。

3.4.5　海绵城市

我国是一个水资源相对匮乏的国家,时空分布极其不均匀。收集雨水对我国来说,显得尤为重要。过去人们通过兴修各种水利设施想办法留住水分,如水窖、水库、拦河造坝等,新疆的坎儿井、河南的红旗渠都是人类努力克服自然环境,给人类历史留下的一笔辉煌的财富。在水资源丰富的地方,人们又是如何发挥自己的智慧的?既要留住水,又不浪费水,还要让水资源得到充分的利用。如果一个城市在雨季来临时没有足够的排水措施,就会引起城市内涝,海绵城市也就应运而生。

1.海绵城市的概念与内涵

海绵城市,是新一代城市雨洪管理概念,是指城市能够像海绵一样,在适应环境变化和应对雨水带来的自然灾害等方面具有良好的弹性,下雨时吸水、蓄水、渗水、净水,需要时将蓄存的水"释放"并加以利用,弹性地适应环境变化,应对自然灾害,做到"小雨不积水,大雨不内涝,干旱不缺水",如图 3.16 所示。水多时,吸收水分,保留起来,缓解城市的排水压力;水少时,自动利用,缓解地下水的压力。海绵城市注重保护城市原有生态,利用城市特有的天然沟渠,天然再利用,人为地适当改造,可以大大提高海绵城市的建设速度,并节约一部分可观的资金。

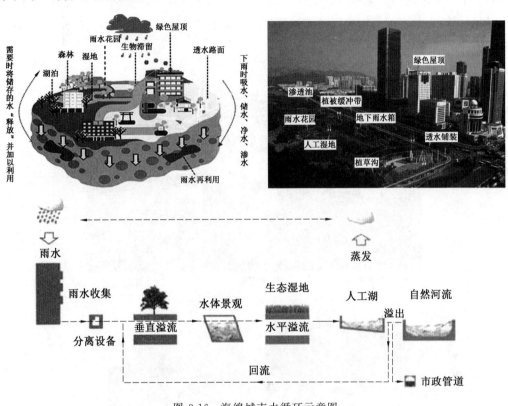

图 3.16　海绵城市水循环示意图

2.海绵城市的规划与作用

(1)强化规划管控。

海绵城市专项规划应与总规划和其他专项规划紧密结合,从生态系统服务出发,转变排水防涝的思路,通过跨尺度构建水生态基础设施,将规划、设计、建设、验收形成闭环链条。因此,各地相关部门将海绵城市建设的指标和要求纳入规划建设审批环节,尤其是改造类项目应全面考虑海绵城市建设要求,以海绵城市建设为引领,促进建设安全城市、低碳城市,将海绵城市的概念弱化,最终以生态城市建设的面貌出现。

(2)海绵城市的具体作用。

城市化造成的水源型缺水及水质型缺水使众多城市地表水和地下水的供应出现了严重问题,利用自然景观和人为的保护措施,以及城市原有的状态,如大河大江、各种湿地、树林草地及绿植作用,通过自然渗透、净化持续地为城市提供水资源,使城市面对洪涝或者干旱时能灵活应对和适应各种水环境危机的韧力,将城市中的水协调起来,实现城市的饮水安全、水资源和水生态保护的终极目标。

3.海绵城市建设基本思路与技术措施

在海绵城市建设中,要以生态学的理论与方法,在城市生态规划的基础上利用城市自然环境中原有的河、湖、池塘等水系,以及绿地、花园、可渗透路面等,将雨水下渗、滞蓄、净化、回用、排出,从而起到解决径流总量错峰瞬时暴雨流量排放,以延缓洪峰的目的。如图3.17～3.19所示。

绿色屋顶　　　　透水地面　　　　透水停车场

透水停车场　　　　透水道路　　　　雨水花园

图 3.17　海绵城市下渗工程技术措施

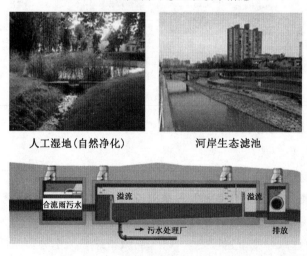

人工湿地(自然净化)　　　　河岸生态滤池

图 3.18　海绵城市的净水工程技术措施

图 3.19　雨水的利用与再生水的利用

4.海绵城市建设的原则

（1）生态优先。

自然途径＋人工措施,在确保城市防涝的前提下实现雨水的积存、渗透和净化,促进雨水资源的利用和生态环境保护。

（2）统筹用好地表水、雨水、地下水。

充分利用地表水、雨水、地下水,并考虑自然利用与工程结合。

（3）海绵城市不是推倒重来。

海绵城市不是取代原有城市传统排水系统,是对原有城市的"减负"、补充,最大限度地发挥城市本身的作用。

3.5　当前我国城市环境保护的主要对策

面对我国城市发展的环境压力和出现的新问题,城市环境保护的战略和对策必须进行相应的调整。今后一个时期,推进我国城市实施环境可持续发展的战略性对策如下。

3.5.1　以城市环境容量和资源承载力为依据,制订城市发展规划

在制订城市发展规划中,要以城市环境容量和资源承载力为依据,把合理划分城市功能、合理布局工业和城市交通作为首要的规划目标,统筹考虑城镇与乡村的协调发展,明确城镇的职能分工,引导各类城镇的合理布局和协调发展;调整城市经济结构,转变经济增长方式,发展循环经济,降低污染物排放强度,保护资源、保护环境,限制不符合区域整体利益和长远利益的经济开发活动;统筹安排和合理布局区域基础设施,避免重复建设,实现基础设施的区域共享和有效利用。

3.5.2　提高城市环境基础设施建设和运营水平,推进市场化运行机制

要加强城市环境基础设施建设,提高城市基础设施的运营水平,发挥政府主导作用的同时,重视发挥市场机制的作用,充分调动社会各方面的积极性,积极推进投资多元化、产权股份化、运营市场化和服务专业化。

加快城市污水处理设施建设步伐,加强和完善污水处理配套管网系统,提高城市污水处理率和污水再生利用率;加速推进垃圾分离进程,减少危险废物污染风险;严格管理工业三废处理设施,控制空气质量。各级环境保护部门要加大对城市环境基础设施的环境监管力度,确保城市环境基础设施的正常运行。

3.5.3　实施城乡一体化的城市环境生态保护战略

统筹城乡的污染防治工作,防止将城区内污染转嫁到城市周边地区,把城市及周边地区的生态建设放到更加突出的位置,走城市建设与生态建设相统一、城市发展与生态环境容量相协调的城市化道路。加强城市间及城市周边地区生态建设,加强城市绿地建设,改善城市生态环境。

3.5.4　实施城市环境管理的分类指导

城市环境管理必须体现分类指导,逐步实施环境优先的发展战略,严格环境准入;大城市环境保护工作重点要着重于环境污染、城市环境基础设施建设、城市生态功能恢复等城市生态环境问题,强调城市合理规划和布局,发展综合城市交通系统,在改善城市环境的同时带动城乡接合地区的环境保护工作;中小城镇要加大工业污染控制和集约农业污染控制,加快城市基础设施建设步伐,促进城乡协调发展。

3.5.5　继续深化城市环境综合整治制度

进一步强调地方政府对城市环境及环境质量的建设及监管责任,发挥政府的主导作用,强化环境执法监管,提高公众参与的积极性,对污染物排放、资源生态效率等与群众生活密切相关的环境问题进行公众参与和内容调查,优先建设与群众日常生活关系密切的环境问题。

优先保护饮用水水源地水质,切实抓好城市水污染防治,对城市污染河道进行综合整治,改善城市地表水水质;加快城市大气污染治理,优化能源结构,改进油品质量,大力发展公共交通,加强低排放和碳中和举措;继续削减工业污染物排放总量,降低单位产品的能耗和物耗,搬迁及取缔严重污染的企业;控制噪声、辐射、电磁、光等物理性污染;推广以资源节约、物质循环利用和减少废物排放为核心的绿色消费理念,减少生活污水、生活垃圾等的排放。

3.5.6　推进环境保护模范城市创建工作,树立可持续发展的典范

在全国各地,特别是中西部地区、重点流域区域以及国家环保重点城市,建设一批经济快速发展、环境基础设施比较完善、环境质量良好、人民群众积极参与的环境保护模范

城市。继续深化国家环境保护模范城市创建工作,汲取先进国家城市环境管理的先进经验,继续创建资源能源最有效利用、废物排放量最少、生态环境良性循环、最适合人类居住的生态城市。

思考题与习题

1. 什么是城市化?
2. 城市化带来的环境问题有哪些?
3. 城市生态系统的特点有哪些?
4. 城市生态系统的调控原则有哪些?
5. 城市环境污染效应有哪些?
6. 生态城市建设的内容有哪些?
7. 城市规划对城市生态环境的影响有哪些?
8. 城市规划对交通系统及布局的影响有哪些?
9. 城市规划对气候的影响是什么?
10. 城市规划对水体的影响有哪些?
11. 城际公路对生态系统的影响是什么?
12. 土木工程对城市生态系统的影响有哪些?
13. 城市地下综合管廊建设的意义有哪些?
14. 海绵城市的概念与内涵是什么?
15. 说明当前我国城市环境保护的主要对策。

第4章 大气污染及其防治

大气污染是人类当前面临的主要环境污染问题之一,如马斯河谷烟雾事件、多诺拉烟雾事件、伦敦烟雾事件、洛杉矶光化学烟雾事件、四日市哮喘事件、博帕尔农药厂泄漏事件和切尔诺贝利核电站事故等,这些污染事件均造成大量人口的中毒与死亡。

近几年,我国城市空气质量恶化的趋势有所减缓,主要大气污染物的排放量基本达标,其中工业源污染物排放治理明显见效,以总悬浮颗粒物(TSP)、可吸入颗粒物(PM10)、细颗粒物(PM2.5)为城市空气质量污染物指标的控制效果总体见好,同时,生活源大气污染物排放得到有效控制,二氧化硫和烟尘排放量呈下降趋势,这与我国"绿水青山就是金山银山"的民生福祉理念及高质量的经济增长方式密切相关,与城市能源结构日趋清洁化和城市综合整治工作加强密切相关。

4.1 大气与大气污染

4.1.1 大气的组成及大气圈层结构

大气是指包围在地球外围的空气层,是地球自然环境的重要组成部分之一,与人类的生存息息相关,是生命活动不可缺少的物质,大气中的氮和氧等元素是生物体的支柱,成人每人每天平均吸入 15 kg 的空气。大气及大气层可减弱陨石和宇宙线对地球上一切生物的损伤,保护地球一切生命的安全和表面的热量,调节气候,同时也是环境物质运移的载体。

通常把从地面到 1 000～1 400 km 高度内的气层作为地球大气层的厚度,大气层内大气的总质量约为 5.3×10^{15} t,其中 92% 的大气集中在 30 km 以下。

1.大气的组成

地球大气是多种气体的混合物,其组成包括恒定的、可变的和不定的三种组分。

(1)恒定组分。

大气的恒定组分是指大气中含有的氮、氧、氩、氖等气体,其中氮、氧、氩三种组分共占大气总体积分数的 99.96%。在地球表面向上 80～85 km 大气层(均质层)中,这些气体的含量几乎可认为是不变的。

(2)可变组分。

大气的可变组分主要是指大气中的二氧化碳和水蒸气等。这些气体的含量由于受地区、季节、气象,以及人们生活和生产活动等因素的影响而有所变化。通常情况下,水蒸气的体积分数为 $0\%\sim4\%$,二氧化碳的体积分数近几年来已达到 0.033%。

(3)不定组分。

大气中的不定组分,有一部分是由自然界的火山爆发、森林火灾、海啸、地震等暂时性灾害所产生的,由此所形成的组分大部分是有害的污染物,如尘埃、硫化物、盐类及恶臭气体等;另一部分源于人类社会的工业生产及生活等活动造成的,如电厂、焦化厂、冶炼厂、化工厂等产生的烟气、硫氧化物、氮氧化物、重金属元素及其氧化物等,其排放组分的种类和数量与该地区工业类别、气象条件等多种因素有关。当大气中不定组分达到一定浓度时,就会对人、动物、植物和环境器物等造成危害。

由恒定组分和正常状态下的可变组分所组成的大气,称为洁净大气,大气的组成见表4.1。

表 4.1　大气的组成　　　　　　　　　　　　　　　　　　%

大气成分	恒定组分			可变组分		
	氮气	氧气	稀有气体	二氧化碳	尘和其他气体	水蒸气
体积分数	78	21	0.9	0.03	0.03	—

2.大气层的结构

大气气温垂直分布是不同的,气象学根据不同高度上的物理性质和化学组成将大气分为对流层、平流层、中间层、暖层和逸散层等 5 个层次(图 4.1)。

(1)对流层。

对流层是大气中最低的一层,其厚度随纬度和季节等因素而变化。在低纬度地区(赤道南北 $30°$ 以内)厚度为 $17\sim18$ km,在中纬度地区($30°\sim60°$)为 $10\sim12$ km,在高纬度地区($>60°$)为 $8\sim9$ km;夏季厚度大于冬季。对流层的厚度虽然与整个大气层的总厚度相比是浅薄的,但由于地球引力的作用,这一层集中了整个大气质量 $75\%\sim90\%$ 以上的水汽质量。气象中常见的雷雨、低云、雾等较复杂的天气现象都出现在这一层。

对流层的主要特点是具有强烈的对流运动,使地面的水汽和杂质向上输送,易于形成云、雨、冰雹、大风,使天气复杂,对人类生活影响很大,正常情况下气温随高度的增加而降低。

(2)平流层。

自对流层顶向上 50 km 左右,在平流层的下部,温度随高度的升高变化很小或不变;顶部温度随高度的升高而显著增高,这主要是由于受地面辐射影响的减少及氧和臭氧强烈吸收太阳紫外线辐射的结果。空气的垂直混合程度显著减弱,整层气流比较平稳,水汽和尘埃等很少,云很少出现,大气透明度也比较好。

(3)中间层。

平流层顶至 85 km 范围内,由于该层内没有臭氧这一类可直接吸收太阳辐射能量的组分,因此,温度随高度增加而迅速降低,中间层顶部温度可低于 -83 ℃,这种温度下高

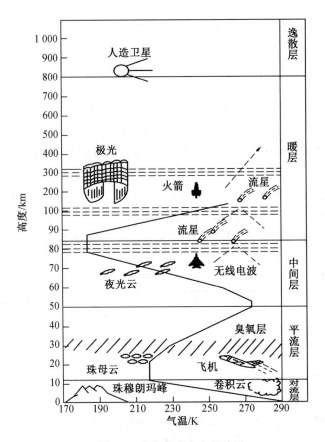

图 4.1　大气垂直方向的分层

上低的特点,使得中层的空气再次出现强烈的垂直对流运动。

(4)暖层。

中间层顶至 800 km 范围内,也称电离层。这一层空气密度很小,气体在宇宙射线作用下处于电离状态。电离层能将电磁波反射回地球,对全球的无线电通信具有重大意义。由于电离后的氧能强烈地吸收太阳的短波辐射,使空气迅速升温,气温分布是随高度增加而增加,其顶部可达 480～1 230 ℃。

(5)逸散层。

暖层顶以上的大气统称为逸散层,也称外层。该层大气极为稀薄,气温高,分子运动速度快,有的高速运动的粒子能克服地球引力的作用而逃逸到太空中,所以称为逸散层。

4.1.2　大气污染与大气污染物

1.大气污染及污染物

大气即使受到一些污染,由于自然环境具有巨大的自净作用,仍能使空气保持清洁新鲜的状态。自然因素和人类活动都能使大气受到污染,但人们经常所说的大气污染,主要是指由人类的活动而造成的污染。

（1）大气污染的定义。

由于自然或人类活动使大气中某些有毒、有害物质浓度超过一定数值，超过大气的自净能力，并持续足够时间，从而危害了人体健康和动植物的生长发育，或对气候产生不良影响。

（2）大气污染类型及其主要特征。

构成大气污染的类型可分为煤烟型污染、光化学烟雾污染、混合型污染三类。此外，还有非能源性的污染称为特殊型污染。

①煤烟型污染。煤烟型污染的主要特征是由煤炭燃烧排放出的烟尘、二氧化硫等一次污染物，以及由这些污染物发生化学反应而生成二次污染物所构成的污染。我国北方城市冬季的大气污染主要是煤烟型污染。

②光化学烟雾污染。企业生产活动及不合格机动车尾气等排放的氮氧化物（NO、NO_2）和碳氢化合物（HC）等，在受强烈太阳光紫外线照射后，产生一种复杂的光化学反应，生成一种新污染物的现象——光化学烟雾。

③混合型污染。混合型污染是指以煤炭为主要污染源排出的烟气、粉尘、二氧化硫及其他氧化物所形成的气溶胶，以及石油化工企业等排出的烯烃、二氧化氮等污染物形成的混合物。此类污染多存在一次污染物在适当条件下形成二次污染产物的特性，其反应更为复杂，如臭氧和烯烃反应生成的过氧化氢自由基等氧化物，可大大增加二氧化硫的氧化速率。

④特殊型污染。特殊型污染是指主要产生于工业企业生产过程中排出和发生意外事故释放出的废气，如氯气、氟化物、金属蒸气或酸雾等所引起的污染。

（3）造成大气污染的主要因素。

造成大气污染的首要因素是污染物排放量，排放量越大，污染程度也越大；但客观条件，如气象、地形、地物等因素也是影响大气污染程度的主要因素。如在小风、静风或出现逆温等情况下，污染物很难扩散和稀释，使得大气污染加重；特殊的地形条件，如山地、谷地等地形，因影响空气流动（如山谷风）也会使大气污染加重。美国的多诺拉烟雾事件和比利时的马斯河谷事件都是由于工厂集中，又处于河谷盆地，加之无风逆温下的气象条件下烟雾累积，因此发生了严重的大气污染公害事件。

2.大气污染物的类型

大气污染物是指由于人类活动和自然过程排入大气的并对人或环境产生有害影响的那些物质。大气污染物的分类方法很多，按其存在状态可分为气溶胶状态污染物和气体状态污染物；按其形成过程可分为一次污染物和二次污染物。

（1）气溶胶状态污染物。

气溶胶是指固体粒子、液体粒子或它们在气体介质中的悬浮体。按照气溶胶的来源和物理性质可将其分为如下几种。

①雾（fog）。雾是气体中液滴悬浮体的总称，在气象中指小于 $1\ \mu m$ 的小水滴悬浮体；多指由于液体蒸气的凝结、液体的雾化及化学反应等过程形成的水雾、酸雾、碱雾、油雾等。

②烟（fume）。烟指燃烧过程中形成的固体粒子的气溶胶，它是由熔融物质挥发后生

成的气态物质的冷凝物。烟的粒径一般为 $0.01\sim1~\mu m$。如有色金属冶炼过程中产生的氧化铅烟、氧化锌烟及在核燃料后处理厂中的氧化钙烟等。

③黑烟(smoke)。黑烟一般指由燃料燃烧产生的能见气溶胶。

④飞灰(fly ash)。飞灰多指随燃料燃烧产生的烟气中飞出的较细的灰分。

⑤粉尘(dust)。粉尘指悬浮于气体介质中的小粒径固体粒子,其粒径为 $1\sim200~\mu m$,在某一段时间内能保持悬浮状态,如黏土粉尘、石英粉尘、煤粉、水泥粉尘、金属粉尘等。

在大气污染控制中,根据大气中的粉尘(或烟尘)颗粒的大小将其分为飘尘、降尘和总悬浮微粒。

a.飘浮。在空中的微小粉尘颗粒能长时间地随气流飘往各处。根据粒径大小可分为细颗粒物和可吸入颗粒物。

ⅰ细颗粒物。细颗粒物是指粒径小于 $2.5~\mu m$ 的颗粒,可被吸入肺中,能停留更长时间,含有毒、有害物质。

ⅱ可吸入颗粒物。可吸入颗粒是指大气中粒径小于 $10~\mu m$ 的颗粒物。它能较长期地在大气中飘浮,也称飘尘(SPM)。

b.降尘。降尘指大气中粒径大于 $10~\mu m$ 的固体颗粒,它可在较短时间内沉降到地面。自然界刮风及沙尘暴可产生降尘。沙尘暴天气沙尘可分为浮尘、扬沙、沙尘暴和强沙尘暴四类。

ⅰ浮尘。尘土、细沙均匀地浮游在空中,使水平能见度小于 $10~km$ 的天气现象。

ⅱ扬沙。风将地面尘沙吹起,使空气相当混浊,水平能见度在 $1\sim10~km$ 以内的天气现象。

ⅲ沙尘暴。强风将地面大量尘沙吹起,使空气很混浊,水平能见度小于 $1~km$ 的天气现象。

ⅳ强沙尘暴。大风将地面尘沙吹起,使空气很混浊,水平能见度小于 $500~m$ 的天气现象。

c.总悬浮微粒(TSP)。总悬浮微粒是指大气中粒径小于 $100~\mu m$ 的所有固体颗粒。

(2)气体状态污染物。

气体状态污染物是以分子状态存在的污染物,简称气态污染物。气态污染物的种类很多,大部分为无机气体。常见的有五类:以 SO_2 为主的含硫化合物,以 NO 和 NO_2 为主的含氮化合物、碳氧化物、碳氢化合物及卤素化合物等。

(3)一次污染物。

一次污染物是指直接从各种污染源排放到大气中的有害物质,常见的主要有 SO_2、NO_x、CO_x、HC 及颗粒污染物等。颗粒污染物包含苯并芘等多种有机化合物及重金属等有毒、强致癌等物质。

(4)二次污染物。

二次污染物是指一次污染物在大气中相互作用或它们与大气中的正常组分发生反应所产生的新污染物。这些新污染物与一次污染物的化学、物理性质完全不同,多为气溶胶,具有颗粒小、毒性一般比一次污染物大等特点。常见的二次污染物有硫酸盐、硝酸盐、臭氧、醛类(乙醛和丙烯醛等)和过氧乙酰硝酸酯(PAN)等。

4.1.3　大气污染源分类及危害

大气污染源通常是指向大气排放出足以对环境产生有害影响的有毒或有害物质的生产过程、设备或场所等。

1.大气污染源分类

大气污染源按不同方法分类,划分的污染源类型也不同,可按存在形式、排放形式、排放空间或污染物发生类型等方法分类。

(1)按污染源存在形式可分为固定污染源、移动污染源。

固定污染源:如工厂烟囱、车间排气筒等。

移动污染源:如汽车、火车、轮船、飞机等。

(2)按污染源排放形式可分为点源、线源、面源。

点源:集中在一点或在可当作一点的小范围内排放污染物,如烟囱等。

线源:沿着一条线排放污染物,如汽车、火车等。

面源:在一个大范围内排放污染物,如煤田自燃的煤堆、密集而低矮的居民住宅烟囱群、工业企业集中排放烟尘的场所等。

(3)按污染物排放空间可分为高架源、低架源。

高架源:在距离地面一定高度排放污染物,如电厂烟囱等。

低架源:在地面上或离地面高度很低的排放源。

(4)按污染物发生类型可分为工业污染源、农业污染源、农业污染源、生活污染源、交通污染源等。

工业污染源:工业燃料燃烧及工业生产过程排气等。

农业污染源:农用燃料燃烧排气、农药扩散、化肥分解等对大气的污染。

生活污染源:民用炉灶、取暖锅炉排放污染物、焚烧城市垃圾等的废气、城市垃圾堆放过程中分解排出的废气等。

交通污染源:交通运输工具燃料燃烧的排放。

除上述分类以外,大气污染物主要来源通常分为三大方面:①燃料燃烧,包括工业锅炉、民用锅炉和小炉灶;②工矿企业生产过程产生的尘、烟、废气;③交通运输,如飞机、火车、汽车、轮船运行过程中排放的废气。前两类污染源统称为固定源,而交通运输污染源称为流动源。

2.大气污染物的危害

(1)大气污染对人体和健康的伤害。

大气污染物主要通过三条途径危害人体:一是人体表面接触后受到伤害;二是食用含有大气污染物的食物和水中毒;三是吸入污染的空气后患各种严重的疾病。

(2)大气污染危害生物的生存和发育。

大气污染主要通过三条途径危害生物的生存和发育:一是使生物中毒或枯竭死亡;二是减缓生物的正常发育;三是降低生物对病虫害的抵御能力。植物在生长期中长期接触各种大气中的有害气体,其中二氧化硫、氯气和氟化氢等对植物的危害最大。这些污染物透过叶面损伤内部结构,减弱光合作用,使植物枯萎,直至死亡。动物主要是通过呼吸和食用被污染的气体和食物,其中以砷、氟、铅、钼等危害最大,使动物体质变弱,以至死亡。大气污染还通过酸雨等形式杀死土壤微生物,使土壤酸化,降低土壤肥力,危害农作物和森林。

(3)大气污染对物体的腐蚀。

大气污染物对仪器、设备和建筑物等都有腐蚀作用,如金属建筑物出现的锈斑、古代文物的严重风化等。

(4)大气污染对全球大气环境的影响。

大气污染发展至今已超越国界,其危害遍及全球。大气污染对全球大气的影响明显表现为三个方面:臭氧层破坏、酸雨腐蚀和全球气候变暖。

4.2　影响大气污染物扩散的气象因子

大气中的污染物是否能及时扩散及被自净,主要取决于大气环境中的因素,即气象因子,这些气象因子可概括为动力学因子、热力学因子及地理因子。

4.2.1　主要的气象因子

气象因子是指影响其他事物发展变化的气象原因或条件,通常是表示大气状态的物理量和物理现象的因素。气象因子一般包括气温、气压、气湿、风向、风速、能见度等。

(1)气温。

气温一般是指距地面 1.5 m 高处的百叶箱中观测到的空气温度,单位是摄氏度(℃)。大气获取热量的方式有热辐射、热传导、对流或湍流、水升华、凝结等。地球气温的获得主要源于太阳的能量,大气中纯净的空气吸收太阳辐射能量的能力比较弱,主要来自于地球下垫面的水体、陆地和植被等吸收大量的太阳辐射能量,升温后通过热辐射、热传导等方式传递给大气。

(2)气压。

气压是指单位面积上的大气压力,即单位面积上向上延伸到大气上界的垂直空气柱的重量,单位是帕斯卡(Pa)。大气的压强国际上规定:温度 0 ℃、纬度 45°的海平面上的压强为标准大气压。

(3)气湿。

气湿是指空气的湿度,表示空气中水汽含量的多少,一般是指地面气象观测高度(1.5 m)以上的空气湿度。通常用绝对湿度和相对湿度及含湿量来表达气湿的程度。

绝对湿度是指 1 m³ 湿空气中含有的水汽质量。

相对湿度是指空气的绝对湿度与同温度下的饱和绝对湿度的比值。一般情况下,室内相对湿度在 40%～60%之间会感到身体舒适。

含湿量是指湿空气中 1 kg 干空气所包含的水汽质量。

(4)风向和风速。

水平方向的空气运动称为风,是个矢量,因此,在表达风这个气象因子时要用风向和风速来表达。

风速是指单位时间内风水平移动的距离,通常,气象台所指的风速是指 2 min 或 10 min 的平均值,根据自然现象将陆地上的风速分为 13 个等级(0~12)。

风向是指风的来向,用方位表示,即用角度表示风向,是把圆周分成 360°,北风(N)是 0°(即 360°),东风(E)是 90°,南风(S)是 180°,西风(W)是 270°,其余的风向都可以由此计算出来,如陆地上,一般用 16 个方位表示。

(5)能见度。

能见度是指正常视力的人在白天当时的天气条件下能够辨认出目标物的水平距离。一般分为 10 级:<50 m,50~200 m,200~500 m,500~1 000 m,1 000~2 000 m,2 000~4 000 m,4 000~10 000 m,10 000~20 000 m,20 000~50 000 m,>50 000 m。

4.2.2　影响污染物扩散的动力学因子

1.风向与风速

影响污染物扩散的气象动力学因子主要是指水平方向的风向及风速等。风向影响着污染物的扩散方向;风速的大小决定着污染物的扩散和稀释状况。风向是经常变化的,不同地区不同季节在一年中都有经常出现的风向,即主导风向,是影响大气污染物扩散的最主要的动力学因子。

2.风向频率与风向玫瑰图

表示某一方向风出现总次数的百分比称为风向频率,通常用风向玫瑰图表示某一地区风向的频率。风向玫瑰图是指用某一地区气象台观测的风向资料绘制出的图形,因图形类似玫瑰花朵而命名,如图 4.2 所示。

图 4.2　某地风向玫瑰图示意图

一个地区的主导风向、风向频率及城市规划会对空气污染及雾霾等现象的出现产生重要影响,因此,风向玫瑰图对于某些项目的环境规划是一个重要的参考因素。例如,某城市在规划垃圾填埋场、污水处理厂及某些重污染企业的位置时,需要参考城市的风向玫瑰图,以避免气味和被污染的空气影响主城区的空气质量。

3.湍流

风速及风向在高度上也会经常发生变化,会出现不同于主流风向上的各种尺度的次生运动或涡流运动,这个随高度变化风向及风速都发生变化的现象在气象学中被称为湍流,其中大气垂直稳定度、近地面风速、下垫面粗糙度及各种物体的阻碍是湍流形成的重要影响因素。湍流是影响污染物扩散的一个重要因子,对大气污染混合稀释起到重要作用。

4.2.3 影响污染物扩散的热力学因子

热力学因子主要是指在大气垂直方向热力因素引起的气流变化及影响,主要指大气的温度层结和大气稳定度。

1.温度层结

温度层结是指地球表面上方大气温度随高度的变化情况,即垂直方向上的气温分布。气温垂直的分布决定着大气的稳定度,而大气稳定度又影响湍流的强度,因此,温度层结与大气污染程度有着密切的关系。

2.大气稳定度

大气稳定度是指在垂直方向上大气稳定的程度,即大气是否易于发生对流,根据稳定程度可分为不稳定平衡、中性平衡、稳定平衡。在大气污染预测模型中,根据对流的情况可将大气稳定度分为六级,即极不稳定(A)、不稳定(B)、弱不稳定(C)、中性(D)、弱稳定(E)、稳定(F)。

3.逆温及逆温的危害

在地球表面对流层,正常情况下气温随高度的增高而降低,通常每上升 100 m,平均降温 0.6～0.65 ℃;而逆温是指在近地球表面对流层,随高度的增高气温增高或随高度增加降温变化率小于 0.6 ℃/100 m 的现象,或几乎不发生变化的现象。根据逆温形成的原因将逆温分为辐射性逆温、沉降性逆温、湍流性逆温、锋面逆温、地形逆温等。无论何种原因逆温形成的逆温层都会出现阻碍空气的对流,几十米至几百米厚的逆温层,像一层厚厚的被子罩在城市上空,阻碍空气垂直对流,使近地面的烟尘、污染物、水汽凝结物等不能稀释扩散,形成云、雾、雾霾等,使大气的透明度变差,是雾霾等污染现象产生的最主要的因素,如图 4.3 所示。

图 4.3　某地逆温云层示意图

4.2.4　影响污染物扩散的地理学因子

地理学因子是指地表上对大气温度及空气流动造成影响的地形地物等因素。地形地物的差异、形状、大小、高矮,加上日照时地表吸热及热辐射的不均匀性,阻挡气流,阻碍烟气的扩散,造成局部热力环流,使得气流的方向与速度变化复杂,常对空气污染物的扩散有显著的影响。地理学因子的影响范围一般是局部的,在几千米至几十千米,主要现象有城市热岛效应、山谷风与海陆风等。

1.城市热岛效应

城市热岛效应是指市区气温明显高于外围郊区的现象。在近地面温度图上,郊区气温较低,市区气温较高,在近地面温度图上就像海面上突出的岛屿,这种岛屿代表高温的城市区域,所以被形象地称为城市热岛,如图 4.4 所示。

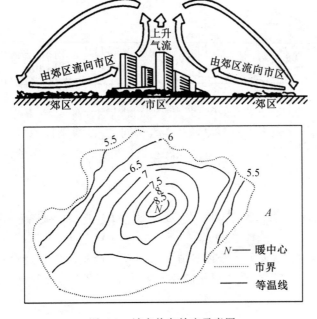

图 4.4　城市热岛效应示意图

城市热岛效应产生的原因有:城市上空污染物具有保温作用,增加了大气的逆辐射;城市的下垫面与建筑物改变了地表热交换和大气动力学特性,使城市大量吸附热辐射;高大密集的建筑物阻碍气流通行,使热量水平输送相对困难;城市企业生产、居民生活产生大量的热排放。

城市热岛效应易产生逆温,阻止污染物扩散,使近地面的污染物向城市聚集,形成雾霾等,影响大气中的湿度、云量及降水,使局地气候发生变化;同时人们在炎热的夏季为了舒适,使用空调及风扇等设备,大量消耗电力释放出更多的热量,导致发生一系列疾病,并可能在污染加剧的情况下加快光化学反应,造成更严重的污染危害。

2.山谷风与海陆风

无论是山谷风还是海陆风都是由于地表受日照后产生的热辐射不同,而产生空气密度差,从而形成风系。

山谷风是指山峰和山谷之间的热力差异引起的风向变化的现象,如图4.5所示。白天风从山谷吹向山坡,这种风称为"谷风";夜晚风从山坡吹向山谷,这种风称为"山风"。

图4.5　山谷风示意图

海陆风是指因海洋和陆地受热不均匀而在海岸附近形成的风系,如图4.6所示。白天风从海上吹向陆地,称为海风;夜晚风从陆地吹向海洋,称为陆风。

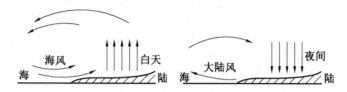

图4.6　海陆风示意图

山谷风和海陆风所造成的危害原理基本是相同的,以海陆风为例,气流微弱时,海陆风不能把污染物输送、扩散出去,当海陆风转换时,原来被陆风带走的污染物会被海风带回原地,形成重复污染。

4.3　全球气候变暖、酸雨、臭氧层破坏

全球气候变暖、酸雨、臭氧层破坏是由于人们在生产生活中焚烧化石燃料、产品加工及使用过程中产生的二氧化碳、二氧化硫及氟氯碳化合物等物质释放到大气中产生不良后果的现象。

4.3.1　气候变暖

1.气候变暖的原因与温室气体

全球气候变暖的主要原因是人类在近一个世纪以来大量使用化石燃料(如煤、石油等)排放的热量,或砍伐森林并在焚毁过程中排放大量的 CO_2、O_3、CH_4、CFCs(氟氯烷烃)和 N_2O 等气体,产生的温室效应导致全球气候变暖,这些可以导致全球气候变暖的气体称为温室气体。

2.温室效应与成因

温室效应是指人为因素排放到空气中的 CO_2、O_3、CH_4、CFCs 和 N_2O 等温室气体过多,使地球变暖的效应。

温室效应的成因是进入工业革命以来,由于人类对化石能源的过度使用,大量排放到

空气中的温室气体形成的气体层就像温室的玻璃一样罩在地球表面,这些气体可以使太阳辐射的可见光中的短波无衰减地透过,而对可见光中的长波具有高度吸收性;可见光中的短波辐射到地面后,地表受热后向外放出大量的长波被温室气体层吸收,这些本来以短波形式进入大气层的光波变成长波被大气中的温室气体层阻挡在近地面上,难以被释放到外空中,从而使大气变暖。

3.全球气候变暖对环境和人类的影响

温室效应对全球气候和环境会产生巨大影响,如温室效应会使全球气温不断上升,据资料表明,1981—1990 年全球平均气温比 100 年前上升了 0.48 ℃。在 20 世纪,全世界平均温度约升高 0.6 ℃。20 世纪 90 年代是自 19 世纪中期开始温度记录工作以来最温暖的十年,气候变暖会使人类付出极大的代价。

全球气候变暖可能导致南北两极冰川融化,海平面上升,使沿海地区丧失大批陆地,会淹没许多城市和港口,甚至一些地势低洼的小岛屿国家也面临消失的威胁。世界上大约有 1/3 的人口生活在沿海岸 60 km 范围内,世界上 35 座最大的城市中,有 20 座城市地处沿海,海平面升高无疑将对人类产生重大影响。

全球气候变暖会使气候带移动,致使温度带及降水带发生变化。温度带移动会使原有的生态系统发生改变,物种的灭绝及生态演替发生巨变,生物多样性减少,农、林、牧、渔等领域布局和结构发生变动,不稳定性增加,有可能会出现粮食危机;降水带的变化使全球降水量重新分配,地表径流及旱涝情况不可预测,淡水利用现状可发生大的改变,将发生严重的水资源危机,不仅危害自然生态系统的平衡,还威胁人类以及动物的生存。

全球气候变暖对人类健康产生影响,近些年夏季出现极度炎热天气的情况愈加频繁,影响人类的发病率和死亡率。这种炎热极端气温会直接影响人们的心理和情绪,易发生疲劳、自主神经紊乱,引起血压升高,引发心脏病、脑部疾病等,同时也会使外部某些病原微生物更为活跃,导致传染疾病高发。

全球气候变暖可能导致局部地区冬季极寒天气出现。全球变暖导致厄尔尼诺现象和拉尼娜现象,会使低纬度地区的海水变冷,原有的气候系统平衡状态被打破,改变全球风的方向和速度,高纬度地区的冷空气团在较高的气压差别之下,会以寒潮的形式迅速向低纬度推进并在很大程度上干扰四季变化。所以,实际上全球变暖并不会导致所有地方的冬季变得温暖,在一些地方反而使冬季变得更冷。

4.全球气候变暖的防治对策

(1)调整能源结构及战略,减少煤、石油、天然气等石化燃料的使用,提倡使用清洁能源,更多地利用太阳能、风能、地热等,改进现有能源利用技术,提高能源利用效率,发展节能技术。

(2)加强绿化,大力植树造林,实施绿色农业、科技农业,发展生态农业,在保证永久基本农田的基础上,避免毁林从耕,实施退耕还林、退耕还草政策,扩大人工林、天然林的种植及保护面积。

（3）加强环境道德意识教育，在实施能源调控及加强绿化的基础上，将环境保护及环境道德教育作为国家乃至世界的一项系统工程来合理设置。

（4）加强国际合作及制订公约。为了人类免受气候变暖的威胁，1997年12月在日本京都召开的《联合国气候变化框架公约》缔约方第三次会议上，通过了限制温室气体排放量以抑制全球变暖的《京都议定书》。在此基础上，2016年4月22日170余个国家领导人在纽约联合国总部正式签署了《巴黎协定》。《巴黎协定》是基于《联合国气候变化框架公约》继《京都议定书》后第二份有法律约束力的气候协议。

《巴黎协定》主要内容共29条，其中包括目标、减缓、适应、损失损害、资金、技术、能力建设、透明度、全球盘点等。其最大贡献在于明确了全球共同追求的"硬指标"：全球平均气温水平较工业化前升高控制在2℃之内，并为控制在1.5℃之内努力，21世纪下半叶实现温室气体净零排放。

从人类发展的角度看，《巴黎协定》将世界所有国家都纳入地球生态保护命运共同体中，实现互惠共赢的愿望，按照共同但有区别的责任原则、公平原则和各自能力原则执行。在经济上是以"自主贡献"、发达国家带头并加强对发展中国家提供财力支持及通过市场和非市场双重手段进行国际合作等方式，推动所有缔约方共同履行。

此外，根据《巴黎协定》的内在逻辑，会在资本市场上导致全球未来投资进一步向绿色能源、低碳经济、环境治理等领域倾斜。

4.3.2　酸雨

酸雨是一个严重的世界性问题，很多地区都出现酸雨及酸雨管控区。酸雨是指空气污染造成的酸性降水，指pH小于5.6的雨、雪、霜、雹等大气降水。分析表明，酸雨中含有多种无机酸和有机酸，其中绝大部分是硫酸和硝酸。

1. 酸雨的形成

酸雨是酸沉降形成的，是指大气中的酸性污染物通过降水（如雨、雾、雪）等迁移到地表（湿沉降），或在含酸气团、气流的作用下直接迁移到地表（干沉降）所造成的。一般认为，酸雨主要是由人为排放的硫氧化物和氮氧化物等酸性气体转化而成的。酸性物质硫氧化物、氮氧化物人工排放源有3种：一是煤、石油和天然气等化石燃料燃烧产生的；二是工业过程，如金属冶炼、化工生产、石油炼制等产生的；三是交通运输及机械运行过程中产生的，如汽车尾气及发动机燃烧等。

（1）雨水酸化机制。

酸雨的形成机制比较复杂，一般将其分为两个过程，即污染物的云内成雨清除过程和云下冲刷清除过程。前一过程为水蒸气凝结在硫酸盐、硝酸盐等微粒组成的凝结核上，形成液滴，液滴吸收 SO_2、NO_x 和气溶胶粒子，并互相碰撞、絮凝而结合在一起形成云和雨滴；后一过程是云下的微量物质被雨滴从大气中捕获、吸收、冲刷带走。

(2)降水中酸的来源。

降水在形成和降落的过程中会吸收大气中的各种物质。如果酸性物质多于碱性物质,就会形成酸雨。硫酸根和硝酸根是酸雨的主要成分。硫酸和硝酸分别由二氧化硫和氮氧化物转化而成。二氧化硫转化为硫酸有两条途径:一为触媒氧化作用,即由 Fe、Mn 等作为触媒剂,二氧化硫与氧化合形成三氧化硫,再与水结合,成为硫酸气溶胶;另一途径为光氧化作用,二氧化硫经光量子激化后与氧结合成三氧化硫。另外也可与光化作用形成的自由基化合,形成三氧化硫,如光化作用形成的 HO· 和 HO_2· 与二氧化硫发生下列反应:

$$HO· + SO_2 \longrightarrow HOSO_2$$
$$HOSO_2 + HO· \longrightarrow H_2SO_4$$
$$HO_2· + SO_2 \longrightarrow HO· + SO_3$$
$$SO_3 + H_2O \longrightarrow H_2SO_4$$

氮氧化物转化为硝酸也有两条途径:

$$HO· + NO_2 \longrightarrow HNO_3$$
$$N_2O_5 + H_2O \longrightarrow 2HNO_3$$

2.酸雨的危害

(1)酸雨对水生生态系统的影响。

酸雨进入水体中会使 pH 降低,生态环境变成酸性,危害水生生态系统,导致水生生物死亡。另外,酸雨浸渍土壤,侵蚀矿物,一些金属和重金属元素等沿着基石裂缝进入水循环,使水生生态系统中微量元素和重金属超标,如当水中铝质量浓度达到0.2 mg/L时,就会杀死鱼类,对浮游植物和其他水生植物起营养作用的磷酸盐附着在铝上,难以被生物吸收,其营养价值降低,致使依赖生存的水生生物的初级生产力降低;水中重金属在酸性条件下极易被鱼类等生物富集,若这些含有高水平重金属的水生生物进入人类食物系统,势必会对人类健康带来潜在的危害。

(2)酸雨对陆生生态系统的影响。

酸雨可导致土壤酸化和贫瘠化,造成土壤营养元素淋失及肥力下降,微生物种群发生变化,对土壤中的 N、P 等具有转移效应的生物酶活性具有抑制作用,制约了植物对土壤中营养物质的吸收;酸雨可对植物叶表蜡质和角质层造成直接破坏,落地后会影响植物的根系,使得植物群落发生改变,影响初级生产者的产量和质量。

(3)酸雨对各种材料的影响。

酸雨能与金属、石灰岩石料、混凝土等材料发生化学反应或电化学反应,加速建筑、桥梁、水坝、工业装备、输水输油管道、贮罐、水轮电机设备、动力和通信电缆等的腐蚀;酸雨还能使各种古迹、古建筑物、雕像、珍贵艺术品的保护涂层退化,如我国故宫的汉白玉雕刻、雅典神奇建筑巴特农神殿和罗马的图拉真凯旋柱等都受到了酸性沉积物的侵蚀。

(4)酸雨对人体健康的影响。

酸雨对人类健康产生的影响主要通过三种方式:一是经皮肤沉积而吸收,使皮肤病和眼病等发病率增高;二是经呼吸道吸入,主要是硫和氮的氧化物引起急性和慢性呼吸道损害,引发支气管炎和肺病甚至肺癌;三是来自酸雨侵蚀土壤及地表之后富集到生态系统中的重金属通过食物链对人类的毒害作用。据报道,有些国家由于酸雨的影响,地下水中铝、铜、锌、镉的浓度已上升到正常值的 10～100 倍,对人类的生存构成了直接的威胁。

3.酸雨的防治措施

防治酸雨是一个国际性的环境问题,不能依靠一个国家单独解决,必须共同采取对策,减少硫氧化物和氮氧化物的排放量。经过多次协商,1979 年 11 月在日内瓦举行的联合国欧洲经济委员会的环境部长会议上通过了《控制长距离越境空气污染公约》,并于 1983 年生效。目前,多数国家都已经采取了积极的对策,制定了减少致酸物排放量的法规,采取的减少二氧化硫及氮氧化物排放量的主要措施如下:

(1)调整以矿物燃料为主的能源结构,发展清洁能源的使用领域和开发新技术。

(2)原煤脱硫技术可以除去燃煤中 40%～60%(质量分数)的无机硫。

(3)优先使用低硫燃料,如含硫较低的低硫煤和天然气等。

(4)改进燃煤技术,减少燃煤过程中二氧化硫和氮氧化物的排放量。

(5)控制酸雨的根本措施是通过净化回收装置回收利用硫和氮,控制硫氧化物和氮氧化物的排放。对煤燃烧后形成的烟气在排放到大气之前进行烟气脱硫。

我国酸雨形成的主要原因是以燃煤为主的能源消耗过程中排放的大量二氧化硫。因此,要治理酸雨污染首先要控制二氧化硫排放总量,为了有效地控制酸雨的污染,我国将"两控区"(即酸雨控制区和二氧化硫污染控制区)列为国家污染防治重点地区。酸雨控制区划分的基本条件为:现状降水 pH 小于 4.5;硫沉降超过临界负荷;二氧化硫排放量较大的区域。二氧化硫控制区(以城市为基本控制单元)划分的基本条件为:近年来环境空气二氧化硫年平均浓度超过国家二级标准;日平均浓度超过国家三级标准;二氧化硫排放量较大。

4.3.3 臭氧层破坏

在距离地球表面 15～50 km 高空的平流层中,臭氧的含量很丰富,形成一个臭氧质量浓度达 1.0×10^{-6} mg/L 的小圈层,对太阳光中的紫外线有极强的吸收作用,能吸收 99%的高强度紫外线,臭氧层像一个巨大的过滤网,挡住了太阳紫外线对地球上人类和生物的伤害。如果没有臭氧层的存在,所有紫外线全部到达地球表面太阳光晒焦的速度将是夏季烈日下晒焦速度的 50 倍。

1.臭氧层破坏与"臭氧空洞"

臭氧层破坏始于 20 世纪 70 年代初期人们发现南极上空出现的臭氧层受损,到了 20 世纪 80 年代,人们已观测到南极上空形成了臭氧空洞。继南极之后,1987 年科学家又发现北极上空也出现了臭氧空洞。

2. 臭氧层受损原因

人工合成的一些含氯和含溴的物质是造成南极臭氧空洞的元凶,最典型的是氟氯碳化合物,即氟利昂(CFCs)和含溴化合物哈龙(Halons)。

氟利昂和含溴化合物哈龙等物质的分子比空气分子重,在对流层几乎是惰性的,化学性质十分稳定,但在热带地区上空被大气环流带入平流层,风又将它们从低纬度地区向高纬度地区输送,强烈的紫外线照射使 CFCs 和 Halons 分子发生解离,释放出高活性原子态的氯和溴,这些氯原子自由基和溴原子自由基是破坏臭氧层的主要物质,它们对臭氧的破坏是以催化的方式进行的,即

$$Cl+O_3 \longrightarrow ClO+O_2$$
$$ClO+O \longrightarrow Cl+O_2$$

据估算,一个氯原子自由基可以破坏 $10^4 \sim 10^5$ 个臭氧分子,而由 Halons 释放的溴原子自由基对臭氧的破坏能力是氯原子的 $30 \sim 60$ 倍。而且,氯原子自由基和溴原子自由基之间还存在协同作用,即二者同时存在时破坏臭氧的能力大于二者简单的加和。

实际上,上述的均相化学反应并不能解释南极臭氧空洞形成的全部过程,当 CFCs 和 Halons 进入平流层后,通常是以化学惰性的形态($ClONO_2$ 和 HCl)而存在,并无原子态的活性氯原子自由基和溴原子自由基的释放,但在极地的空气受冷下沉形成的西向环流——极地涡旋(polar vortex)内部形成了一个巨大的反应器,当云滴内存在三水合硝酸($HNO_3 \cdot 3H_2O$)和冰晶时,$ClONO_2$ 和 HCl 在平流层表面会发生化学反应,即

$$ClONO_2+HCl \longrightarrow Cl_2+HNO_3$$
$$ClONO_2+H_2O \longrightarrow HOCl+HNO_3$$

生成的 HNO_3 在云滴成长到一定程度后将会从平流层沉降到对流层去除,其结果是 Cl_2 和 HOCl 等组分在平流层不断积累,从而显示出 Cl_2 和 HOCl 在紫外线照射下与 O_3 反应,造成全球范围的臭氧浓度下降。

3. 臭氧层破坏对地球环境的危害和影响

紫外线的波长为 $40 \sim 400$ nm,其中 $40 \sim 290$ nm 为 UV－C;$290 \sim 320$ nm 为 UV－B;$320 \sim 400$ nm 为 UV－A。波长越短能量越大,臭氧层能够吸收 UV－C 和部分 UV－B。科学研究表明,如果大气中臭氧浓度减少 1%,地面受紫外线 UV－B 辐射量就会增加 2%～3%。这将严重损害动植物的基本结构,降低农作物产量,危害海洋生命,使气候和生态环境发生变异,特别是人和地球上的其他生物会因此遭受极大伤害。

(1)对人类和动物健康的影响。

适量的 UV－B 是维持人体健康所必需的,它能增强人体交感肾上腺机能,提高免疫反应,促进磷、钙代谢,增强人体对环境污染的抵抗力。

臭氧层耗损使地表所受 UV－B 辐射量增加将导致白内障发病率增加,降低对传染病和肿瘤的抵抗能力,降低疫苗的反应能力,还会导致皮肤癌发病率增加。

（2）对植物、农作物和水生生态的影响。

过量 UV－B 辐射会杀死微生物，改变植物的生物活性、生物化学过程及削弱浮游植物的光合作用，这种改变包括植物的生命周期、植物中的一些化学成分和破坏水生生物的食物链。而这些成分可以帮助植物防止病菌和昆虫的袭击，影响作为人类和动物食物的植物的质量，例如，可使大豆、玉米、棉花、甜菜等的叶片受损，抑制其光合作用，导致减产；浮游植物光合作用的削弱可以引起水生生态系统发生变化，降低水体的自净能力，导致水生物大批死亡，海洋经济产品产量下降及减少海洋浮游生物对 CO_2 的吸收能力。

（3）对空气质量的影响。

过量的紫外线照射使城市工业排放的 NO_x、汽车尾气等较快地发生光化学反应，光化学烟雾发生率有可能增加 30%，进而引起咳嗽、鼻咽刺激、呼吸短促和胸闷等不适症状。

由于臭氧层耗损，平流层下部气温变冷和对流层变热，原有的臭氧纵向分布的改变，破坏地球的辐射收支平衡，加剧对流层中二氧化碳、臭氧等温室气体量的增加，成为影响气候变化的一个重要的因素。

（4）对材料的影响。

UV－B 辐射增加将影响聚合材料的物理和机械性能，减少聚合和生物材料（如木材、纸张、羊毛和棉制品、塑料等）的使用寿命。

4.控制对策

为了保护臭氧层，人类共同采取了"补天"行动，签订了《保护臭氧层维也纳公约》《关于消耗臭氧层物质的蒙特利尔议定书》等国际公约，要求减少并逐步停止氟氯化碳等消耗臭氧层物质的生产和使用。我国从 1998 年起，逐步实施《中国哈龙行业淘汰计划》，到目前为止哈龙 1211 和 1301 的生产水平基本减少到零。

臭氧层损耗对全球环境和健康的影响是深远的，截至目前，在各国和全体人类的努力之下，臭氧空洞已经基本弥补，为了推动氟利昂替代物质和技术的开发和使用，逐步淘汰消耗臭氧层物质，许多国家采取了一系列政策措施，说明只要人类达成共识，共同努力，一定会改变环境，为人类生存和发展创造出美好的明天。

4.4　大气污染控制管理与综合防治

大气中的污染物，无论是颗粒状污染物，还是气体状态污染物，都能够在大气中扩散，具有区域性和整体性的特征。因此，大气污染的程度和状态会受到该地区的自然条件、能源构成、工业结构和布局、交通状况，以及人口密度等多种因素的影响。目前人们没有能力也没有必要将所有被污染的大气集中收集起来治理，针对点污染源排放的污染物进行治理是可行且必要的，但对于区域性大气污染问题，必须通过采取综合防治措施加以解决。

4.4.1　大气污染控制管理与标准

1.大气污染控制管理

《中华人民共和国环境保护法》《中华人民共和国环境影响评价法》《中华人民共和国大气污染防治法》《规划环境影响评价技术导则 总纲》(HJ 130—2020)、《环境影响评价技术导则 大气环境》(HJ 2.2—2018)、《建设项目环境保护管理条例》《环境空气质量标准》(GB 3095—2012)、《排污单位自行检测技术指南》(HJ 819—2017)和《排污许可证申请与核发技术规范 总则》(HJ 942—2023)都规定了防治大气污染,提高环境质量,指导大气环境质量管理的很多内容。

2.大气污染控制标准

环境空气质量中的污染物及其指标《环境空气质量标准》(GB 3095—2012)给予了详细规定,主要内容如下。

(1)环境功能区分类。

环境功能区分为两类:一类区为自然保护区、风景名胜区和其他需要特殊保护的区域;二类区为居住区、商业交通居民混合区、文化区、工业区和农村地区。

(2)环境功能区质量要求。

一类区适用一级浓度限制,二类区适用二级浓度限制。一、二类环境空气功能区质量要求见表 4.2 和表 4.3。

表 4.2　环境空气污染物基本项目浓度限值

序号	污染物项目	平均时间	浓度限值		单位
			一级	二级	
1	二氧化硫	年平均	20	60	$\mu g/m^3$
		24 h 平均	50	150	
		1 h 平均	150	500	
2	二氧化氮	年平均	40	40	
		24 h 平均	80	80	
		1 h 平均	200	200	
3	一氧化碳	24 h 平均	4	4	mg/m^3
		1 h 平均	10	10	
4	臭氧	日最大 8 h 平均	100	160	
		1 h 平均	160	200	
5	颗粒物 (粒径不大于 10 μm)	年平均	40	70	$\mu g/m^3$
		24 h 平均	50	150	
6	颗粒物 (粒径不大于 2.5 μm)	年平均	15	35	
		24 h 平均	35	75	

表 4.3　环境空气污染物其他项目浓度限值

序号	污染物项目	平均时间	浓度限值		单位
			一级	二级	
1	总悬浮颗粒物	年平均	80	200	
		24 h 平均	120	300	
2	氮氧化物	年平均	50	50	
		24 h 平均	100	100	
		1 h 平均	250	250	$\mu g/m^3$
3	铅	年平均	0.5	0.5	
		季平均	1	1	
4	苯并[a]芘	年平均	0.001	0.001	
		24 h 平均	0.002 5	0.002 5	

3.大气污染控制的监测

环境空气质量监测工作应按照《环境空气质量监测规范(试行)》等规范性文件要求进行,各项污染物分析方法见表 4.4。

表 4.4　各项污染物分析方法

序号	污染物项目	手工分析方法		自动分析方法
		分析方法	标准编号	
1	二氧化硫	《环境空气 二氧化硫的测定 甲醛吸收—副玫瑰苯胺分光光度法》	HJ 482	紫外荧光法、差分吸收光谱分析法
		《环境空气 二氧化硫的测定 四氯汞盐吸收—副玫瑰苯胺分光光度法》	HJ 483	
2	二氧化氮	《环境空气 氮氧化物(一氧化氮和二氧化氮)的测定 盐酸萘乙二胺分光光度法》	HJ 479	化学发光法、差分吸收光谱分析法
3	一氧化碳	《空气质量 一氧化碳的测定 非分散红外法》	GB 9801	气体滤波相关红外吸收法、非分散红外吸收法
4	臭氧	《环境空气 臭氧的测定 靛蓝二黄酸钠分光光度法》	HJ 504	紫外荧光法、差分吸收光谱分析法
		《环境空气 臭氧的测定 紫外光度法》	HJ 590	
5	颗粒物(粒径不大于 10 μm)	《环境空气 PM10 和 PM2.5 的测定 重量法》	HJ 618	微量振荡天平法、β 射线法
6	颗粒物(粒径不大于 2.5 μm)	《环境空气 PM10 和 PM2.5 的测定 重量法》	HJ 618	微量振荡天平法、β 射线法

序号	污染物项目	手工分析方法		自动分析方法
		分析方法	标准编号	
7	总悬浮颗粒物	《环境空气 总悬浮颗粒物的测定 重量法》	GB/T 15432	—
8	氮氧化物	《环境空气 氮氧化物(一氧化氮和二氧化氮)的测定 盐酸萘乙二胺分光光度法》	HJ 479	化学发光法、差分吸收光谱分析法
9	铅	《环境空气 铅的测定 石墨炉原子吸收分光光度法(暂行)》	HJ 539	—
		《环境空气 铅测定 火焰原子吸收分光光度法》	GB/T 15264	—
10	苯并[a]芘	《空气质量 飘尘中的苯并[a]芘的测定 乙酰化滤纸层析荧光分光光度法》	GB 8971	—
		《环境空气 苯并[a]芘的测定 高效液相色谱法》	GB/T 15439	—

4.4.2 大气污染的综合防治

大气污染的综合防治就是从区域环境整体出发,充分考虑该地区的环境特征(如我国应减少直接燃煤作为能源,改用清洁能源,控制汽车尾气排放等),对所有能够影响大气质量的各项因素进行全面、系统的分析,充分利用环境的自净能力对多种大气污染控制技术做出最优化的选择和评价,从中得到最适宜的控制技术方案和工程措施,达到整个区域的大气环境质量控制目标。

大气污染的综合防治涉及面比较广,影响因素比较复杂,通常可以从下列几个方面加以考虑。

1.全面规划、合理布局

大气污染的综合防治必须从协调地区经济发展和保护环境之间的关系出发,对该地区各污染源所排放的各类污染物质的种类、数量、时空分布做全面的调查研究,并在此基础上制订控制污染的最佳方案。

合理布局的工业、商业、居住区可减轻对人们居住环境的影响。工业生产区应设在城市主导风向的下风向;工厂区与城市居民生活区之间要有一定的间隔距离,并辅以植树造林及绿化,以减轻污染危害;对现有污染重、高资源和能源消耗的企业实施环境影响评价,针对性地进行关、停、并、转、迁等。

另外,从保护大气环境质量的根本目的出发,实施区域总量控制,划定的控制区的排污总量不超过该区域的环境容量。

2.清洁生产,将源头污染物降到最低

大气污染防治应从污染产生的源头采取措施,改变能源结构,推进清洁能源使用,改革生产工艺,减少废气及污染的排放。目前,我国已将过去的以焚烧煤炭(产生 SO_2、NO_x、CO、悬浮颗粒污染物)为主的能源结构改善入手,正在推进以天然气及二次能源,如煤气、液化石油气、电等,以及太阳能、风能、地热等清洁能源的推广利用,并已收到明显成效。

此外,在改革工艺、除尘技术、气体污染净化设备、油和煤提炼技术等方面仍在努力推进。我国能源的平均利用率在 33% 左右,提高能源利用率的潜力很大,因此,从消耗量最大的煤炭利用技术层面上讲,仍需要对低效锅炉进行改造,设立规模较大的热电厂和供热站,对除尘技术及设备进行研发及改进,以上措施是提高热能利用率、减少燃料运输量、消除烟尘及污染的有效措施。

3.植树造林、绿化环境

绿化造林是大气污染防治的一种既经济又有效的措施。植物有吸收各种有毒有害气体和杀灭细菌的功能,光合作用能够吸收二氧化碳,放出氧气,使空气得到净化,是空气的天然过滤器。茂密的丛林能够降低风速,使气流挟带的大颗粒灰尘下降。树叶表面粗糙不平,多绒毛,某些树种的树叶还可分泌黏液,能吸附大量飘尘。

一般情况下,$1 \ hm^2$ 的阔叶林在生长季节每天能够消耗约 $1 \ t$ 的二氧化碳,释放 $0.75 \ t$ 的氧气。以成年人考虑,每天需吸入 $0.75 \ kg$ 的氧气,释放 $0.9 \ kg$ 的二氧化碳,这样,每人平均有 $10 \ m^2$ 面积的森林就能够得到充足的氧气。有一些林木,在其生长过程中能够挥发柠檬油、肉桂油等多种杀菌物质。据分析测定,在百货大楼内,每立方米空气中的细菌数量达 400 万个,林区则仅有 55 个,林区与百货大楼空气中的细菌数量相差 7 万多倍。我国目前在植树造林、绿化环境方面取得了长足的进步,尤其是"生态文明""绿水青山就是金山银山"的提出,大气污染程度及雾霾天气的减少取得了极其明显的改善。

4.4.3　大气污染控制技术

在实际的燃料燃烧、工业生产、交通工具运行中,最终总会有污染物排放,因此,需要污染控制技术措施予以解决,即使用必要的末端控制技术,常见的有除尘技术、吸收净化法、吸附净化法。

1.除尘技术

目前,在大气污染控制方面的除尘技术主要常见的有机械式除尘技术、电除尘技术、湿式除尘技术和过滤式除尘技术等。

(1)机械式除尘技术。

机械式除尘技术及除尘器包括重力沉降室、惯性除尘器、旋风除尘器等。

①重力沉降室。利用粒子重力沉降原理除尘的装置,通常用于去除含尘粒子密度大、粒径大于 $40 \ \mu m$ 的多级除尘系统中,作为预处理装置,压力损失为 $50\sim100 \ Pa$。结构简单,投资少,体积较大,效率不高。

②惯性除尘器。惯性除尘器是重力沉降室的改型,内设各种形式的挡板,使含尘气流冲击在挡板上,气流方向发生急剧改变,借助尘粒本身的惯性力作用,使其与气流分离。通常用于去除含尘粒子密度大、粒径大于 $15 \ \mu m$ 左右的多级除尘系统中,作为预处理装

置,压力损失为 100～1 000 Pa。结构形式多样,投资不大,去除效率高于重力沉降室。

③旋风除尘器。利用旋转气流产生的离心力使尘粒从气流中分流,这是一种使用较广的除尘器,通常用于去除含尘粒子密度较大、粒径大于 5 μm 左右的除尘系统中,除尘效果优于前两种。

(2)电除尘技术。

电除尘技术及除尘器是将含尘气体通过高压电场进行电离,使尘粒荷电,带电粒子在电场力的作用下,使尘粒沉积在集尘极上,从而将尘粒从含尘气体中分离。电除尘过程与其他除尘过程的区别在于分离力(主要是静电力)直接作用在粒子上,而不是作用在整个气流上,这就决定了其具有分离粒子耗能小、气流阻力小(50～500 Pa)的特点。由于作用在粒子上的静电力相对较大,所以,对 0.1 μm 粒子的捕集效率可达到 99% 以上。目前,电除尘器已成为主要的除尘装置。

(3)湿式除尘技术。

湿式除尘技术及除尘器是使含尘气体与液体(一般为水)接触,利用水滴和尘粒的惯性碰撞及其他作用捕集尘粒或使粒径增大的装置。湿式除尘器可以将直径为 0.1～20 μm 的液态或固态粒子从气流中除去,同时,也能脱除气态污染物。它具有结构简单、造价低、占地面积小、操作及维修方便和净化效率高等优点,能够处理高温、高湿的气流,将着火、爆炸的可能性降至最低。但湿式除尘器有设备和管道腐蚀,以及污水和污泥的处理等问题;湿式除尘过程也不利于副产品的回收;其耗水量较大,缺水地区不适用;寒冷地区要考虑防冻问题。根据湿式除尘器的净化机理,可将其大致分为:重力喷雾洗涤器、旋风洗涤器、自激喷雾洗涤器、板式洗涤器、填料洗涤器、文丘里洗涤器、机械诱导喷雾洗涤器 7 类。

(4)过滤式除尘技术。

过滤式除尘技术及除尘器又称空气过滤器,是使含尘气流通过具有很多毛细孔的过滤材料而将颗粒污染物截留的捕集装置。采用滤纸或玻璃纤维等填充层作滤料的空气过滤器主要可用于通风及空气调节室内空气净化。采用纤维织物做滤料的袋式除尘器在工业废气的除尘方面应用较广。袋式除尘器对细尘的除尘效率一般可达 99% 以上,因而获得了广泛的应用。但在应用时应注意:不适用于处理易燃、易爆含尘气体;不宜净化黏结和吸湿性强的含尘气体。目前,袋式除尘器在结构形式、滤料、清灰方式和运行等方面也都得到了不断的发展。

2.吸收净化法

气体吸收是气体混合物中一种或多种组分溶解于选定的液体吸收剂中,或者与吸收剂中的组分发生选择性化学反应。吸收净化法是减少或消除气态污染物的重要途径,而且还可能将污染物转化为可回收产品。例如,在用吸收法净化石油炼制尾气中 H_2S 的同时,还可回收硫;吸收法还可从工业废气中去除二氧化硫(SO_2)、氮氧化物(NO_x)、硫化氢(H_2S)及氟化氢(HF)等有害气体。

吸收可分为化学吸收和物理吸收两大类。物理吸收是将污染物由气相转为液相,通常采用吸收液来进行,常用的吸收液有以下几种:①水,用于吸收易溶的、浓度较高的有害气体;②碱性吸收液,用于吸收能够与碱起化学反应的有害酸性气体,如 SO_2、NO_x、H_2S 等,常用的碱吸收液有氢氧化钠、氢氧化钙、氨水等;③酸性吸收液,如一氧化氮(NO)和二氧化氮(NO_2)气体在硝酸中的溶解度比较大,所以常用硝酸来吸收上述气体;④有机吸收液,用于有机废气的吸收,汽油、聚乙醇醚、冷甲醇、二乙醇胺都可作为吸收液,并能够去除酸性气体,如 H_2S、CO_2 等。

化学吸收净化法与化工生产中的吸收过程相似,但由于污染气体成分往往较复杂,气体量大,组分浓度低及吸收速率要求较高等特点,其难度较大。如,用碱性溶液或浆液吸收燃烧烟气中低浓度 SO_2,除了物理吸收之外,还包括化学反应,多数情况下还需要对吸收液进一步处理,以免造成二次污染。

目前在工业上常用的吸收设备有表面吸收器、板式塔、喷洒塔、文丘里塔和填料塔等。

3.吸附净化法

吸附净化法是用多孔性固体处理流体混合物,使其中所含有的一种或几种组分聚集在固体表面,而与其他组分分离。被吸附到固体表面的物质称为吸附质,吸附吸附质的物质称为吸附剂。吸附分为物理吸附和化学吸附两类。物理吸附是靠分子之间引力的吸附;化学吸附又称活性吸附,它是由化学键力产生的吸附。

吸附净化法在技术和经济上有以下几方面的优点:①系统操作便于控制,可实现全自动化运行;②能将污染物去除到极低的浓度,使其达标排放,又能回收这些污染物,实现废物资源化。因此,目前,吸附净化法广泛地应用于有机污染物的回收、低浓度二氧化硫和氮氧化物的净化处理,以及其他有害气态污染物的净化上。但是,由于吸附剂的容量有限,需耗用大量的吸附剂,工业设备体积庞大,要考虑吸附剂的再生和处理处置。

(1)吸附剂必须要有足够大的内表面;对不同气体具有选择性的吸附作用;具有足够的机械强度、热稳定性及化学稳定性;原料广泛易得,价格低廉,以适应对吸附剂日益增长的需要。

(2)吸附净化法常用的吸附剂有活性炭、活性氧化铝、硅胶和沸石分子筛。

①活性炭。活性炭是广谱污染物的吸附剂,除 CO、SO_2、NO_x、H_2S 外,还对苯、甲苯、二甲苯、乙醇、乙醚、煤油、汽油、苯乙烯、氯乙烯等有机物质都有吸附功能。用活性炭作为吸附剂可使废气中的有机溶剂回收率达 $80\%\sim90\%$,如果采用串联操作回收率将更高。

②活性氧化铝。可用于气体的干燥、石油脱硫,以及含氟废气的净化。

③硅胶。大量用于气体的干燥和烃类气体回收。

④沸石分子筛。用于净化气态污染物的吸附设备,与废水处理中的设备相同,可分为固定床、移动床和流化床三种。

除吸收法、吸附法外,用于气态污染物处理的技术还有冷凝法、催化转化法、直接燃烧法、膜分离法和生物法等。

4.4.4 汽车尾气污染现状及治理技术

进入 20 世纪 70 年代以后,汽车工业发展迅速,其尾气排放成为大气污染的重要来源,前些年的监测结果表明,发动机的排气成分中含有一定量的一氧化碳(CO)、碳氢化合物(HC)、氮氧化物(NO_x)、二氧化硫(SO_2)、微粒物质(铅化物、碳烟、油雾等)与臭气(甲醛、丙烯醛等)等有害排放物。这些由汽车排放的CO、HC、NO_x和碳烟、微粒等是造成大气污染的主要物质。自从人们认识到汽车尾气污染物危害以来,一直在不间断地对发动机结构和尾气排放技术进行研究和改进,经过多年的研究和攻克,目前,汽车尾气污染物的浓度已不是造成大气污染的主要成因,但其危害也不容忽视。

1.汽车尾气污染物的危害

汽车尾气中的一氧化碳(CO)是尾气中浓度最高的一种成分,是燃油燃烧不充分的产物,其危害是能与人体内血红蛋白结合成CO－血红蛋白(离解很慢),阻碍了血红蛋白和氧气的结合,当大气中的CO质量浓度达到$70\sim80$ mg/L以上时,人在接触几小时以后,CO－血红蛋白质量分数为20%左右时就会引起中毒,当质量分数达60%时即可因窒息而死。

尾气中各种烃类(碳氢化合物)成分有百余种之多,烃类污染物是光化学烟雾产生的重要原因,其中的甲醛与丙烯醛对鼻、眼和呼吸道黏膜有刺激作用,可引起结膜炎、鼻炎、支气管炎等症状,具有难闻的臭味,其中的苯并[a]芘是强致癌物质。

汽车尾气中的氮氧化物(NO_x)主要是一氧化氮(NO)和二氧化氮(NO_2)。NO与血液中血红蛋白的亲和力比CO还强,进入肺部深处会引起肺水肿,同时还能刺激眼黏膜,麻痹嗅觉。NO_2是一种棕色气体,剧毒,有特殊的刺激性臭味,吸入肺部后能与水分结合生成可溶性硝酸,严重时会引起肺气肿,如质量浓度达到5 mg/L就会对哮喘病患者有影响,若在质量浓度为$100\sim150$ mg/L下连续呼吸$30\sim60$ min,就会使人陷入危险状态。此外,即使NO_x浓度很低,也会对某些植物产生不良影响。

汽车尾气中的微粒污染物产生的烟雾能促使哮喘病患者哮喘发作,引起慢性呼吸系统疾病恶化,长期吸入还会降低人体细胞的新陈代谢,加速人的衰老,其中的碳烟粒往往吸附尾气中的二氧化硫及有致癌作用的多环芳烃,如苯并[a]芘等;若使用含铅汽油经燃烧后生成的铅微粒,会阻碍血液中红细胞的生长与成熟,使心、肺等发生病变,侵入大脑时则引起头痛和出现精神病的症状,其化合物还会使催化剂"中毒"而降低催化剂的净化效果。目前我国及世界各国已经取消了含铅汽油的使用。

进入21世纪以来,人们不断地改进发动机结构和燃烧技术,目前各国规定的排放标准已日益严格,汽车尾气污染物的浓度已不是造成大气污染的主要成因。

2.发动机研发与制造技术

汽车尾气污染控制是一项涉及多部门、多方面的系统工程,除了加强法规要求和执法力度外,汽车发动机及内燃机的研发与制造技术的进步是根本保证,随着人们对发动机和内燃机技术的掌握和整个科技系统的进步,发动机排出的尾气污染物含量已经极低,对于大气自净能力和污染的浓度影响已经大大降低,但仍需要进行跃进型的进步,以期达到零污染状态。

3.尾气催化与净化技术

除了对发动机进行研发和改进之外,人们还需要对发动机燃烧排放的尾气进行保险性的技术保障措施研究,如可进一步采用催化、净化、吸附等技术措施,其中的三效催化技术较成熟,普遍被采用,其原理是当发动机在近似理论空燃比运转时,催化剂同时能净化尾气中的 CO、HC 和 NO_x,即在催化反应过程中,废气中的 CO、HC 将 NO_x 还原成 N_2,而 CO、HC 被氧化成 CO_2 和 H_2O。

4.改进和提高燃油和燃料品质

无论多么先进和高级的发动机和内燃机技术,若其源头的油品和燃料质量不好,都难以保证尾气的达标排放,甚至无法保证发动机及其排放控制系统正常工作,因此,提高燃料质量、改变燃料构成是降低排气中有害物质含量的有效措施,所以,加强燃油和燃料品质提高的技术、研发和生产更是不可忽略的迫在眉睫的任务。

5.推广新能源汽车研发及使用

为达到更严格的排放标准,世界各国汽车制造商都在积极努力地研究开发各种低污染代用燃料汽车,如天然气汽车、氢燃料汽车、电动汽车、太阳能汽车等。目前的电动汽车仍在技术层面有非常大的提升空间。

思考题与习题

1. 大气污染的类型有哪些?

2. 影响大气污染物扩散的气象因子有哪些?都是如何定义的?

3. 什么是逆温?逆温的危害有哪些?

4. 什么是城市热岛效应?有哪些危害?

5. 什么是山谷风?什么是海陆风?

6. 什么是温室效应?温室效应的成因是什么?

7. 什么是酸雨?酸雨有哪些危害?

8. 臭氧层受损的原因是什么?危害有哪些?

9.《环境空气质量标准》(GB 3095—2012)对环境空气质量的功能区是如何划分的?

10. 大气污染综合防治的策略有哪些?

第5章　水体污染及其防治

5.1　水资源及其开发利用

　　水是地球上一切生命赖以生存,也是人类生活和生产中不可缺少的基本物质之一。20世纪以来,由于世界各国工农业的迅速发展,城市人口的剧增,水资源短缺已是当今世界许多国家面临的重大问题,尤其是城市缺水状况,越来越严重。资料表明,全世界有22个国家严重缺水,其人均水资源占有量都在1 000 m³以下。另外,还有18个国家的人均水资源占有量不足2 000 m³,如遇到降水少的年份,这些国家也会出现较严重的缺水局面。我国目前有400多个城市缺水,其中,近50个百万以上人口的大城市严重缺水,这不仅影响居民的正常生活用水,而且制约着经济建设的发展。

　　按照国际公认的标准,人均水资源低于3 000 m³为轻度缺水;人均水资源低于2 000 m³为中度缺水;人均水资源低于1 000 m³为重度缺水;人均水资源低于500 m³为极度缺水。按照这一标准,我国在2020年全国人均水资源量仅有2 239 m³/人,这意味着整个国家都处于中度缺水的边缘线上。而具体到各省级行政区上,缺水的情况显然更为严峻。故防治水污染和保护水资源是当今世界性的问题,更是我国城乡建设的当务之急。

5.1.1　水资源的基本含义与特征

1.水资源的基本含义

　　水作为一种自然资源,其价值十分丰富广泛,通常可表现为维持生物生存、社会生产正常运转的功能价值,维持生态平衡、提供良好生息条件的环境价值,以及蕴藏在水流中的能量价值等诸多方面。

　　水资源的定义有广义和狭义之分。广义的水资源是指地球上所有的水,无论以何种形式、何种状态存在,都能够直接或间接地加以利用,属于自然资源的范畴。狭义的水资源则认为,水资源是在目前的社会条件下可被人类直接开发与利用的水,而且开发利用时必须技术上可行、经济上合理且不影响地球生态。此外,狭义的水资源除了考虑水量外还要考虑水质。不符合使用水质标准或用现有技术和经济条件难以处理达到使用标准的水也不能视为水资源。

　　这里所讨论的水资源仅限于狭义水资源的范围,即与人类生活和生产活动、社会进步息息相关的淡水资源。

2. 水资源的特征

水资源与其他固体资源的本质区别在于其具有流动性,它是在循环中形成的一种动态资源,具有循环性。水在太阳的辐射及地球气象因素的作用下,会有气、液、固三种形态不断地转化、迁移,形成水的循环,使地球上的各种水体不断得到更新,使水资源呈现再生性。但是,水资源是非常有限的,全球通过各种水循环的水总量是一定的,世界陆地年径流量约为 470 000 亿 m^3,可以说这是目前可供人类利用的水资源的极限。水在时空分布上的不均匀性使得一些区域的可更新水量非常有限。

水资源是被人类在生产和生活活动中广泛利用的资源,不仅广泛应用于农业、工业和生活,还用于发电、水运、水产、旅游和环境改造等。但水资源具有利害的两重性,所以在水资源的开发利用过程中尤其应强调合理利用、有序开发,以达到兴利除害的目的。

5.1.2 水资源概况

1. 世界水资源概况

世界各地自然条件不同,降水和径流相差也很大。年降水量以大洋洲(不包括澳大利亚)的诸岛最多;其次是南美洲,那里大部分地区位于赤道气候区内,水循环十分活跃,降水量和径流量均为全球平均值的两倍以上。欧洲、亚洲和北美洲与世界平均水平相接近,而非洲大陆是世界上最为干燥的地区之一,虽然其降水量与世界平均值相接近,但由于沙漠面积大,蒸发强烈,径流量仅为 151 mm。相比之下,大洋洲的澳大利亚最为干燥,降水量为 761 mm,相对其径流量仅为 39 mm,这是由于澳大利亚有 2/3 的地区为荒漠、半荒漠。

(1)水量短缺严重,供需矛盾尖锐。

联合国在对世界范围内的水资源状况进行分析研究后发出警报:世界缺水将严重制约世界的经济发展,可能导致国家间冲突。同时指出,全球已经有 1/4 的人口面临着一场为得到足够的饮用水、灌溉用水和工业用水而展开的争斗。预计"到 2025 年,全世界将有 2/3 的人口面临严重缺水的局面"。由图 5.1 可以看出,淡水水资源有限是造成水量短缺严重的原因之一。

(2)水源污染严重,"水质型缺水"突出。

据卫生学家估计,目前世界上有 1/4 人口患病是由水污染引起的。据不完全统计,发展中国家每年有 2 500 万人死于饮用不洁净的水,占所有发展中国家死亡人数的 1/3。水源污染造成的"水质型缺水"加剧了水资源短缺的矛盾,加剧了居民生活用水的紧张和不安全性。

2. 我国水资源概况

我国是水贫乏国,淡水资源总量为 2.8×10^{13} m^3,居世界第六位,但人均占有量较低,只相当于世界人均水资源占有量的 1/4 左右。空间分布不均匀,总的说来,东南多,西北少;沿海多,内陆少;山区多,平原少。在同一地区中,不同时间的分布差异性很大,一般夏多冬少。表 5.1 所示为 2020 年我国人均水资源量。

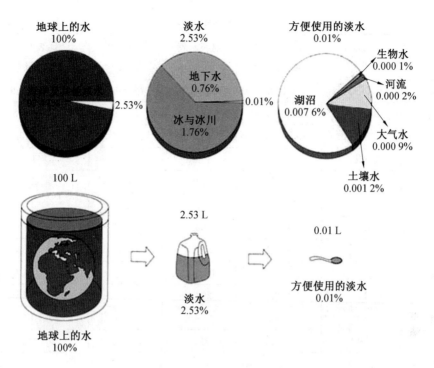

图 5.1　有限的淡水资源

表 5.1　2020 年我国人均水资源量

地区	人均水资源量/m³	水资源总量/亿 m³	地表水资源量/亿 m³	地下水资源量/亿 m³	地表与地下水重复量/亿 m³
全国	2 239.8	31 605.2	30 407.0	8 553.5	7 355.3
西藏	126 473.2	4 597.3	4 597.3	1 045.7	1 045.7
青海	17 107.4	1 011.9	989.5	437.3	414.9
黑龙江	4 419.2	1 419.9	1 221.5	406.5	208.1
广西	4 229.2	2 114.8	2 113.7	445.4	444.3
四川	3 871.9	3 237.3	3 236.2	649.1	648.0
云南	3 813.5	1 799.2	1 799.2	619.8	619.8
江西	3 731.3	1 685.6	1 666.7	386.0	367.1
贵州	3 448.2	1 328.6	1 328.6	281.0	281.0
湖南	3 189.9	2 118.9	2 111.2	466.1	458.4
新疆	3 111.3	801.0	759.6	503.5	462.1
湖北	3 006.7	1 754.7	1 735.0	381.6	361.9
海南	2 626.8	263.6	260.6	74.6	71.6
吉林	2 418.8	586.2	504.8	169.4	88.0
重庆	2 397.7	766.9	766.9	128.7	128.7

续表5.1

地区	人均水资源量/m³	水资源总量/亿 m³	地表水资源量/亿 m³	地下水资源量/亿 m³	地表与地下水重复量/亿 m³
安徽	2 099.5	1 280.4	1 193.7	228.6	141.9
内蒙古	2 091.7	503.9	354.2	243.9	94.2
福建	1 832.5	760.3	759.0	243.5	242.2
甘肃	1 628.7	408.0	396.0	158.2	146.2
浙江	1 598.7	1 026.6	1 008.8	224.4	206.6
广东	1 294.9	1 626.0	1 616.3	399.1	389.4
陕西	1 062.4	419.6	385.6	146.7	112.7
辽宁	930.8	397.1	357.7	115.2	75.8
江苏	641.3	543.4	486.6	137.8	81.0
河南	411.9	408.6	294.8	185.8	72.0
山东	370.3	375.3	259.8	201.8	86.3
山西	329.8	115.2	72.2	85.9	42.9
上海	235.9	58.6	49.9	11.6	2.9
河北	196.2	146.3	55.7	130.3	39.7
宁夏	153.0	11.0	9.0	17.8	15.8
北京	117.8	25.8	8.2	22.3	4.7
天津	96.0	13.3	8.6	5.8	1.1

3.水危机产生的原因

从总的水储量和循环量来看,地球上的水资源是丰富的,如能妥善保护与利用,可以供应 200 亿人的使用。但由于消耗量不断地增长与水体污染等原因,造成可利用水资源的短缺和危机,主要有以下几个方面的原因。

(1)自然条件影响。

地球上淡水资源在时间和空间上的极不均匀分布及受到气候变化的影响,致使许多国家或地区的可用水量甚缺。例如,我国长江、珠江及西南诸河流域的水量占总水量的 81.0%,而这些地区的耕地仅占全国的 35.9%;而华北和西北地处于干旱或半干旱气候区,其降雨和径流都很少,季节性缺水很严重。

(2)城市与工业区集中发展。

200 多年来,世界人口趋向于集中在占地球较小部分的城镇和城市中,20 世纪中期以来这种城市化的进程已明显加快,城市生活用水急剧增长。1960 年世界城市生活用水量为 800 亿 m³,1975 年增至 1 500 亿 m³,15 年间几乎增长了一倍,进入 21 世纪,由于城市化进程的加剧,工业的急剧发展,城市用水剧增,难以统计和预测。城市或城市周围又建设了大量的工业区,使得集中用水量很大,超过了当地水资源的供应能力。

（3）水体污染。

由于污染物的入侵，许多水体受到污染，其可利用性下降或丧失。因此，水体污染是破坏水资源、造成可利用水资源缺乏的重要原因之一。主要的水体污染物包括各种有机物、悬浮物、有毒重金属和农药及氮、磷等营养物质。

5.1.3　水资源可持续发展研究

1.水资源的承载力研究

水资源承载力是指某一地区的水资源在一定社会历史和科学技术发展阶段，在不破坏社会和生态系统时，最大可承载（容纳）的农业、工业、城市规模和人口的能力，是一个随着社会、经济、科学技术发展而变化的综合目标。

近年来，国内外学者在水资源承载力研究上取得了较大的成果，认为水资源未来的可利用性不容乐观，我国的水资源承载力在大部分地区将呈现持续恶化趋势，例如青藏高原、华北平原等少部分地区将呈现持续改善趋势；新疆、甘肃，意味着未来在水资源承载力调控中应针对不同地区水资源承载潜力和特点采取相应的措施，因此，要制定尽可能适应未来气候变化的水资源管理政策。

2.水资源的脆弱性研究

水资源的脆弱性主要是指由自然环境和人类活动造成的水资源被污染的难易程度，其中自然环境作为不可控因素决定了水资源的脆弱性；人类活动作为外部因素，对水资源的水质恶化难易程度起到了主要的作用。目前，关于水资源脆弱性对社会经济的影响研究多为定性描述，缺乏定量分析。水资源脆弱性的形成机理示意图如图 5.2 所示。

5.1.4　我国水环境功能区划

水环境功能区是指水体使用功能所占有的范围。水环境功能区划是根据水体不同区段的自然条件、区域内的用水需求，按照国家和地方的有关法规和标准，对水体不同区段按其使用功能加以划分，并确定其相应的环境质量目标。为贯彻执行《中华人民共和国环境保护法》和《中华人民共和国水污染防治法》，控制水污染，保护水资源，保障人体健康，维护生态平衡，中华人民共和国环境保护总局（现为中华人民共和国生态环境部）颁布了《地表水环境质量标准》（GB 3838—2002），该标准适用于我国河流、湖泊、水库等具有使用功能的地表水区域。

《地表水环境质量标准》（GB 3838—2002）根据地表水的使用目的和保护目标，将地表水功能区分为五类：

Ⅰ类，主要适用于源头水、国家自然保护区。

Ⅱ类，主要适用于集中式生活饮用水水源地一级保护区、珍贵鱼类保护区、鱼虾产卵场等。

Ⅲ类，主要适用于集中式生活饮用水水源地二级保护区、一般鱼类保护区及游泳区。

Ⅳ类，主要适用于一般工业用水区及人体非直接接触的娱乐用水区。

Ⅴ类，主要适用于农业用水区及一般景观要求水域。

同一水域兼有多类功能类别的,依最高类别功能划分。

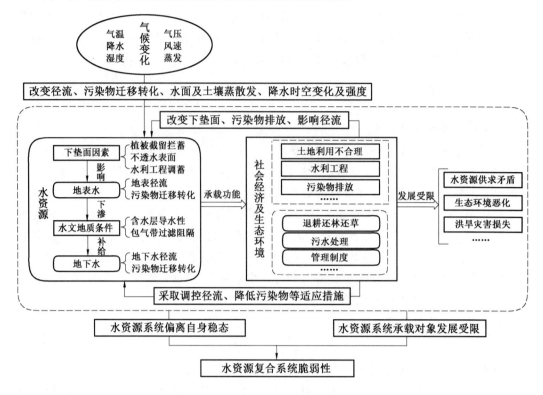

图 5.2　水资源脆弱性的形成机理示意图

5.1.5　地面水环境质量标准(基本项目)

满足地表水各类使用功能和生态环境质量要求的基本项目按表5.2执行。

表 5.2　地面水环境质量标准(基本项目)标准值

序号	分类项目	Ⅰ类	Ⅱ类	Ⅲ类	Ⅳ类	Ⅴ类
基本要求	所有水体不应有非自然原因导致的下述物质:A.能形成令人感官不快的沉淀物的物质;B.令人感官不快的漂浮物,如碎片、浮渣、油类等;C.产生令人不快的色、臭、味或浑浊度的物质;D.对人类、动植物有毒、有害或带来不良生理反应的物质;E.易滋生令人不快的水生生物的物质。					
1	水温/℃	人为造成环境水温变化应限制在:周平均最大温升不大于1 ℃;周平均最大温降不大于2 ℃				
2	pH	6～9				
3	溶解氧/(mg·L^{-1})	饱和率90%	≥6	≥5	≥3	≥2
4	高锰酸盐指数/(mg·L^{-1})	≤2	≤4	≤6	≤10	≤15
5	化学需要量(COD)/(mg·L^{-1})	≤15	≤15	≤20	≤30	≤40

续表5.2

序号	分类项目	I 类	II 类	III 类	IV 类	V 类
6	生化需氧量(BOD_5)/(mg·L^{-1})	≤3	≤3	≤4	≤6	≤10
7	氨氮(NH_3-N)/(mg·L^{-1})	≤0.15	≤0.5	≤1.0	≤1.5	≤2.0
8	总磷(以 P 计)/(mg·L^{-1})	≤0.02(湖、库0.01)	≤0.1(湖、库0.025)	≤0.2(湖、库0.05)	≤0.3(湖、库0.1)	≤0.4(湖、库0.2)
9	总氮(湖、库以 N 计)/(mg·L^{-1})	≤0.2	≤0.5	≤1.0	≤1.5	≤2.0
10	铜/(mg·L^{-1})	≤0.01	≤1.0	≤1.0	≤1.0	≤1.0
11	锌/(mg·L^{-1})	≤0.05	≤1.0	≤1.0	≤2.0	≤2.0
12	氟化物(以 F^- 计)/(mg·L^{-1})	≤1.0	≤1.0	≤1.0	≤1.5	≤1.5

5.2　水体的污染与自净

人类在生活和生产活动中,需要从天然水体中抽取大量的淡水,并把使用过的生活污水和生产废水排回到天然水体中。由于这些污(废)水中含有大量的污染物质,污染了天然水体的水质,降低了水体的使用价值,也影响着人类对水体的再利用。

5.2.1　水体的污染

在环境污染研究中,区分"水"和"水体"的概念十分重要。如重金属污染物易于从水中转移到底泥中(生成沉淀,或被吸附和螯合),水中重金属的含量一般都不高,仅从水来看,似乎水未受到污染;但从整个水体来看,则很可能受到较严重的污染。重金属污染由水转向底泥属于水的自净作用,但从整个水体来看,沉积在底泥中的重金属将成为该水体的一个长期次生污染源,很难治理,它们将逐渐向下游移动,扩大了污染面。

水体污染是指排入水体的污染物在数量上超过了该物质在水体中的本底含量和水体的环境容量,从而导致水体的物理特征、化学特征和生物特征发生不良变化,破坏了水中固有的生态系统,以及水体的功能及其在经济发展和人民生活中的作用。

造成水体污染的因素是多方面的,向水体排放未经过妥善处理的城市污水和工业废水;施用的化肥、农药及城市地面的污染物被雨水冲刷,随地面径流进入水体;随大气扩散的有毒物质通过重力沉降或降水过程进入水体等。

1.水污染主要指标

污水和受纳水体的物理、化学、生物等方面的特征是通过水污染指标来表示的,反映水体受污染的程度。水污染指标又是控制和掌握污水处理设备处理效果和运行状态的重要依据。

水污染指标的检测方法国家已有明确的规定,检测时应按国家规定的方法或公认的通用方法进行。由于水污染指标数目繁多,在水污染控制工程的应用中应根据具体情况选定。现将一些主要的水污染指标分别简述如下。

(1)生化需氧量(BOD)。

生化需氧量是指在有氧条件下好氧微生物氧化分解单位体积水中有机物所消耗的游离氧的数量,常用单位为 mg/L,这是一种间接表示水被有机污染物污染程度的指标。

(2)化学需氧量(COD)。

化学需氧量是指用强氧化剂重铬酸钾在酸性条件下氧化单位水样中有机物所消耗的氧的当量。COD 能够比较精确地表达水中有机物的含量,测定需时短,不受水质限制,因此,多作为污水的污染指标,通常记为 COD_{Cr},常用单位为 mg/L。

用另一种氧化剂高锰酸钾也能够将水中有机物加以氧化,测出的所消耗的氧当量较 COD 低,称为耗氧量,以 OC 表示,也记为 COD_{Mn},单位为 mg/L,常作为水源水的水质指标,也称为高锰酸钾指数。

(3)总需氧量(TOD)。

有机物主要由碳(C)、氢(H)、氮(N)、硫(S)等元素组成。当水中有机物完全被氧化时,C、H、N、S 分别被氧化为 CO_2、H_2O、NO 和 SO_2,此时所消耗的需氧量称为总需氧量,单位为 mg/L。

(4)总有机碳(TOC)。

总有机碳表示的是污水中有机污染物的总含碳量。总有机碳测定分为湿式氧化法和碳分析仪法,其测定结果以 C 含量表示,单位为 mg/L。

(5)悬浮物(SS)。

悬浮物是指悬浮在水中的固体物质,包括不溶于水中的无机物、有机物及泥沙、黏土、微生物等,是造成水浑浊的主要原因。悬浮物是通过过滤法测定的,是过滤后滤膜或滤纸上截留下来的物质,在组成上,悬浮物又可分为挥发性和固定性两种,单位为 mg/L。

(6)有毒物质。

水中有毒物质种类繁多,一般是指达到一定浓度后,对人体健康及水生生物的生长造成危害的物质。在检测中要检测哪些项目,应视具体情况而定,其中非金属的氰化物和砷化物及重金属中的汞、镉、铬、铅等是国际上公认的主要有毒物质。

(7)pH。

水中的酸碱性是影响水环境与水生态的重要因素,pH 是反映水的酸碱性强弱的重要指标。

(8)大肠菌群数。

大肠菌群数是指单位体积水中所含的大肠菌群的数目,单位为个/L,它是常用的细菌学指标。

2.水体中的主要污染物及其危害

(1)颗粒状污染物质。

砂粒、矿渣、黏土等一类的颗粒状无机性污染物质属于感官性污染指标,与有机性颗粒状污染物混在一起统称悬浮物或悬浮固体。悬浮物能造成以下主要危害:

①悬浮物是各种污染物的载体,虽然本身无毒,但它能吸附部分水中有毒污染物并随水流动迁移。

②大大降低光的穿透能力,减少光合作用并妨碍水体的自净作用。

③对鱼类产生危害,可能堵塞鱼鳃,导致鱼的死亡,制浆造纸废水中的纸浆尤为明显。

④妨碍水上交通,缩短水库使用年限,增加挖泥清淤费用等。

(2)酸、碱及一般无机盐类的污染物质。

污染水体中的酸类物质主要来自矿山排水和许多工业废水,以及雨水淋洗的酸性降水;碱类物质主要来源于碱法造纸、化学纤维、制碱、制革及炼油等工业废水。酸碱污染会使水体的 pH 发生变化,破坏自然的缓冲作用,妨碍水体自净,并能造成土壤酸碱化,危害渔业生产等后果。此外,酸、碱污染物可增加水中无机盐类的浓度和水的硬度,对淡水生物和植物生长不利。

(3)氮、磷等植物营养物质。

氮、磷等植物营养物质主要是指氮、磷等促使水中植物生长、加速水体富营养化的各种物质。如果氮、磷等植物营养物质大量而连续地进入湖泊、水库及海湾等缓流水体,将促进各种水生生物的活性,刺激它们异常繁殖(主要是藻类),这样就带来水体富营养化等一系列的严重后果。

水体富营养化是指水体中氮、磷等水域的植物营养成分在水体中过量积聚,致使水体营养过剩的现象。

水体富营养化使藻类大量繁殖,造成的后果会在水体中形成水华和赤潮等现象,其危害如下:

① 藻类呼吸作用耗氧,以及藻类死后被微生物降解消耗溶解氧,影响鱼类生存,破坏生态平衡,导致食物链中断;产生臭味,影响景观。

②占据生物生存空间,使生物活动空间减少。

③ 产生毒素,毒害水生生物,通过食物链影响人类的健康。

④ 饮用水源受到威胁,影响净水厂运行,堵塞取水管道,堵塞滤池。

(4)重金属毒性物质。

重金属毒性物质主要指铅、铬、镉、汞、铜等。化石燃料的燃烧、采矿和冶炼是向环境释放重金属的最主要污染源。重金属污染的特点和可造成的危害如下:

①在天然水体中只要有微量浓度即可产生毒性效应,一般重金属产生毒性的浓度范围在 $1 \sim 10$ mg/L 之间,毒性较强的重金属如汞、镉等产生毒性的质量浓度范围在 $0.001 \sim 0.01$ mg/L。

②金属离子在水体中的转移和转化与水体的酸、碱条件有关。

③微生物不能降解重金属,相反地某些重金属有可能在微生物作用下转化为金属有机化合物,产生更大的毒性。

④地表水中的重金属可以通过生物的食物链富集达到相当高的浓度,这样重金属能够通过多种途径(食物、饮水、呼吸)进入人体。

⑤重金属进入人体后能够与生理高分子物质,如蛋白质和酶等发生强烈的相互作用,使它们失去活性,也可能累积在人体的某些器官中,造成慢性累积性中毒,最终形成危害。

(5)非重金属的无机毒性物质。

①氰化物。水体中的氰化物主要来源于电镀废水、焦炉和高炉煤气洗涤冷却水、某些化工厂含氰废水,以及金、银选矿废水等。氰化物本身是剧毒物质,急性中毒抑制细胞呼

吸,造成人体组织严重缺氧,人只要口服 0.3～0.5 mg 就会致死。氰对许多生物都有毒害作用,只要 0.1 mg/L 就能杀死虫类,只要 0.3 mg/L 就能杀死水体中的微生物。我国饮用水标准规定,氰化物质量浓度不得超过 0.05 mg/L。

②砷(As)。砷是常见的污染物之一,对人体毒性作用也比较严重。化工、有色冶金、炼焦、火电、造纸、皮革等企业生产中都会产生含砷废水,其中以冶金、化工排放砷量较高。砷是累积性中毒的毒物,当饮用水中砷质量浓度大于 0.05 mg/L 时就会导致累积,近年来,发现砷还是致癌元素(主要是皮肤癌)。我国饮用水标准规定,砷质量浓度不应大于 0.05 mg/L。

(6)有机无毒物。

有机无毒物多属于碳水化合物、蛋白质、脂肪等自然生成的有机物,它们易于生物降解,可在好氧微生物有氧条件下降解转化为 CO_2、H_2O 等稳定物质;在厌氧微生物无氧条件下,分两个阶段进行降解转化,首先形成脂肪酸、醇等中间产物,继而在甲烷菌的作用下形成 H_2O、CH_4、CO_2 等稳定物质,同时放出硫化氢、硫醇、粪臭素等具有恶臭的气体。这一过程相对于好氧微生物好氧条件氧化慢。

有机污染物对水体污染的危害主要在于对渔业水产资源的破坏。当水体中有机物浓度过高时,微生物消耗大量的氧,往往会使水体中溶解氧浓度急剧下降,甚至耗尽,导致鱼类及其他水生生物死亡。

(7)有机有毒物。

有机有毒物多属于人工合成的有机物质,如农药、醛、酮、酚,以及聚氯联苯、芳香族氨基化合物、高分子合成聚合物、染料等。该类物质的主要污染特征如下:

①比较稳定,不易被微生物分解,所以又称难降解有机污染物。

②它们都有害于人类健康,只是危害程度和作用方式不同。

③在某些条件下,好氧微生物可以对这一类物质进行分解,但速度较慢。

有机有毒物质属于耗氧物质,可以用 BOD 指标来反映,但它们有些又属于难降解物质,使用 BOD 指标有时会产生较大误差,故采用 COD、TOC 和 TOD 等指标为宜。此外,还经常采用各种物质的专用指标,如挥发酚、醛、酮,以及 DDT、有机氯农药等。

(8)油类污染。

油类污染主要来自石油化工、冶金、机械加工等工业。水中含油 0.01～0.1 mL/L 时就会对鱼类及水生生物产生有害影响。油膜使大气与水面隔绝,破坏正常的复氧条件,将减少进入水体氧的数量,从而降低水体的自净能力。在各类水体中尤以海洋受到油类污染严重,石油进入海洋后不仅会影响海洋生物的生长、降低海滨环境的使用价值、破坏海岸设施,还可能影响局部地区的水文气象条件和降低海洋的自净能力。

(9)病原微生物污染。

病原微生物主要来自城市生活污水、医院污水、垃圾及地面径流等方面。病原微生物的水污染危害历史悠久,至今仍是危害人类健康和生命的重要水污染类型。通常用细菌总数和大肠杆菌数作为病原微生物污染的间接指标。

(10)其他污染。

随着新型能源的开发利用和工业的迅猛发展,能源的大量使用不仅造成"能源危机",

而且加重了环境污染。其中,最具代表性的是热污染和放射性污染。

5.2.2　水体自净

1.水体自净的概念

水体能够在其环境容量的范围以内,通过物理、化学、生物的作用,使排入的污染物质浓度和毒性随着时间的推移在向下游流动的过程中降低或总量减少,受污染的水体部分或完全恢复原状,这种现象称为水体的自净化作用,即水体自净化。

水体所具有的自净能力就是水环境接纳一定量污染物的能力,在满足水环境质量标准的条件下,一定水体所能容纳污染物的最大负荷被称为水环境容量。

影响水体自净过程的因素很多,主要有河流、湖泊、海洋等水体的地形和水文条件;水中微生物的种类和数量;水温和复氧(大气中的氧接触水面溶入水体)状况;污染物的性质和浓度等。

2.水体自净机理

水体自净的过程非常复杂,按其机理及过程可概括为以下 3 个方面。

(1)物理作用。

污染物中的可沉性固体物质在重力作用下逐渐下沉;悬浮物、胶体和溶解性污染物通过稀释、混合浓度逐渐降低,其中稀释作用是一项重要的物理净化过程。水体自净物理作用只是使污染物浓度降低,不能去除污染物质,总量不减。

(2)化学自净作用。

化学自净作用是指水体中的污染物质通过氧化、还原、中和、吸附、凝聚等反应使其浓度降低的过程,只是使物质存在的形态发生变化及浓度降低,但总量仍存在于水体中。

(3)生化净化作用。

生化净化作用是指各种生物(藻类、微生物等)的活动,特别是微生物对水中有机物的氧化分解作用使污染物降解的过程,又称为生物作用。此过程需要消耗氧,氧的消耗过程主要取决于排入水体的有机污染物、氨氮及无机性还原物质(如 SO_3^{2-})的数量。所消耗的氧如得不到及时的补充,生化自净过程就会停止。

3.水体自净过程中溶解氧的变化

(1)水体溶解氧补充和恢复的途径。

水体自净主要体现在有机物的降解过程及程度,因此,生化自净能力及降解程度也能从有机物降解转化过程中溶解氧的消耗和补充(恢复)两方面的作用中表现出来。水体中溶解氧的补充和恢复一般通过两个途径:一是通过大气中的氧向含氧不足的水体扩散从而增加水体中的溶解氧;二是水生植物在阳光的照射下通过光合作用向不饱和的水体释放氧气。

(2)氧垂曲线。

在河流受到有机物污染时,由于微生物对有机物的氧化分解作用,水体溶解氧发生变化,随着污染源到河流下游一定距离内,溶解氧由高到低再恢复到原来的溶解氧水平,如果以河流流程作为横坐标,溶解氧浓度变化作为纵坐标,绘制的溶解氧变化曲线称为氧垂曲线。

图 5.3 表示有机污染物排入水体后,水体中溶解氧含量变化的情况。图中有 3 条曲线,a 为累积耗氧量,表示耗氧过程;b 为累积复氧量,反映复氧过程,其综合结果是水体中溶解氧浓度(c)的变化。由图 5.3 可见,在有机污染物进入水体后,有机物较多,溶解氧含量急剧下降,此时的耗氧速率大于复氧速率;此后,随着有机污染物的不断分解氧化,耗氧速率不断降低,在排放口下游的某点出现了耗氧速度与复氧速度相等的情况,这时溶解氧的含量最低,此点被称为最缺氧点(临界点)。而水体中溶解氧浓度与微生物的数量和物种数量也息息相关,如图 5.3 所示。

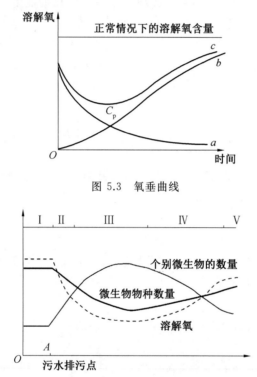

图 5.3　氧垂曲线

图 5.4　微生物物种和数量沿河道的变化(Ⅰ～Ⅴ为河道的 5 段区域)

4.水体中有机物的自净过程

水体中有机物的自净过程一般分为 3 个阶段:第一阶段是易被氧化的有机物所进行的化学氧化分解,该阶段在污染物进入水体以后数小时之内即可完成;第二阶段是有机物在水中微生物作用下的生物化学氧化分解,该阶段持续时间的长短随水温、有机物浓度、微生物种类与数量等而不同,一般延续数天,但被生物化学氧化的物质一般在 5 d 内可全部完成;第三阶段是含氮有机物的硝化过程,该过程最慢,一般持续 1 个月左右。

5.水体自净规律的研究

水体自净化过程呈现一定的规律性,通过探求污染物在水体中的自净化规律可以了解污染物在水体中任意点的浓度,为水环境质量评价、预测、治理提供理论依据。

当前,河流水质模型是定量描述污染物在水环境中的迁移转化规律及其影响因素之间相互关系的数学模型可以成功地应用于河流、流域的水质规划和管理。

水质模型可用于预测自然过程和人类活动对河流及水库系统中水的物理、化学和生物特性的影响,评价各种点源和非点源污染负荷的影响、水污染治理的效果,同时可优化污染水体的治理方案。水质模型有助于深入了解污染物在水体中的迁移转化规律,是开展环境影响评价、环境规划、环境管理和水污染综合防治等工作的基本手段。

国内在水质模型研究方面也开展了大量的研究工作,主要包括以下 3 个方面。

(1)一维水质模型研究。

李锦秀建立三峡水库整体一维水质模型,该模型为模拟预测三峡水库建成以后库区不同江段水质变化趋势提供了技术支持;彭虹采用有限体积法建立了一维河流综合水质模型,该模型可以用于单一河道的模拟。

(2)二维水质模型研究。

陈凯麟建立了流场、温度场的模拟及描述藻类、总氮、总磷在水库中的输移、转化过程的总体模式,该模式是一级、单步的简化,对内蒙古岱海电厂的温排水对岱海湖的热影响及富营养化进行了预测;杨天行以水库中总磷的浓度作为水库富营养化的重要指标,根据水库水环境条件,给出污染物质总磷输移的二维数学模型,采用 Galerkin method 有限元法进行求解,并绘制了等值线图,得到水库中总磷的时空变化规律。

(3)三维水质模型研究。

沈永明将污染物扩散输移的湍流模型与污染物的生物、化学转化模型相结合,建立了物理、化学、生物综合作用的近海水域污染物迁移转化水质模型,该模型可以模拟 20 余个水质状态变量及相互作用。

当前,国内外学者针对河流水质模型已经做了很多研究工作,但是由于污染物在河流水环境行为的不确定性,模拟结果往往与实际测量结果有较大的误差,因此在今后的研究中应全面考虑河流水质变量,深入了解水体中物质迁移转化的机理,从而使模型模拟结果更切合实际,更好地为开展环境影响评价、环境规划、环境管理和水污染综合防治等工作提供理论基础和科学指导。

5.3　水质净化技术

5.3.1　污水处理技术分类

污水处理技术是将污水中所含的污染物质分离出来,或将其转化为无害和稳定的物质,最终使污水得到净化而采取的方法。污水处理技术按其作用原理可分为物理处理法、化学处理法、物理化学处理法和生物处理法等四大类。

1.物理处理法

物理处理法是采用物理原理和方法,去除污水中污染物的处理方法,在处理过程中不改变其化学性质,操作简单、经济,主要的方法有重力分离法、离心分离法和过滤法等。

(1)重力分离法。

重力分离法包括沉淀法和上浮法,是利用污水中呈悬浮状的污染物和水密度不同的原理,借重力沉降(或上浮)作用,使水中悬浮物分离出来。

在污水处理与利用方法中,沉淀与上浮法常常作为其他处理方法前的预处理。沉淀(或上浮)处理设备有沉砂池、沉淀池和隔油池等。图 5.5 所示为水处理工程中常见的平流沉淀池。

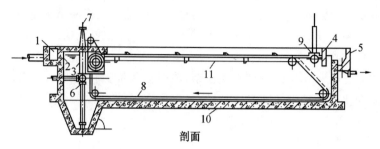

剖面

图 5.5　水处理工程中常见的平流沉淀池

1—进水槽;2—进水孔;3—进水挡板;4—出水挡板;5—出水槽;6—排泥管;7—排泥闸门;8—链带;9—可转到的排渣管槽;10—导轨;11—支撑;12—浮渣室;13—浮渣管

(2)离心分离法。

离心分离法是指利用离心力分离废水中杂质的处理方法。废水做高速旋转时,质量大的悬浮固体被抛向外侧,质量小的水被推向内层,这样悬浮固体和水从各自的出口排出,从而使废水得到处理。

常用的离心设备按离心力产生的方式可分为两种:一种是设备固定,具有一定压力的废水沿切线方向进入器械内,由水流本身旋转产生离心力场,称为旋流分离器,如图 5.6所示;另一种是由设备旋转同时带动液体旋转产生离心力的离心分离机,如图 5.7所示。

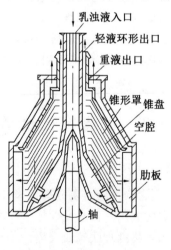

图 5.6　蝶式水力旋流分离器

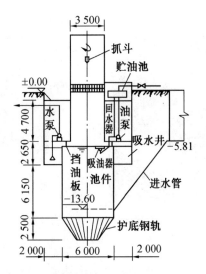

图 5.7　盘式离心分离机(单位:mm)

(3)过滤法。

过滤法是针对污染物具有一定的形状及尺寸大小的特性,利用格栅、筛网、多孔介质或颗粒床层的机械截留作用来截留污水中的悬浮物,如图 5.8 所示。该方法常用于悬浮物含量较高时污水的预处理,也常应用于污水的深度处理,如图 5.9 所示。

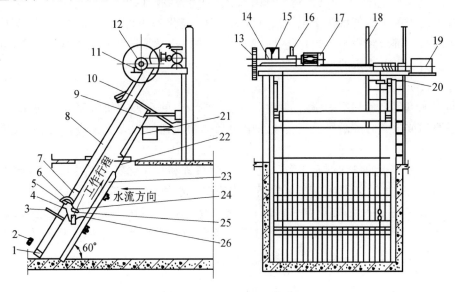

图 5.8　污水预处理中常见格栅截留示意图

1—滑块行程限位螺栓;2—除污耙自锁机构撞块;3—除污耙自锁栓;4—耙臂;5—销轴;6—除污耙限位板;7—滑块;8—滑块导轨;9—刮板;10—导轨;11—底座;12—卷筒;13—齿轮;14—卷筒;15—减速机;16—制动器;17—电动机;18—附体;19—限位器;20—松绳开关;21、22—上、下溜板;23—格栅;24—抬耙滚子;25—钢丝绳;26—耙齿板

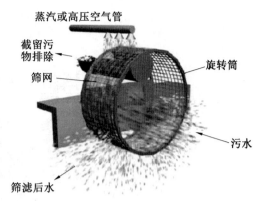

蒸汽或高压空气管

截留污物排除

筛网

旋转筒

污水

筛滤后水

图 5.9　污水深度处理中常见的精密过滤机

2.化学处理法

化学处理法是指通过化学反应改变废水中污染物的化学性质或物理性质,使它们从溶解、胶体或悬浮状态转变为沉淀、漂浮状态或气态,进而从水中分离、回收或除去的处理方法。常用的方法有化学沉淀法、氧化还原法、电解法、中和法等。

(1)化学沉淀法。

化学沉淀法是向污水中投加某种化学物质(沉淀剂),使它与污水中的污染物质发生化学反应,生成难溶于水的沉淀物,以降低污水中溶解物质的方法。

根据使用的沉淀剂将化学沉淀法分为石灰法、硫化物法、钡盐法等,也可根据互换反应生成的难溶沉淀物分为氢氧化物法、硫化物法等。化学沉淀法常用于含重金属、有毒物(如氰化物)等工业废水的处理。

(2)氧化还原法。

利用强氧化剂或利用电解时的阳极反应将废水中的有害物质氧化分解为无害物质;利用还原剂或电解时的阴极反应将废水中的有害物质还原为无害物质,以上方法统称为氧化还原法。

水处理中常用的氧化剂有氧、氯、臭氧、高锰酸钾和二氧化氯等,常用的还原剂有硫酸亚铁、亚硫酸氢钠、二氧化硫等。氧化还原方法在污水处理中的应用实例有空气氧化法处理含硫污水;碱性氯化法处理含氰污水;臭氧氧化法在进行污水的除臭、脱色、杀菌及除酚、氰、铁、锰,降低污水的 BOD 与 COD 等方面均有显著效果。还原法目前主要用于含铬污水的处理。

(3)电解法。

电解质溶液在电流的作用下发生电化学反应的过程称为电解。废水进行电解反应时,废水中的有毒物质在阳极、阴极分别进行氧化和还原反应产生新物质,这些新物质或沉积于电极表面,或沉淀下来,或生成气体从水中逸出,从而降低废水中有毒物质的浓度,将这种利用电解的原理来处理废水中有毒物质的方法称为电解法。国内采用电解法处理电镀废水中的金属离子和氰较为普遍。

(4)中和法。

用化学法去除废水中的酸或碱,使其 pH 达到中性左右的过程称为中和。向酸性废水中投加的碱性物质有石灰、氢氧化钠、石灰石等,对碱性废水可吹入含有 CO_2 的烟道气进行中和,也可用其他的酸性物质进行中和。

废水的中和处理常用于废水排入水体和废水排入城市排水管道之前,或者中和法应用在化学处理或生物处理前。

3.物理化学处理法

利用混凝、吸附、离子交换、膜分离技术、气浮等操作过程处理或回收利用工业废水的方法称为物理化学处理法。工业废水在应用物理化学处理法进行处理或回收利用之前,一般均需先经过预处理,尽量去除废水中的悬浮物、油类、有害气体等杂质,或调整废水的 pH,以便提高回收效率及减少损耗。常采用的物理化学处理法如下。

(1)混凝法。

混凝法是向水中投加混凝剂,使得污水中的胶体颗粒或微细颗粒状污染物失去稳定性,凝聚成大颗粒而下沉的方法。

混凝法主要去除的对象是水中胶体状或微细颗粒状污染物,既可用于降低污水的浊度和色度,去除多种高分子物质、有机物、某种重金属毒物(汞、铅)和放射性物质等,也可以去除能够导致富营养化的物质,如磷等可溶性无机物,此外,还能够改善污泥的脱水性能。因此,混凝法在污水处理中使用得非常广泛,既可作为独立处理工艺,又可与其他处理法配合使用,作为预处理、中间处理或最终处理。此外,该方法也常常应用于城市污水的三级处理。

(2)气浮(浮选)法。

将空气通入污水中,并以微小气泡形式从水中析出成为载体,污水中相对密度接近于水的微小颗粒状的污染物质(如乳化油)黏附在气泡上,并随气泡上升至水面,从而使污水中的污染物质得以从污水中分离出来,该方法称为气浮法。

根据气泡产生的方式不同,气浮处理方法有分散空气气浮法、电解气浮法、生化气浮法和溶解空气气浮法等多种,其中溶解空气气浮法应用最广。

(3)吸附法。

吸附法是利用多孔性的固体物质,使污水中的一种或多种物质被吸附在固体表面而去除。常用的吸附剂有活性炭、磺化煤、焦炭、木炭、泥煤、高岭土、硅藻土、硅胶、炉渣、木屑、金属(铁粉、锌粉、活性铝),以及其他合成吸附剂等。吸附法可用于吸附污水中的酚、汞、铬、氰等有毒物质,而且还有除色、脱臭等作用,目前多用于污水的深度处理。

(4)离子交换法。

离子交换法即利用离子交换作用来置换污水中的离子化物质。在水处理过程中常使用的离子交换剂有无机离子交换剂和有机离子交换剂两大类。

采用离子交换法时必须考虑离子树脂交换能力的大小,主要取决于各种离子对该种树脂的亲和力(又称选择性)。目前离子交换法广泛用于去除污水中的杂质,例如,去除(回收)污水中的铜、镍、镉、锌、汞、金、银、铂、磷酸、有机物和放射性物质等。

(5)膜分离法。

膜分离法是指在一种流体相内或在两种流体相之间用一层薄层凝聚相物质把流体相分隔为互不相通的两部分,并能使这两部分之间产生传质作用。这个薄层凝聚相为膜,这种膜可以是固体,或是液体,也可以是气体。

各种膜分离技术有许多共同的优点,如可以在一般温度下进行分离过程,不消耗热能,没有相的变化,设备简单,易于操作,以及适用性广泛等。

4.生物处理法

污水的生物处理法就是利用微生物的新陈代谢及吸附功能,使污水中呈溶解和胶体状的有机污染物被降解转化为无害物质,从而使污水得以净化。生物处理法根据参与作用的微生物种类和供氧情况分为两大类,即好氧生物处理法及厌氧生物处理法。

(1)好氧生物处理法。

好氧生物处理法是在有氧的条件下,借助于好氧微生物的新陈代谢作用进行的。依据好氧微生物在处理系统中所呈现的状态不同,又可分为活性污泥法和生物膜法两大类。

①活性污泥法。活性污泥法是利用人工培养和驯化的微生物群体(活性污泥)分解氧化污水中可生物降解的有机物,通过生物化学反应,改变这些有机物的性质,再将它们从污水中分离出来,从而使污水得到净化的方法。

活性污泥是微生物群体及它们所吸附的有机物质和无机物质的总称。这种微生物群体以细菌为主,此外还包括真菌、藻类、原生动物及后生动物等,一般在生活污水中曝气一段时间后就可以产生,呈黄褐色,能生物降解,易于沉降及与水分离。活性污泥的形态与特征如图 5.10 所示。

图 5.10　活性污泥的形态与特征

活性污泥对污水中有机物质的净化功能是通过微生物群体的代谢作用实现的,其中,细菌是生物降解与净化功能的主体,其机理是溶解性有机物透过细胞膜而被细菌吸收,固体和胶体状态的有机物是先由细菌分泌的酶分解为可溶性物质,再渗入细胞而被细菌利用的。该过程是在一组工程构筑物系统中实现的,如图 5.11 所示。该系统的主要构筑物是曝气池(图 5.12)和二次沉淀池。

在曝气池中,首先培养和驯化出具有适当浓度 X 的活性污泥,然后开始引入待处理的污水 Q 与池中活性污泥混合,同时不断地供给空气,污水中的有机物与活性污泥充分接触进行吸附氧化;经氧化分解后,混合液流出进入二次沉淀池,使泥水分离,澄清水排出。沉淀的污泥浓度为 X_r,一部分 RQ 回流到曝气池前与污水混合,以维持净化污水中的有机物所必需的活性污泥浓度 X,从而实现连续的净化过程;另一部分超过回流需要的污泥则从系统中排出,称剩余污泥,排除多少根据回流污泥量而定。

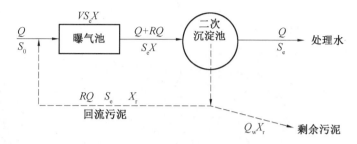

图 5.11　传统活性污泥法系统图

图 5.12　污水处理厂运行的曝气池与池底部曝气头

　　活性污泥法有多种池型及运行方式,常用的有普通活性污泥法、完全混合式活性污泥法、表面曝气法、吸附再生法等。废水在曝气池内停留一般为 4~6 h,能去除废水中 90%左右的有机物(BOD_5)。

　　②生物膜法。生物膜法是与活性污泥法并列的一种污水好氧生物处理技术。这种处理法的实质是使细菌和真菌一类的微生物及原生动物、后生动物一类的微型动物附着在滤料或某些载体上生长繁育,并在其上形成膜状生物污泥——生物膜,如图5.13所示,污水与生物膜接触,污水中的有机污染物作为营养物质,为生物膜上的微生物所摄取,污水得到净化,微生物自身也得到繁衍增殖。

　　图 5.14 所示为生物膜法工艺流程。废水经初次沉淀池后进入生物膜反应器,废水在生物膜反应器中经需氧生物氧化去除有机物后,再通过二次沉淀池出水。初次沉淀池的作用是防止生物膜反应器受大块物质的堵塞,对孔隙小的填料是必要的,但对孔隙大的填料也可以省略。二次沉淀池的作用是去除从填料上脱落入废水中的生物膜。生物膜法系统中的回流并不是必不可少的,但回流可稀释进水中有机物的浓度,提高生物膜反应器的水力负荷,从而增大水流对生物膜的冲刷,以便平衡高有机物负荷生物膜反应器中生物膜的累积。从填料上脱落下来的衰老生物膜随处理后的污水流入沉淀池,经沉淀泥水分离,污水得以净化和排放。

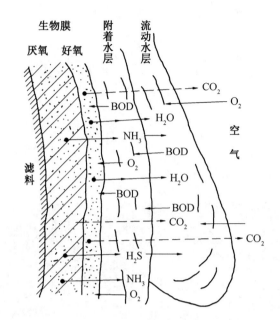

图 5.13　滤料及载体上生物膜构造示意图

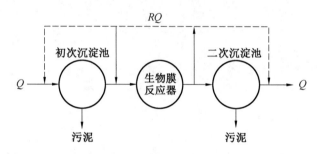

图 5.14　生物膜法工艺流程

生物膜法多采用的处理构筑物有生物滤池、生物转盘、生物接触氧化池及生物流化床等,如图 5.15~5.17 所示。

(2)厌氧生物处理法。

厌氧生物处理法又称厌氧消化,是在厌氧条件下由多种微生物共同作用,使有机物分解并生成 CH_4 和 CO_2 的过程。这种过程广泛地存在于自然界,人类开始利用厌氧消化处理废水的历史至今已有 100 多年。

厌氧生物处理法与好氧生物处理法相比存在着处理时间长、工艺过程复杂、对环境因子(温度、pH 等)变化敏感等缺点,过去厌氧法常用于处理污泥及高浓度有机废水。30 多年来,污水处理向节能和资源化方向发展,一大批高效新型厌氧生物反应器相继出现,包括厌氧生物滤池(AF,图 5.18)、升流式厌氧污泥床(UASB,图 5.19)、厌氧流化床等。它们的共同特点是反应器中生物固体浓度很高,污泥龄很长,因此,处理能力大大提高,能耗小、剩余污泥量少、生成的污泥稳定、易处理,并可回收能源,对高浓度有机污水和难降解污染物处理效率高等优点得到充分的体现。

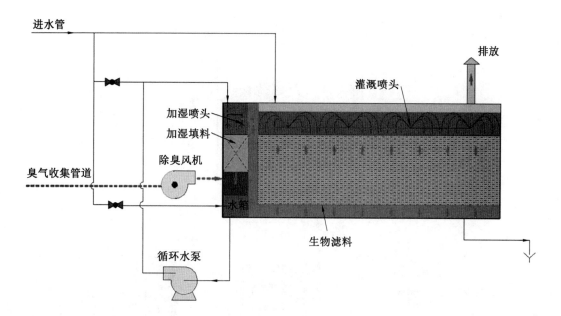

图 5.15　生物滤池工艺原理示意图

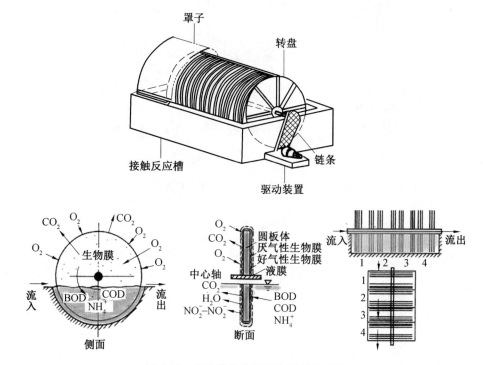

图 5.16　生物转盘实物图与原理示意图

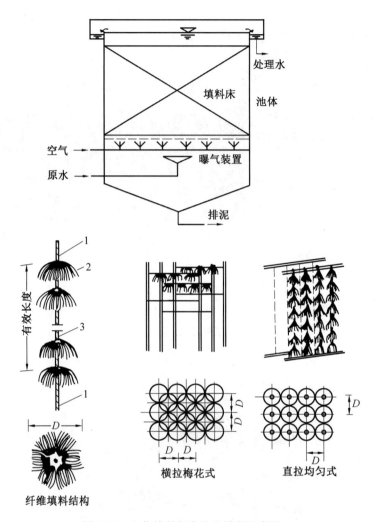

图 5.17　生物接触氧化池及填料示意图

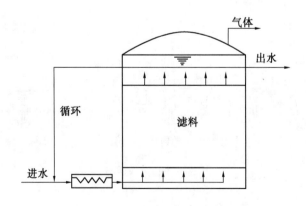

图 5.18　厌氧生物滤池（AF）

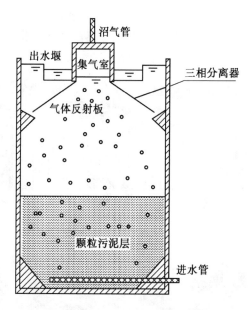

图 5.19　升流式厌氧污泥床(UASB)

　　根据微生物在反应器中的存在方式,也可将厌氧生物处理法分为活性污泥法和生物膜法。活性污泥法是利用悬浮的絮状或颗粒状生物污泥(活性污泥)与废水接触,降解废水中的有机污染物。代表性的工艺构筑物有厌氧接触池和厌氧污泥床反应器两种。

　　厌氧生物膜法是在厌氧条件下利用生物膜处理废水中的有机物,代表性的工艺构筑物有厌氧生物滤池、厌氧流化床及厌氧生物转盘等几种,其中以厌氧生物滤池应用较多。

5.3.2　水质净化技术进展

1.铁碳微电解处理技术

　　铁碳微电解处理技术是利用 Fe/C 原电池反应原理对废水进行处理的工艺方法,又称内电解法、铁屑过滤法等。铁碳微电解处理技术是电化学反应对絮体的电富集作用,以及电化学反应产物的凝聚、新生絮体的吸附和床层过滤等作用的综合效应,其中主要是氧化还原和电附集及凝聚作用。

　　铁屑浸没在含大量电解质的废水中时,形成无数个微小的原电池,在铁屑中加入焦炭后,铁屑与焦炭粒接触进一步形成大原电池,使铁屑在受到微原电池腐蚀的基础上,又受到大原电池的腐蚀,从而加快了电化学反应的进行。此法具有适用范围广、处理效果好、使用寿命长、成本低廉及操作维护方便等诸多优点,并使用废铁屑为原料,不需消耗电力资源,具有“以废治废”的意义。目前铁炭微电解技术已经广泛应用于印染、农药/制药、重金属、石油化工等废水及垃圾渗滤液处理,取得了良好的效果。其工艺流程如图 5.20 所示。

2.磁分离技术

　　磁分离技术是利用磁性接种技术使水中非磁性或弱磁性的颗粒具有磁性。磁性化技术主要有磁性团聚技术、铁盐共沉技术、铁粉法、铁氧体法等,具有代表性的磁分离设备是

143

圆盘磁分离器和高梯度磁过滤器。磁分离技术原理如图 5.21 所示。磁分离技术应用于废水处理有三种方法：直接磁分离法、间接磁分离法和微生物－磁分离法。目前磁分离技术还处于实验室研究阶段，不能应用于实际工程实践。

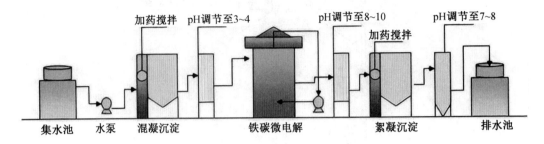

图 5.20　铁碳微电解处理技术工艺流程

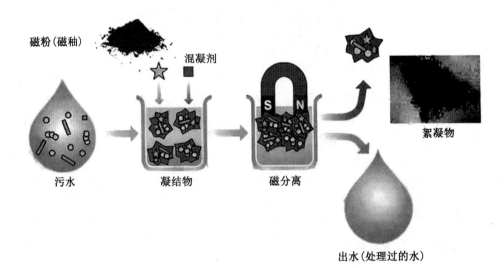

图 5.21　磁分离技术原理

3.等离子水处理技术

等离子体水处理技术包括高压脉冲放电等离子体水处理技术和辉光放电等离子体水处理技术，是利用放电直接在水溶液中产生等离子体，或者将气体放电等离子体中的活性粒子引入水中，使水中的污染物彻底氧化、分解。

水溶液中的直接脉冲放电可以在常温常压下操作，整个放电过程中无须加入催化剂就可以在水溶液中产生原位的化学氧化性物种氧化降解有机物，该项技术对低浓度有机物的处理经济且有效。此外，应用脉冲放电等离子体水处理技术的反应器形式可以灵活调整，操作过程简单，相应的维护费用也较低。受放电设备的限制，该工艺降解有机物的能量利用率较低，等离子体技术在水处理中的应用还处在研发阶段。其等离子水处理技术机理及反应过程如下：

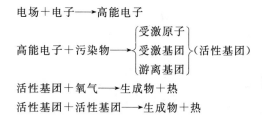

电场＋电子——→高能电子

高能电子＋污染物——→ $\begin{cases}受激原子 \\ 受激基团 \\ 游离基团\end{cases}$ （活性基团）

活性基团＋氧气——→生成物＋热

活性基团＋活性基团——→生成物＋热

4.纳米技术

纳米技术涉及在原子或分子尺度上应用材料的几种方法和过程。与传统的水净化方法相比,基于纳米技术的水净化过程被认为是模块化、高效且具有成本效益的。

纳米技术在水处理过程中的主要应用包括银、铜和零价铁(ZVI)纳米粒子、纳米结构光催化剂、纳米膜和纳米吸附剂。

纳米颗粒的表面积与体积比增强了化学和生物颗粒的吸附,同时能够分离低浓度的污染物。纳米吸附剂具有特定的物理和化学特性,可去除水中的金属污染物。

碳纳米管(CNT)被认为是用于水净化的主要纳米材料之一。基于碳纳米管的过滤系统可以去除水中的有机、无机和生物化合物。

5.超临界水氧化(SCWO)技术

SCWO 是以超临界水为介质,均相氧化分解有机物,可以在短时间内将有机污染物分解为 CO_2、H_2O 等无机小分子,而硫、磷和氮原子分别转化成硫酸盐、磷酸盐、硝酸根和亚硝酸根离子或氮气。SCWO 反应速率快、停留时间短、氧化效率高,大部分有机物处理率可达 99％以上;反应器结构简单、设备体积小、处理范围广,不仅可以用于各种有毒物质、废水、废物的处理,还可以用于分解有机化合物;不需外界供热、处理成本低,通过调节温度与压力可以改变水的密度、黏度、扩散系数等物化特性,从而改变其对有机物的溶解性能,达到选择性地控制反应产物的目的。普通水与超临界水的溶解不同物质情况见表5.3。

表 5.3　普通水与超临界水溶解不同物质情况

溶解物质	气体	有机物	无机物
普通水	微溶或不溶	微溶或不溶	可溶
超临界水	互溶	互溶	微溶或不溶

5.4　城市污水处理与污泥处置

5.4.1　城市污水的特征及处理工艺

1.城市污水的特征

城市污水是指城市生活污水与工业废水的混合物,主要污染物为悬浮物、有机物、氮、磷等,可能含有致病微生物。当对工业企业所排放的特殊污染物,如重金属、酸、碱、有毒物质、油类等采取一定的源头控制措施时,一般的城市污水的性质是相近的。

城市污水是城市附近水环境的主要污染源,城市污水形成的水污染以有机污染为主,表现在水体中的 COD、BOD_5 超标,氮、磷等物质引起的富营养化污染也日益严重,解决该类污染问题已成为城市污水处理的重要课题。

2.城市污水处理工艺

污水处理的基本方法有物理法、化学法、物理化学法和生物处理法,而城市污水中的污染物是多种多样的,往往需要采用几种处理方法的组合工艺才能去除不同性质的污染物,达到净化的目的与排放标准。

城市污水处理工艺按城市污水处理程度的不同可归纳为三级处理系统,如图 5.22 所示。

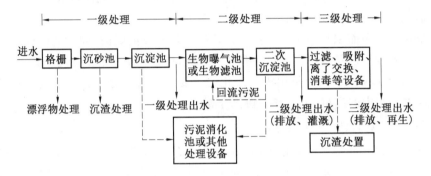

图 5.22　城市污水典型处理工艺流程图

(1)一级处理。

一级处理主要采用物理法对污水进行处理,以去除其中较大的悬浮物质。基本工艺流程为:格栅—沉砂池—初次沉淀池,如图 5.23~5.25 所示。其中,初次沉淀池截留的污泥进行污泥消化或其他处理,出水进行二级处理或经其他处理后进行农田灌溉。一级处理一般可去除污水中 40%~50% 的 SS 和 20%~30% 的 BOD_5。

图 5.23　污水处理工程中常见的格栅

图 5.24　污水处理工程中常见的曝气沉砂池

图 5.25　污水处理工程中常见的平流沉淀池

（2）二级处理。

二级处理主要采用生物化学方法去除一级处理工艺出水中的胶体、溶解性有机物，主要采用各种活性污泥法，如传统活性污泥法（图 5.10）、吸附再生活性污泥法（AB 法，图 5.26）、氧化沟法（图 5.27）等。这些活性污泥工艺的主要处理构筑物为生物池和二次沉淀池（图 5.28），出水经消毒后排放，剩余污泥经生物稳定（消化）后用作肥料或经化学稳定后进行填埋。二级处理的 BOD_5 去除率可高达 $85\% \sim 95\%$，出水 BOD_5 降至 $15 \sim 30 \ mg/L$，一般可达到排放标准。

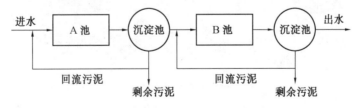

图 5.26　吸附再生活性污泥法（AB 法）流程图

（3）三级处理。

三级处理主要采用化学及物理化学的方法去除二级处理未能去除的污染物质，如悬浮物、氮、磷及其他难生物降解物质，以满足水环境标准，防止水体富营养化，以及达到污

图 5.27 污水处理工程中常见的氧化沟

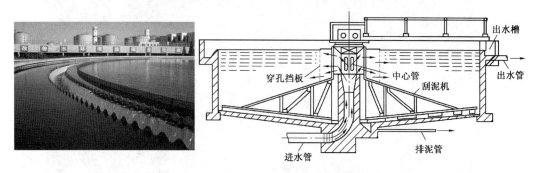

图 5.28 污水处理工程中常见的辐流式沉淀池

水再利用的水质要求。其主要方法有混凝、过滤、吸附、离子交换及膜处理等。三级处理也可作为深度处理(相对于常规处理,即一、二级处理而言)的一种情况。图 5.29 为污水处理工程深度处理中常见的高密度沉淀池。

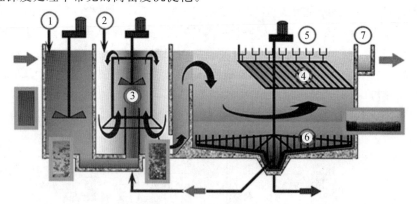

图 5.29 污水处理工程深度处理中常见的高密度沉淀池

1—投加混凝剂;2—投加絮凝剂;3—混凝反应池;4—斜板(管);5—出水槽;
6—刮泥机;7—出水渠

近年来,在传统工艺的基础上人们又开发出了城市污水一级强化处理工艺,即在一级处理后投加化学药剂或生物絮凝剂,该工艺对悬浮固体、磷和重金属有较高的去除率,某些方面其至优于二级处理,而且一级强化处理在工程投资、运行费用、占地、能耗等方面比二级处理要节省。此外,为防止氮、磷等营养物引起的富营养化问题,城市污水生物处理工艺迅速发展,出现了厌氧—好氧法(A/O 法,图 5.30)、厌氧—缺氧—好氧法(A/A/O 法,图 5.31)、序批式活性污泥法(SBR 法,图 5.32)、三沟式氧化沟法(图 5.33)、交替式双沟氧化沟法等新型处理工艺,这些工艺可同时达到有机物、氮、磷的高效去除。

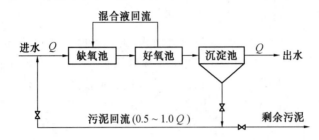

图 5.30　厌氧—好氧法(A/O 法)工艺流程图

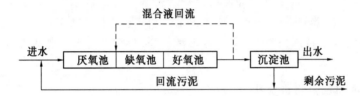

图 5.31　厌氧—缺氧—好氧法(A/A/O 法)工艺流程图

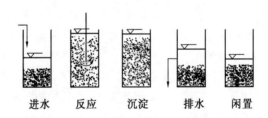

图 5.32　序批式活性污泥法(SBR 法)运行工序示意图

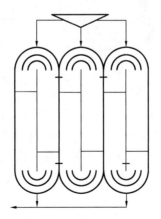

图 5.33　三沟式氧化沟工艺示意图

5.4.2　我国城市污水的再生回用

城市污水是水量稳定、供给可靠的水资源,在传统二级处理的基础上对污水再进行适当的深度处理,使其水质达到适于回用的要求,这样能够使对污水单纯净化的城市污水处理厂转变为以污水为原料的"再生水制造厂",使城市污水成为名副其实的水资源。特别是对于缺水地区,污水的再生回用具有尤其重要的战略意义。

1. 城市污水再生回用的意义

再生水成本低,更适合城市及工农业大面积用水。再生水的水质虽达不到饮用的标准,但是也要经过严格的水质检查,可用于大部分场合,例如城市景观灌溉、绿化以及道路、车辆等的清洗,工业用水和农业灌溉用水等,其水质较高,但是价格低,因为其取水主要源于城市污水和工业废水等。另外,再生水可解决城市及工业污水,整治水的污染,为社会提供稳定的淡水。

再生水的水源就是城市污水及工业废水,取水非常稳定并且可以大大减少污水的排放,提高水的循环利用率,一方面降低城市对新鲜水资源的需求,另一方面减少城市水源的流失,实现城市的部分自给自足。从环保上来讲,再生水有助于水资源的循环利用,改善生态环境。再生水技术成熟,可实现城市污水处理,减少污水的自然排放和对生态环境的污染。

2. 城市污水再生回用的现状

早在 1974 年新加坡便开始探索再生水回用,2001 年建成第一座再生水厂,2003 年已成为新加坡供水来源之一,现在已经建成新生水厂 4 座,日产水能力达到 40% 的用水需求。新加坡计划到 2060 年新生水规模可满足其 50% 的用水需求,届时将成为新加坡重要水源。

从全国范围来看,再生水利用效益显著,2016 年城镇污水再生水利用量达到 10.0 亿 m^3,占全市供水比例的 26%,其利用范围也逐步扩展到城市河湖环境、工业用水、市政杂用等对水质要求不高的领域,是河湖环境的主要补充水源,占河湖环境总用水量的 83%。2018—2020 年全国城市新水取用量稳定在 230 亿 m^3,工业用水重复利用量由 855 亿 m^3 增长到 1 030 亿 m^3,2020 年节约用水量相较于 2018 年的 50 亿 m^3 提升近 40%。2020 年全国节水措施投资总额达 55.11 亿元,其中广东省投资超过 10 亿元,浙江省、山东省、江苏省超过 5 亿元。

3. 城市污水再生回用处理工艺

污水再生处理是以污水回用为目的,由于回用的范围很广,因而对再生水的水质要求也不尽相同,再生处理一般是指在一、二级处理后增加的流程,常用技术为生物除磷脱氮、混凝、沉淀、过滤工艺等来进一步去除 BOD、SS 等污染物。该工艺更注重发展高效絮凝剂、高效自动固液分离技术和膜-生物反应器(MBR)等膜过滤技术。

(1)沿用给水处理的工艺(图 5.34)。

(2)生物与物化处理相结合的工艺(图 5.35)。

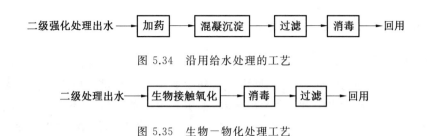

图 5.34　沿用给水处理的工艺

图 5.35　生物－物化处理工艺

(3)活性炭吸附工艺(图 5.36)。

图 5.36　活性炭吸附工艺

(4)臭氧氧化工艺(图 5.37)。

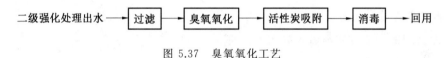

图 5.37　臭氧氧化工艺

图 5.38 为再生水处理工艺流程。

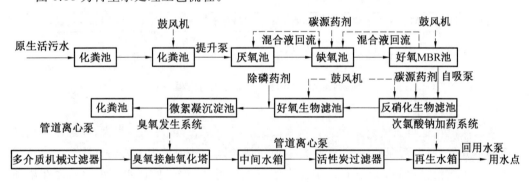

图 5.38　再生水处理工艺流程

再生水的发展是解决人类水资源短缺的重要措施,就目前世界上主要国家对水资源循环利用的程度及方向来看,再生水无疑将会是未来最主要的城市水循环手段。

首先,再生水的发展将不仅仅局限于城市用水之中。未来农村的全面发展,将使得农村人口数量增加,城市人口的回流现象加剧,农村用水增加,并且农业用水将会是制约农业发展的关键因素。因此,再生水将会逐步运用于农村之中。

其次,再生水将不仅局限于污水处理,而且包括特殊水质处理。随着水处理技术的不断发展,未来对污水及特殊水源的处理将会更加现实,尤其是海水的淡化处理,将会大大缓解人类用水紧张的局面。

最后,再生水将向循环型、可持续型方面发展。未来水资源会更加宝贵,人类对再生水的处理将会进入新的阶段,再生水水质标准的提高使得其运用的范围增大,同时再生水的再次利用包括后续的循环利用将成为人类合理利用水资源的重要措施。

5.4.3 污泥处理、利用与处置

1. 污泥的特性

污泥是污水处理的副产品,是在城市污水和工业废水处理过程中产生的很多沉淀物与漂浮物。有的是从污水中直接分离出来的,如沉砂池中的沉渣、初沉池中沉淀物、隔油池和浮选池中的浮渣等;有的是在处理过程中产生的,如化学沉淀污泥与生物化学法产生的活性污泥或生物膜。

污泥的成分非常复杂,不仅含有很多有毒物质,如病原微生物、寄生虫卵及重金属离子等,也可能含有可利用的物质,如植物营养素、氮、磷、钾、有机物等。这些污泥若不加妥善处理,就会造成二次污染。所以,污泥在排入环境前必须进行处理,使有毒物质得到及时处理,有用物质得到充分利用。一般污泥处理的费用约占全污水处理厂运行费用的20%~50%,所以对污泥的处理必须予以充分的重视。

2. 污泥处理技术和方法

污泥处理的一般方法与流程如图 5.39 所示。

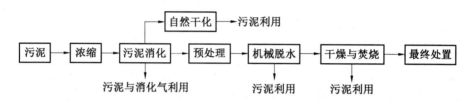

图 5.39 污泥处理的一般方法与流程

(1)污泥的脱水与干化。

从二次沉淀池排出的剩余污泥含水率高达 99%~99.5%,污泥体积大,在堆放及输送方面都不方便,所以污泥的脱水、干化是当前污泥处理方法中较为主要的方法。

二次沉淀池排出的剩余污泥一般先在浓缩池中静止沉降,使泥水分离。污泥在浓缩池内静止停留 12~24 h,可使含水率从 99%降至 97%,体积缩小为原污泥体积的 1/3。连续式污泥浓缩池(带搅动栅)如图 5.40 所示。

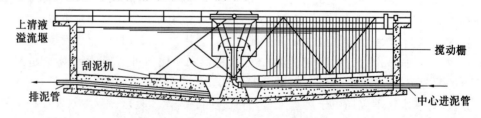

图 5.40 连续式污泥浓缩池(带搅动栅)

污泥进行自然干化(或称晒泥)是借助于渗透、蒸发与人工撤除等过程对污泥进行脱水。一般污泥含水率可降至 75%左右,使污泥体积缩小许多倍。污泥机械脱水是以过滤介质(一种多孔性物质)两面的压力差作为推动力,使污泥中的水分被强制通过过滤介质(称为滤液),固体颗粒被截留在介质上(称滤饼),从而达到脱水的目的。常采用的脱水机

械有真空过滤脱水机(真空转鼓、真空吸滤)、压滤脱水机(图 5.41)、离心脱水机等(图 5.42)。一般采用机械法脱水,污泥的含水率可降至 $70\%\sim80\%$。

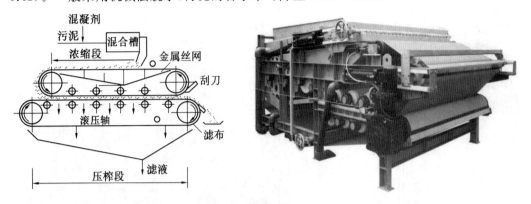

图 5.41　污泥带式压滤脱水机

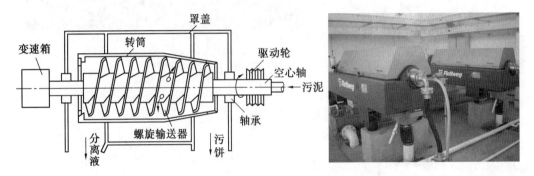

图 5.42　污泥离心脱水机

(2)污泥消化。

①污泥的厌氧消化。将污泥置于密闭的消化池中,利用厌氧微生物的作用使有机物分解稳定,这种有机物厌氧分解的过程称为发酵。由于发酵的最终产物是沼气,所以,污泥消化池又称沼气池,如图 5.43 所示。当沼气池温度为 $30\sim35$ ℃时,正常情况下 $1\ m^3$ 污泥可产生沼气 $10\sim15\ m^3$,其中甲烷的体积分数大约为 50%。沼气可用作燃料和作为制造 CCl_4 等产品的化工原料。

②污泥好氧消化。利用好氧菌和兼氧菌,在污泥处理系统中通过曝气供氧,微生物分解可降解的有机物(污泥)及细胞原生质,并从中获得能量。

近年来,人们通过实践发现,污泥厌氧消化工艺的运行管理要求高,比较复杂,而且处理构筑物要求密闭,且容积大、数量多而复杂,所以认为污泥厌氧消化法适用于大型污水处理厂污泥量大、回收沼气量多的情况。污泥好氧消化法设备简单、运行管理比较方便,但运行能耗及费用较大,它适用于小型污水处理厂污泥量不大、回收沼气量小的场合。而且当污泥受到工业废水影响进行厌氧消化有困难时,也可采用好氧消化法。

3.污泥的利用和处置

对主要含有机物的污泥经过脱水及消化处理后可用作农田肥料。脱水后的污泥,如需要进一步降低其含水率时可进行干燥处理或焚烧。经过干燥处理,污泥含水率可降至

20％左右,便于运输,可作为肥料使用。当污泥中含有有毒物质不宜用作肥料时,应采用焚烧法将污泥烧成灰烬,以进行彻底的无害化处理,再用于填地或充当筑路材料使用,如图 5.44 所示。

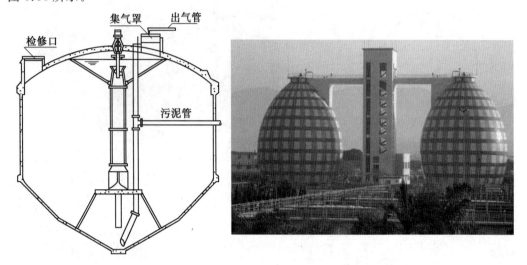

图 5.43　污泥消化池及新型的蛋形消化池工程实图

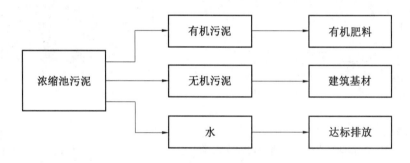

图 5.44　污泥的利用与处置

思考题与习题

1. 水资源的概念是什么?

2. 世界水资源的概况是什么?

3. 水危机产生的原因有哪些?

4. 《地表水环境质量标准》(GB 3838—2002)是如何对地表水进行功能区划分的?

5. 什么是水体污染?造成水体污染的原因有哪些?

6. 什么是生化需氧量?什么是化学需氧量?

7. 水体中颗粒污染物的主要危害有哪些?

8. 什么是水体富营养化?其危害有哪些?

9. 什么是水体自净?什么是水环境容量?

10. 水体中溶解氧的补充和恢复的途径是什么?

11. 什么是氧垂曲线？什么是临界点？

12. 水体的生化净化作用及机理是什么？

13. 污水处理工程中常用的物理处理法有哪些？

14. 什么是活性污泥？什么是活性污泥法？

15. 什么是生物膜法？简要说明几种污水处理中的生物膜法工艺。

16. 厌氧生物处理法与好氧生物处理法相对比的优缺点是什么？

17. 绘制出城市污水典型处理工艺流程图，并说明各级处理的特点。

18. 城市污水再生回用的意义有哪些？

19. 为什么要对城市污水和工业废水处理过程中产生的污泥进行处理？

20. 如何处置和利用污水处理过程中产生的污泥？

第6章　固体废物的处理与处置

6.1　固体废物的污染和综合防治

6.1.1　固体废物的概念与来源

1.固体废物的概念

《中华人民共和国固体废物污染环境防治法》(2020年9月1日起施行)中明确提出了固体废物(solid wastes)的概念:固体废物是指在生产、生活和其他活动中产生的丧失原有利用价值或者虽未丧失利用价值但被抛弃或者放弃的固态、半固态和置于容器中的气态的物品、物质及法律、行政法规规定纳入固体废物管理的物品、物质。

广义而言,废物按其形态有气、液、固3种状态,如果废物以液态或者气态存在,而且污染成分浓度很低,一般看作废水和废气,分别纳入水环境体系和大气环境体系,并分别有专项法规作为执法依据。但对于不能排入水体的液态废物和不能排入大气的置于容器中的气态物质,一般归入固体废物体系。现阶段,很多国家将废酸、废碱、废油、废有机溶剂等液态物质归入固体废物之列。

2.固体废物的双重性

固体废物是在错误的时间放在错误地点的资源,它的"废"具有鲜明的时间和空间的相对性。从时间方面讲,它仅仅相对于目前的科学技术和经济条件,随着科学技术的飞速发展,矿物资源的日渐枯竭,昨天的废物势必又成为明天的资源。从空间角度看,废物仅仅相对于某一过程或者某一方面没有使用价值,而并非在一切过程或一切方面都没有使用价值。某一过程的废物,往往是另一过程的原料,从这个意义上讲,它们不是废弃物,而是资源,这就是固体废物的双重性。

3.固体废物的来源

固体废物来源于生产、生活和其他活动,这里的生产包括基本建设、工农业及矿山、交通运输、邮政电信等各种工矿企业的生产建设活动;生活包括居民的日常生活活动,以及为保障居民生活所提供的各种社会服务及设施;其他活动则指国家各级事业及管理机关、各级学校、各种研究机构等非生产性单位的日常活动。

人们在开发资源和制造产品的过程中,必然产生废物,任何产品经过使用和消耗后,最终将变成废物。物质和能源消耗量越多,废物产生量就越大。进入经济体系中的物质,仅有 10%～15% 以建筑物、工厂、装置、器具等形式积累起来,其余都变成了废物。所以,废物的重要特点之一是来源极为广泛,种类极为复杂,表 6.1 列出了固体废物的分类、来源和主要组成物。

表 6.1　固体废物的分类、来源和主要组成物

分类	来源	主要组成物
工业固体废物	冶金、交通、机械、金属加工等	金属、矿渣、砂石、模型、芯、陶瓷、涂料、废管道、绝热绝缘材料、黏结剂、废木、塑料、橡胶、烟尘、废旧建筑材料
	煤炭	矿石、木料、金属、煤矸石
	食品加工	肉类、谷类、果类、蔬菜等
	橡胶、皮革、塑料等	橡胶、皮革、塑料、布、线、纤维、染料、金属
	造纸、木材、印刷等	刨花、锯末、碎木、化学药剂、金属填料、塑料填料、塑料
	石油化工	化学药剂、金属、塑料、橡胶、陶瓷、沥青、油毡、石棉、涂料等
	电器、仪器仪表等	金属、玻璃、木材、塑料、化学药剂、研磨料、陶瓷、涂料
	纺织服装业	布头、纤维、橡胶、塑料、金属等
	建筑材料	金属、水泥、黏土、陶瓷、石膏、石棉、砂石、纸、纤维等
	电力工业	炉渣、粉煤灰、烟灰
矿业固体废物	矿山、冶厂等	废石、尾矿、金属、废木、砖瓦、灰石、沙石
农业固体废物	农林	稻草、秸秆、蔬菜、水果、树木枝条、落叶、废塑料、粪便、农药
	水产	腐烂鱼、虾贝壳、水产加工废水、污泥
有害固体废物	核工业、核电站、放射性医疗、科研单位	金属、放射性废渣、粉尘、器具、劳保用品、建筑材料
	其他单位	易燃、易爆、有毒、腐蚀性、反应性、传染性等废物
城市垃圾	居民生活	餐厨垃圾、纸、布料、植物修剪物、金属、玻璃、塑料、陶瓷、染料、灰渣、碎砖瓦、废器具、粪便、杂品
	商业、机关	管道、碎砌体、沥青、建筑材料、废汽车、废电器、废器具、易爆易燃腐蚀及放射性废物、居民生活各种废物
	市政维护、管理部门	碎砖瓦、树叶、死畜禽、金属、炉灰渣、泥土等

4.固体废物的分类

　　固体废物的分类方法很多,按照化学性质可分为有机固体废物和无机固体废物;按照污染特性可分为一般固体废物和危险废物(指列入国家危险废物名录或者国家规定的危险废物鉴别标准和鉴别方法认定的、具有危险性的废物);按照其形状可分为固体废物(粉状、粒状、块状)和泥状废物(污泥);通常按照其来源分为工业固体废物、矿业固体废物、农业固体废物、有害固体废物和城市垃圾 5 类,见表 6.1。

6.1.2 固体废物的污染传播途径与危害

随着城镇化的快速发展,人们生活水平的不断提升,"垃圾围城"成为全国大中型城市发展中的"痛点"。由此衍生的土地侵占、环境污染、资源浪费与满足人民群众日益增长的优美生态环境需要有差距。

1.固体废物的污染途径

固体废物与水污染、大气污染不同,固体废物不是环境介质,其污染成分多是通过水、大气、土壤等途径进入环境,给人类造成危害。

对于露天存放或置于处置场的固体废物,其中的有害成分可直接进入环境,如通过蒸发进入大气,而更多的则是非直接的,如接触浸入、食用或咽入受污染的饮用水或食物等进入人类体内。各种途径的重要程度不仅取决于不同固体废物本身的物理、化学和生物特性,而且与固体废物所在场地的地质水文条件有关。固体废物如果处理处置不当,会通过不同途径危害人体健康,其传播疾病的途径如图 6.1 所示。

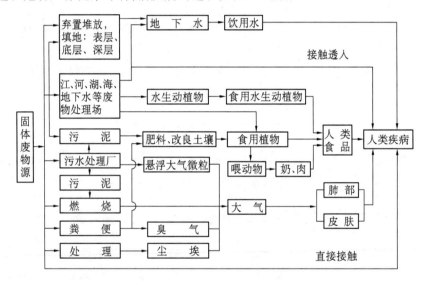

图 6.1 固体废物传播疾病的途径

2.固体废物的污染危害

(1)固体废物污染的特点。

与废水、废气相比,固体废物具有几个显著的特点。

①固体废物的产生量大、来源广泛。根据《2020 年全国大、中城市固体废物污染环境防治年报》发布信息显示,2019 年大、中城市一般工业固体废物产生量为 13.8 亿 t,工业危险废物产生量为 4 498.9 万 t,医疗废物产生量为 84.3 万 t,生活垃圾产生量为 23 560.2 万 t。就大、中城市生活垃圾产生量而言,相比于 2018 年增长了 2 412.9 万 t,增长率为 10%左右。

②固体废物的种类繁多、性质复杂。从固体废物的来源与分类中可以了解固体废物组成的复杂状态,又因大多数国家的城市垃圾是混合收集,故成分复杂,处理起来有其特

殊性和更大的难度。

③固体废物是其他形式废物的处理后产物,需要进行最终处置。在污水处理工程中,最终是将废水中的污染物质以固相的形态分离出来,因而产生大量的污泥或残渣;大气或废气的治理工程中,最终也是将存在于气相中的粉尘或可溶性气体转化为固体物质并进行一定程度稳定化。固体废物本身无论用何种方法进行处理,最后也将面临着残渣的处置问题。

④固体废物的危害具有潜在性、持久性及不可稀释性。固体废物是多种污染物的终态,浓缩了许多污染成分,例如,渗滤液中的有机物、重金属和多种有害成分在黏土层中的迁移速率为每年几厘米左右,又会转入大气、水体,参与生态系统的物质循环,危害生态环境和人体健康。其对地下水的危害需经过数十年以后才能发现,因此固体废物的污染与危害往往具有潜伏性。固态有害物质的影响具有持久性和不可稀释性。一旦发生了固体废物所导致的环境污染,不仅依靠自然过程无法缓解,而且在许多情况下是根本无法治理的。

(2)固体废物对人类环境的危害。

固体废物对环境造成的危害比水、气造成的危害严重得多,如不经过处理或者处理不当将加剧恶化环境,危害人体健康。

①侵占土地。固体废物产生以后需占地堆放,堆积量越大,占地越多。据估算,每堆积 1×10^4 t 固体废物约需占地 667 m^2。我国许多城市利用市郊堆存城市垃圾,也侵占了大量农田,垃圾占地的矛盾日益尖锐。

②污染土壤。固体废物长期露天堆放时,其有害成分在地表径流和雨水的淋溶、渗透作用下通过土壤孔隙向四周和纵深的土壤迁移。在迁移的过程中,这些有害成分在土壤固相中呈现不同程度的积累,会改变土壤的性质和结构,并对土壤中微生物的活动产生影响。这些有害成分的存在,不仅会阻碍植物根系的生长和发育,而且会在植物有机体内积蓄,通过食物链危及人体健康。

20 世纪 70 年代,美国密苏里州为了控制道路粉尘曾将混有四氯二苯—对二噁英(2,3,7,8—TCDD)的淤泥废渣当作沥青铺洒路面,造成多处污染,土壤污染深度达 60 cm,致使牲畜大批死亡,人们备受多种疾病折磨。

③污染水体。固体废物一般通过以下几个途径进入水体中使水体污染:废物中随风飘迁的细小颗粒随天然降水降落及地面固体大颗粒随地表径流流入江、河、湖、海,污染地表水;废物中的有害物质随渗滤液浸出渗入土壤,使地下水污染。即便是无害的固体废物排入河流、湖泊,也会造成河床淤塞,水面减小,甚至会导致一些水利工程设施效益降低或废弃。

美国的 Love Canal 事件("爱河"事件)是典型的固体废物污染地下水事件。1930—1953 年,美国胡克化学工业公司在纽约州尼亚加拉瀑布附近的 Love Canal 废河谷填埋了2 800 多 t 桶装有害废物,1978 年,大雨和融化的雪水造成有害废物外溢,造成严重饮用水污染和大气中出现 82 种有毒有害物质及 11 种致癌物质,其中包括剧毒的二噁英,最大有害物质浓度超标 500 余倍,致使大量的出生婴儿畸形,居民身患怪异疾病。

④污染大气。固体废物干物质或轻物质随风飘扬会对大气造成污染,另外一些有机

固体废物在适宜的温度和湿度下被微生物分解,能释放出有害气体,在大风吹动下会随风飘逸,造成大气污染。

⑤影响环境卫生。由于监管不到位或条件所限,城市固体废物被随意倾倒,堆放在城市的一些死角,严重影响城市容貌和环境卫生,对人体健康构成潜在威胁。

2.固体废物污染的控制

固体废物往往是许多污染成分的终极状态,而其中的有害成分在长期的自然因素作用下又会转入大气、水体和土壤,成为环境污染的源头,可见,控制源头、处理好终态物是固体废物污染控制的关键。因此,固体废物污染控制需从两方面着手:一是防治固体废物污染;二是综合利用废物资源。主要控制措施如下。

(1)改革生产工艺。

采用清洁生产工艺,结合技术改造,从改革工艺入手,采用无废或少废的清洁生产技术,从发生源减少污染物的产生;采用精料,进行原料精选,以减少固体废物的产生量;提高产品质量和使用寿命,使其不会过快地变成废物。

(2)发展物质循环利用工艺。

使第一种产品的废物成为第二种产品的原料,使第二种产品的废物又成为第三种产品的原料等,最后只剩下少量废物进入环境,以取得经济、环境、社会的综合效益。

(3)进行综合利用。

有些固体废物含有很大一部分未起变化的原料或副产物,可以回收利用。如,高炉渣中含有 CaO、MgO、SiO_2、Al_2O_3 等成分,可以用于制砖、水泥、混凝土;再如,硫铁矿烧渣、废胶片、废催化剂中含有 Au、Ag、Pt 等贵重金属,只要采取适当的物理、化学熔炼等加工方法就可以将其中有价值的物质回收利用。

(4)进行无害化处理与处置。

用焚烧、热解等方式可改变有害固体废物中有害物质的性质,使之转化为无害物质,或使有害物质含量达到国家规定的排放标准。

6.1.3　固体废物的管理

固体废物的管理是指包括产生、收集、运输、储存、处理和最终处置全过程的管理。

我国固体废物管理工作是从 1982 年制定的第一个专门性固体废物管理标准《农用污泥中污染物控制标准》开始的,至今已有 40 余年的时间。1995 年 10 月 30 日我国正式颁布了《中华人民共和国固体废物污染环境防治法》(简称《固体废物法》),此后经历了 5 次修改,最近一次修改是在 2020 年 4 月 29 日第十三届全国人民代表大会常务委员会第十七次会议修订,自 2020 年 9 月 1 日起施行。在《固体废物法》中,对固体废物管理进行了规范。

1.固体废物管理应遵循的基本原则

(1)固体废物污染防治的"三化原则"(3R 原则)。

"三化",即减量化、资源化和无害化。

①减量化。要求采取措施减少废物的产生量和排放量。减量化不只要求减少固体废

物的数量和体积,而且应尽可能地减少废物的种类,降低危险废物中关键有害物质的浓度,减轻或消除其危险性,是一种全面性的管制。

减量化应采取的措施包括:合理选择和利用原材料、能源和其他资源,采用先进的生产工艺和设备。减量化是防治固体废物污染的首选措施。

②资源化。资源化即即废物综合利用,是指对已经产生的固体废物进行回收、加工、循环利用或其他再利用。

资源化的目的是使废物直接变为产品或转化为可再利用的二次原材料,作为资源化的引申,生产企业还应该采用易回收、易处置、易降解的包装物或原材料。

③无害化。无害化是指对已经产生但无法或暂时尚不能进行综合利用的固体废物进行消除和降低环境危害的安全处理、处置,以减轻这些固体废物的污染影响。

"三化"原则集中体现了固体废物既有对于环境的危害性又有可回用性的特点,显然优于单纯治理的策略。

(2)"全过程"管理原则。

"全过程"管理原则是指对固体废物的产生、收集、运输、利用、储存、处理和处置的全过程及各个环节都实行控制、管理和开展污染防治。由于这一原则包括从固体废物的产生到最终处置的全过程,故也称为"从摇篮到坟墓"(cradle－to－grave)的管理原则。固体废物管理全过程示意图如图 6.2 所示。

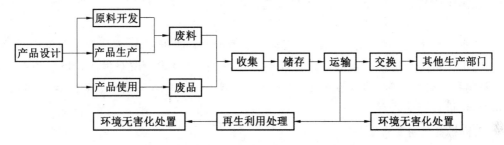

图 6.2　固体废物管理全过程示意图

固体废物污染从产生到处置的全过程可分为 5 个环节:①提高清洁生产工艺,控制废物的产生;②系统内部的回收利用;③系统外的综合利用与区域集中管理;④无害化、稳定化处理;⑤最终处置与监控。实施这一原则,是基于固体废物从其产生到最终处置的全过程中的各个环节都有产生污染危害的可能性,如,固体废物焚烧过程中产生的空气污染,固体废物土地填埋过程中产生的渗滤液对地下水体的污染,因而,有必要对整个过程及其每一个环节都实施控制和监督。

(3)加强对危险废物的管理与污染控制原则。

危险废物由于种类繁多、性质复杂,危害特性和方式各有不同,所以应根据不同的危险特性与危害程度采取区别对待、分类管理的原则,即对具有特别严重危害性质的危险废物要实行严格控制和重点管理。因此,《固体废物法》中提出了危险废物的重点控制原则,并提出较一般废物更严格的标准和更高的技术要求。

2.固体废物管理体系

我国固体废物管理体系是以环境保护主管部门为主,结合有关的工业主管部门以及城市建设主管部门,共同对固体废物实行全过程管理。

(1)环境保护主管部门。

各级环境保护主管部门对固体废物污染环境的防治工作实施统一监督管理。其主要工作包括:制定有关固体废物管理的规定、规则和标准;建立固体废物污染环境的监测制度;审批产生固体废物的项目及建设储存、处置固体废物项目的环境影响评价;验收、监督和审批固体废物污染环境防治设施的"三同时"及其关闭、拆除;对有关单位进行现场检查;对固体废物的转移、处置进行审批、监督;进口可用作原料的废物的审批;制定防治工业固体废物污染环境的技术政策,组织推广先进的防治工业固体废物污染环境的生产工艺和设备;制定工业固体废物污染环境防治工作规划;组织工业固体废物和危险废物的申报登记;对所产生的危险废物不处置或处置不符合国家有关规定的单位实行行政代执行审批,颁发危险废物经营许可证;对固体废物污染事故进行监督、调查和处理。

(2)国务院有关部门、地方人民政府有关部门。

对所管辖范围内的有关单位的固体废物污染环境防治工作进行监督管理;对造成固体废物严重污染环境的企事业单位进行限期治理;制定防治工业固体废物污染环境的技术政策,组织推广先进的防治工业固体废物污染环境的生产工艺和设备;组织、研究、开发和推广减少工业固体废物产生量的生产工艺和设备,限期淘汰产生严重污染环境的工业固体废物的落后生产工艺、落后设备;制订工业固体废物污染环境防治工作规划;组织建设工业固体废物和危险废物储存、处置设施。

(3)各级人民政府环境卫生行政主管部门。

负责城市生活垃圾的清扫、储存、运输和处置的监督管理工作,其主要工作包括:组织制定有关城市生活垃圾管理的规定和环境卫生标准;组织建设城市生活垃圾的清扫、储存、运输和处置设,并对其运转进行监督管理;对城市生活垃圾的清扫、储存、运输和处置经营单位进行统一管理。

3.固体废物的管理制度

新修定的《固体废物法》对贯彻落实习近平生态文明思想和党中央有关决策部署,推进生态文明建设非常必要。《固体废物法》制定的分类管理制度、排污收费制度、限期治理制度、进口废物审批制度完善了对工业固体废物,包括医疗废物在内的危险废物,以及生活垃圾、建筑垃圾等固体废物的管理制度,逐步形成了自己的法定的固体废物管理制度。

(1)新修订的《固体废物法》的特点。

①加强医疗废物监管。医疗废物能否安全处置是切断病毒传播途径、防止二次污染的关键。《固体废物法》加强了对医疗废物的监管要求:

一是加强名录管理,医疗废物按照国家危险废物名录管理。

二是明确监管职责,县级以上卫生健康、生态环境等主管部门应当在各自职责范围内加强对医疗废物收集、储存、运输、处置的监督管理,防止危害公众健康、污染环境。

三是突出主体责任,医疗卫生机构应当依法分类收集本单位产生的医疗废物,交由医疗废物集中处置单位处置。

四是完善应急保障机制,重大传染病疫情等突发事件发生时,县级以上政府应当统筹协调医疗废物等危险废物收集、储存、运输、处置等工作,保障所需的车辆、场地、处置设施和防护物资。卫生健康、生态环境、环境卫生、交通运输等主管部门应当协同配合,依法履行应急处置职责。

第九十五条还规定,各级政府应当按照事权划分的原则,安排必要的资金用于重大传染病疫情等突发事件产生的医疗废物等危险废物的应急处置。

②逐步实现固体废物零进口。《固体废物法》第二十四条规定:"国家逐步基本实现固体废物零进口,由国务院生态环境主管部门会同国务院商务部、国家发展改革委、海关总署等主管部门组织实施。"

2017 年 7 月 27 日,国务院办公厅发布了《禁止洋垃圾入境推进固体废物进口管理制度改革实施方案》,要求推进固体废物进口管理制度改革;2019 年全国固体废物进口总量为 1 347.8 万 t,同比减少 40.4%。2020 年是全面禁止洋垃圾入境改革的收官之年,禁止洋垃圾入境管理取得成效,得到了社会各界的普遍赞誉。

③加强生活垃圾分类管理。垃圾分类作为推进生活垃圾减量化、资源化、无害化的主要手段之一,是防治环境污染的重要举措。

《固体废物法》为加强生活垃圾分类管理提供了法治保障,在法治的推动下,将会进一步加快垃圾分类进程,引导社会公众从源头对垃圾进行分拣,增强垃圾的资源价值和经济价值,从而减少垃圾总量和垃圾处理成本,达到保护生态环境的目的。

④限制过度包装和一次性塑料制品使用。近年来,伴随网购和外卖的风行,过度包装和一次性塑料制品使用问题比较突出。据国家邮政局公布的数据,2019 年我国快递业务量突破 600 亿件,同比增长 26.6%,仅快递所耗胶带就可以缠绕地球 1 200 余圈。

《固体废物法》针对过度包装问题及一次性塑料制品的污染治理问题做了相应的规定,同时还要求旅游、住宿等行业应当推行不主动提供一次性用品,机关、企事业单位等办公场所应当使用有利于保护环境的产品、设备和设施,减少使用一次性办公用品。

⑤推进建筑垃圾污染防治。《固体废物法》加大了推进建筑垃圾污染环境防治工作的力度,为建筑垃圾的资源化利用与推进增加了以下规定:

一是要求政府加强建筑垃圾污染环境的防治,建立分类处理制度,制定包括源头减量、分类处理、消纳设施和场所布局及建设等在内的建筑垃圾污染环境防治工作规划。

二是明确国家鼓励采用先进技术、工艺、设备和管理措施,推进建筑垃圾源头减量,建立建筑垃圾回收利用体系。要求政府推动建筑垃圾综合利用。

三是规定环境卫生主管部门负责建筑垃圾污染环境防治工作,建立建筑垃圾全过程管理制度,规范相关行为,推进综合利用,加强建筑垃圾处置设施、场所建设,保障处置安全,防止污染环境。

四是要求工程施工单位编制建筑垃圾处理方案并报备案。明确工程施工单位不得擅自倾倒、抛撒或者堆放工程施工过程中产生的建筑垃圾。

五是规定建筑垃圾转运、集中处置等设施建设用地保障和擅自倾倒、抛撒建筑垃圾的处罚等内容。

⑥完善危险废物管理制度。《固体废物法》针对日益增多的危险废物带来长期的环境污染和潜在的环境影响,对危险废物监管制度进行了完善:

一是建立信息化监管体系,规定国务院生态环境主管部门根据危险废物的危害特性和产生数量,科学评估其环境风险,实施分级分类管理,建立信息化监管体系,并通过信息化手段管理、共享危险废物转移数据和信息。同时,产生危险废物的单位通过国家危险废物信息管理系统向所在地生态环境主管部门申报危险废物的种类、产生量、流向、储存、处置等有关资料。

二是动态调整国家危险废物名录,国家危险废物名录规定统一的危险废物鉴别标准、鉴别方法、识别标志和鉴别单位管理要求,并且应当动态调整。

三是强化危险废物处置设施建设,强调相邻省、自治区、直辖市之间区域合作,统筹建设区域性危险废物集中处置设施、场所。

四是规范危险废物储存,明确规定禁止混合收集、储存、运输、处置性质不相容而未经安全性处置的危险废物;储存危险废物应当采取符合国家环保标准的防护措施,禁止将危险废物混入非危险废物中储存;储存危险废物不得超过一年,确需延长期限的应当报经颁发许可证的生态环境主管部门批准;法律、行政法规另有规定的除外。

五是危废跨省转移管理,转移危险废物应填写、运行危险废物电子转移联单;跨省转移危险废物的,应向危险废物移出地省级政府生态环境部门申请;危险废物转移管理应当全程管控,具体办法由国务院生态环境主管部门会同国务院交通运输主管部门和公安部门制定。

此外,《固体废物法》将"危险废物经营许可证"更名为"危险废物许可证",删去了"经营"二字,以淡化生态环境部门行业管理色彩。同时,第七十三条对强化实验室固体废物和危险废物管理进行了规定。

⑦取消固废防治设施验收许可。根据《环境影响评价法》和《建设项目环境保护管理条例》的新要求,取消了固体废物污染防治设施验收设施的行政许可,改为建设单位自主验收,环境保护设施竣工验收许可制度彻底退出历史。

⑧明确生产者责任延伸制度。生产者责任延伸制度是指将生产者对其产品所承担的环境责任从生产环节延伸到产品设计、流通消费、回收利用、废物处置等全生命周期的制度。

⑨推进全方位保障措施。增设"保障措施"一章,规定加强强制保险、资金安排、政策扶持、金融支持、税收优惠、绿色采购等保障措施,从用地、设施场所建设、经济技术政策和措施、从业人员培训和指导、产业专业化和规模化发展、污染防治技术进步、政府资金安排、环境污染责任保险、社会力量参与、税收优惠等方面,全方位保障固体废物污染环境防治工作。

⑩实施最严格法律责任。在法律责任章节中,由 21 条增加到 23 条,增加了处罚种类,提高了罚款额度,对违法行为实行严惩重罚。例如,对擅自倾倒、堆放、丢弃、遗撒城镇污水处理设施产生的污泥和处理后污泥的,无许可证从事收集、储存、利用、处置危险废物经营活动的,将境外的固体废物输入境内的,以及经我国过境转移危险废物的,最高可罚款 500 万元,这在生态环境保护法律中是最高额度的处罚。

(2)对企业固体危险废物管理提出新要求。

新修订的《固体废物法》对于工业企业的废物产生及管理提出了新的要求。

①排污单位监理信用记录制度。生态环境主管部门会同有关部门建立"产生、收集、

储存、运输、利用、处置固体废物的单位和其他生产经营者"的信用记录制度,将相关信用记录纳入全国信用信息共享平台。

在法律层面上,第一次明确了将生态环境领域"相关违法信息记入社会诚信档案"的"信用记录制度",其对象是环评报告的编制单位、编制主持人和主要编制人员,并且在法律层面上第一次针对生产经营者进行信用惩戒。

②产废单位对工业固体废物的全程性责任。明确了固体废物污染的"源头防控"原则,产废单位要建立健全工业固体废物产生、收集、储存、运输、利用、处置全过程的污染环境防治责任制度。这也就意味着,产废单位要负责固体废物的"从生到死",无论哪一个环节出了问题,产废单位都有承担连带责任的风险。同时,新修订的《固体废物法》要求产废单位建立固废管理台账,如实记录产生工业固体废物的种类、数量、流向、储存、利用、处置等信息。

③首次确定"工业固废污染防治纳入排污许可管理"。明确提出产生工业固体废物的单位应当取得排污许可证。依据《水污染防治法》和《大气污染防治法》的相关规定,仅针对排放水污染物、大气污染物的企业实行排污许可分类管理,但《固体废物法》修订后,并非意味着企业需要另行申领一张固废排污许可证,实施的是综合许可、一证式管理,大气、水、固体废物等不同要素的环境管理综合体现在一个许可证中,已经取得排污许可证的单位,只需要针对固体废物部分进行申报和获得许可。

从事工业固体废物和危险废物治理行业的执行《排污许可证申请与核发技术规范　工业固体废物和危险废物治理》(HJ1033－2019)。

④首次增加产废单位进行清洁生产审核的规定。根据现行《清洁生产促进法》中的规定,以下几种情况需要实施强制性清洁生产审核:

a.污染物排放超过国家或者地方规定的排放标准,或者虽未超过国家或者地方规定的排放标准,但超过重点污染物排放总量控制指标的。

b.超过单位产品能源消耗限额标准构成高耗能的。

c.使用有毒有害原料进行生产或者在生产中排放有毒有害物质的。

目前,需要进行强制性清洁生产审核的企业实施名单式管理,由省级生态环境主管部门分批定期公布。新修订的《固体废物法》中明确提出产废单位应当依法实施清洁生产审核。

(3)违法成本大幅提高。

"严惩重罚"环境违法行为,多项违法行为的罚款数额是之前的 10 倍。例如,原有的"不设置危险废物识别标志的",处 1 万以上 10 万以下的罚款,现修定为"未按规定设置危险废物识别标志的",处 10 万以上 100 万以下的罚款,而且"不按规定设置"包含了未设置和设置不规范两种情形。又如,原来针对危险废物的"未经安全处置,混合收集、储存、运输、处置具有不相容性质的危险废物的",处 1 万以上 10 万以下的罚款,而现修定为处 10 万以上 100 万以下的罚款。

(4)对部分违法行为实行"双罚制"。

对部分违法行为实行"双罚制"是指对违法单位,不但要依法对单位实施行政处罚,而且对单位负责的主管人员、其他直接责任人依法给予行政处罚的法律责任制度,除此之外,部分违法行为的被处罚对象还进一步扩展到"法定代表人和主要负责人"。这就使目前部分企业的法定代表人和主要负责人通过内部职责分工的制度设计以隔离自身风险这一惯常做法归于无效。新修订的《固体废物法》的目的在于从根本上督促企业的"实际掌权者"强化环境风险意识,从全局角度做好企业的环境管理工作。

(5)新增处罚措施。

新增加了按日连续处罚规定,第一百一十九条规定:"单位和其他生产经营者违反本法规定排放固体废物,受到罚款处罚,被责令改正的,依法做出处罚决定的行政机关应当组织复查,发现其继续实施该违法行为的,依照《中华人民共和国环境保护法》的规定按日连续处罚"。新增加了行政拘留规定,第一百二十条规定:违反本法规定,有下列行为之一,尚不构成犯罪的,由公安机关对法定代表人、主要负责人、直接负责的主管人员和其他责任人员处十日以上十五日以下的拘留;情节较轻的,处五日以上十日以下的拘留:

①擅自倾倒、堆放、丢弃、遗撒固体废物,造成严重后果的。

②在生态保护红线区域、永久基本农田集中区域和其他需要特别保护的区域内,建设工业固体废物、危险废物集中储存、利用、处置的设施、场所和生活垃圾填埋场的。

③将危险废物提供或者委托给无许可证的单位或者其他生产经营者堆放、利用、处置的。

④无许可证或者未按照许可证规定从事收集、储存、利用、处置危险废物经营活动的。

⑤未经批准擅自转移危险废物的。

⑥未采取防范措施,造成危险废物扬散、流失、渗漏或者其他严重后果的。

新修订的《固体废物法》规定的每一个固体废物管理要求均有相应的法律责任相对应,几乎做到了"天网恢恢,疏而不漏",体现了我国固体废物管理工作力度的提升,运用法律手段加强固体废物的管理。

6.1.4 固体废物的资源化和综合利用

近年来,世界资源正以惊人的速度被开发和消耗,有些资源已经濒于枯竭。据有关资料报道,在国民经济周转中,社会需要的最终产品仅占原材料的20%～30%,即70%～80%变成了废物。这种粗放式的经营资源利用率很低,浪费严重,很大一部分资源没有发挥效益,形成了废物。

如何使有限的天然资源能够长期维持人类的生产和生活,并使之得到有效的利用和再生,已经成为摆在人类面前的一个重要课题。许多固体废物仍有利用价值,含有大量的可再生资源和能量,尤其是不少工业固体废物可以作为再生资源加以利用。这种再生资源与自然资源相比有三大优点:生产效率高、能耗低和环境效益高。因而,在使固体废物得到无害化处理的同时,实现其资源的再生利用已经成为当今世界各国废物处理的新潮流。

1.固体废物综合利用途径

为了促进固体废物的综合利用,加强对固体废物的管理,应充分采用法律、经济、管理相结合的"三位一体"的综合利用政策,包括鼓励、支持综合利用资源,对固体废物实行"强制性"回收利用法律政策,刺激综合利用固体废物的经济政策,利用情报信息及废物交易市场实现"废物交换式"管理政策。

由于"废物交换制"的优点是可将产生的大多数废物就地或就近处理,降低固体废物的运输费用,使固体废物最大限度减量化,因此,废物交换制已成为各国固体废物综合利用的最简便的有效途径。

固体废物综合利用的途径很多,针对不同性质的固体废物主要采取以下五个方面再利用:①生产建筑材料;②提取有用金属和制备化学品;③代替某些工业原料;④制备农用肥料;⑤利用固体废物作为能源。选择利用途径的原则是:①综合利用的技术可行;②综合利用的经济效益较大;③尽可能在固体废物的产生地或就近进行利用;④综合利用的产品应具有较强的竞争能力。

2.固体废物综合利用技术方法

(1)城市垃圾资源化技术。

要实现垃圾资源化,应从加强管理、推行垃圾分类收集开始,以降低垃圾中废品回收成本,提高废品回收率和回收废品质量,促进资源化,也便于有害废物单独处置。

①建立城市固体废物资源回收系统。固体废物资源化是一个涉及收集、运输、破碎、分选、转换和最终处置的系统工程。该系统分为两个过程:一是不改变物质的化学性质,直接利用和回收资源;二是通过化学的、生物的、生物化学的方法回收物质和能量。

在该系统中,首先对城市垃圾进行必要的机械和人工分选分类收集,以利于后续垃圾的资源化和无害化处理,针对我国垃圾中厨余垃圾及固体有机态垃圾含量较高的特点,堆肥处理是实现城市垃圾资源化、减量化的一条重要途径,处理后可用来改良土壤,为作物提供营养元素等;针对热能含量比较高的城市垃圾进行焚烧处理,将产生的热量供热或发电,是实现垃圾无害化、减量化和资源化的最有效的手段之一。

我国还开发出了其他一些城市垃圾资源化技术,如垃圾烧结制砖,用废塑料裂解生产汽油和柴油,以及用废弃纸塑、纸铝塑包装物生产彩乐板等。

②废金属材料的回收利用及其资源化。城市垃圾中的黑色金属成分可采用磁选法进行综合分离及利用;铝金属的分离方法有重力分离、静电装置或铝磁铁电分离或磁分离,以及化学分离或热分离等;包裹塑料、橡胶或纤维质等绝缘材料的铜,采取机械方法或高温方法进行分离,非电线形式的铜,如与其他材料的焊接头,常常通过切、锯和熔化来分离;铅的熔点较低,高温回收是最好的方法,但会引起严重的空气污染问题,铅的主要来源是汽车蓄电池中的锑—铅板。

③废塑料的再生及利用。废塑料处理的第一步是分类收集,然后进行破碎和分选,最后才是资源化再生利用。其利用的主要方式有:混合废塑料的直接再生利用;加工成塑料原料或加工成塑料制品利用;热电利用;燃料化或热分解制成油;生产建材产品(如塑料油膏、改性耐低温油毡、防水涂料、防腐涂料、胶黏剂、生产软质拼装型地板、生产地板块、木质塑料板材、人造板材、混塑包装板材、生产色漆、用废塑料提高石膏制品的质量、塑料砖等)。

④废电池的回收与综合利用。废电池中含有大量的重金属、废酸、废碱等,为避免其对环境造成污染和危害及资源的浪费,首先应考虑采取综合利用的方法回收利用其有价元素,如锌、锰、银、镉、汞、镍和铁等金属物质,以及塑料等,对不能利用的物质进行环境无

害化的处置。另外,由于电池中含有汞和镉,焚烧时会产生有害气体,因此应避免其与其他废物混合焚烧处理。综合利用技术普遍采用的有单类别废电池的综合利用技术(如干电池的湿法、火法冶金处理方法等)和混合废电池处理利用技术两大类。

⑤废橡胶的回收和利用。废橡胶在常温或低温下粉碎成不同粒度的胶粉具有广泛的用途;废橡胶还能用作再生能源,如旧轮胎可在水泥厂用作燃料;造纸厂、金属冶炼厂可用高温分解焚烧旧轮胎的方法获得炭黑(经活化后能用作活性炭黑)、燃料油及气体(主要是甲烷)。

废橡胶制造再生胶是我国废橡胶利用的主要方式,再生胶是将胶粉"脱硫"后的产品,目前我国多数采用传统的油法和水油法工艺,国外现多采用高温高压法(如旋转搅拌脱硫)、微波脱硫法等先进工艺取代。

(2)矿山废物的回收和利用。

矿山废物中最常见的有煤矸石及冶金矿石废物等,其回收利用技术方法内容如下。

①煤矸石的综合利用。煤矸石的综合利用技术目前比较成熟,主要途径是用于生产建筑材料,或用煤矸石造气及发电等。如,用煤矸石生产烧结砖和做烧砖内燃料,或用成球法和非成球法烧制轻骨料,或生产空心砌块及经自燃或人工煅烧后掺入水泥中做活性混合材料,也可以用煤矸石做筑路和充填材料。

②冶金矿山固体废物的综合利用。冶金矿山固体废物是在开采过程中产生的剥离物和废石,以及在选矿过程中所排弃的尾矿。矿山废石料可充分用于各种矿山工程中,如铺路、筑尾矿坝、填露天采场、筑挡墙等。废弃的尾矿首先考虑的是回收其中的伴生元素,如从锡尾矿中回收锡和铜及一些其他伴生元素;从铅锌尾矿中回收铅、锌、钨、银等元素;从铜尾矿中回收萤石精矿、硫铁精矿;从其他一些尾矿中回收锂云母和金等。用尾矿做建筑材料,如蒸压硅酸盐砖,玻璃、碳化硅、水泥等的主要原料,耐火材料等,还可利用尾砂做建筑材料和井下胶结充填料。

(3)能源工业废物的回收和利用。

能源工业废物主要有粉煤灰、锅炉渣等,其综合利用的途径及技术如下。

①粉煤灰的综合利用。粉煤灰主要来源于火电厂和城市集中供热锅炉的煤粉燃烧。目前,主要利用方式是生产建筑材料、筑路和回填。综合利用技术主要有:生产粉煤灰烧结砖、蒸养砖、硅酸盐砌块,以及生产加气混凝土、粉煤灰陶粒,代替黏土做生产水泥的原料级水泥的混合材料;在砂浆中可以代替部分水泥、石灰或砂,制作路面基层材料用于筑路及回填使用等。

②锅炉渣的综合利用。炉渣是以煤为燃料的锅炉燃烧过程中产生的块状废渣,其产量仅少于尾矿和煤矸石而居第三位。炉渣可用作制砖内燃料、硅酸盐制品的骨架,用于筑路或做屋面保温材料等。另外,沸腾炉渣是沸腾锅炉燃烧时产生的废渣,有一定活性,可作为水泥的活性混合材料,也可配制砌筑水泥及无熟料水泥,还可用于生产蒸养粉煤灰砖和加气混凝土,其用法和粉煤灰在这些产品中的应用相似。

6.2 固体废物收运系统和预处理

6.2.1 固体废物的产生量及成分

1.固体废物的产生量计算

固体废物的产生量获得是生产管理的重要环节,对于整个国家来说,它是一个对环境保护水平和效果评价的重要指标,也是对能源和物质资源利用效率的衡量。对于一个城市或某个地区,则是保证收集、运输、处理、处置,以及综合利用等后续管理能够得以正常实施和运行的依据。对于不同范围及不同调查目的,所要求的统计方法及数据的精度是不同的。

固体废物产生量通常采用如下公式计算,即

$$G_T = G_R \cdot M \tag{6.1}$$

式中 G_T——固体废物的产生量(t 或万 t);

       G_R——固体废物的产率(t/万元或 t/万);

       M——产品产值或产量(万元或万)。

固体废物的产率与产生量计算方法主要有三种,即实测法、物料衡算法和经验公式法。

(1)实测法。

实测法是指通过实际测量测得某生产周期产生的固体废物量 G_{Ti},以及相应周期的产品产量或产品产值 M_i,二者相除即得该生产周期的固体废物产率,即 $G_{Ri} = G_{Ti}/M_i$。为使数据接近实际,应在正常运行时多测几次,取平均值为该生产工艺的固体废物产率。

(2)物料衡算法。

物料衡算法是根据质量守恒的原理对生产过程中所使用的物料情况进行定量分析的一种方法。此法是根据质量守恒定律,认为在生产过程中,投入某系统的物料质量必须等于该系统的产出质量,即等于所得产品的产量与物料流失量之和。物料衡算示意图为

$$\sum G_{投入} \rightarrow \boxed{生产系统} \rightarrow \sum G_{产出}$$

可得物料衡算通式为

$$\sum G_{投入} = \sum G_{产品} + \sum G_{流失} \tag{6.2}$$

式中 $\sum G_{投入}$——投入系统的物料总量;

       $\sum G_{产品}$——系统的产品总量;

       $\sum G_{流失}$——系统产生的废物及副产品总量。

式(6.2)既适用于生产系统整个生产过程的总物料衡算,也适用于生产过程中的任何一个步骤或某一生产设备的局部衡算。应用物料衡算法计算固体废物产率与产生量时,不能把流失量同废物混为一体。流失量一般包括废物(废气、废水和固体废物)和副产品。因此,固体废物只是流失量的一部分。

（3）经验计算法。

经验计算法根据经验计算公式或生产过程中得出的经验产率计算固体废物产率或产生量的一种方法。应用经验公式要搞清物料的来源、数量、组成。应用经验产率计算的关键在于要取得不同的生产工艺、不同生产规模下准确的单位产品产率。应用经验产率可以使固体废物的产生量计算工作大大简化。采用经验产率计算法时，要结合实际情况，选择适当的数值，以保证计算结果尽量符合实际情况。

2.城市垃圾产生量测定与计算

城市垃圾总产量通常用单位时间产生的垃圾质量表示，即 10^4 t/d、10^4 t/月、10^4 t/a。城市垃圾单位产量用每人每日（年）千克数表示，即 kg/（人·d）或 kg/（人·a）。

（1）城市垃圾产量的影响因素。

影响城市垃圾产量的变化因素很多，如人口密度、能源结构、地理位置、季节变化、生活习俗（食品结构）、经济状况、废品回收习惯及回收率等。一般城市垃圾产量与城市工业发展、城市规模、人口增长及居民生活水平的提高成正比。我国目前城市垃圾年总产量正接近 $1.5×10^8$ t，垃圾单位产量平均已超过 1 kg/（人·d）。

（2）城市垃圾产生量的测定与计算方法。

①一般计算法。对整个城市或大面积产量计算时，应当把各种类别的垃圾数量汇总在一起，再按统计人口平均计算。因此，如果有较准确而又可靠的人均日产量数值，就可以统计某城市或地区的城市垃圾的总产量，并预测若干年后的产生量。

②载重实测法。由城市环卫部门负责清运的生活垃圾量，可用实测统计法确定，包括车队实际清运量、各企业单位清运量、街道清扫队清扫量。各部分垃圾最后由环卫部门按日汇总，即得出每日垃圾清运量（清运量一般小于产量）。年清运量是在日清运量基础上汇总统计（10^4 t/a）的，日平均清运量是年清运量按全年日数的平均值（10^4 t/d）。在日产日清的区域，城市垃圾单位产量可根据服务人口数量计算，即

垃圾人均日产量[kg/（人·d）]＝[垃圾平均日产量（10^4 t/d）/服务人口]×10^7

③物料平衡法。把运进某一计算单位的所有生产、生活物品，除去杂品、内部储藏、合理消耗外，确定可能转变为无用废物的数量。此法适用于管理比较严格的工厂企业。用此法进行短期的宏观预测，简便适用，有一定精确度，但必须注意各类物料的流向及统计数据的搜集、处理。原料－废物变化平衡过程如图 6.3 所示。

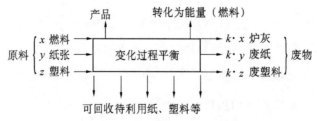

图 6.3 原料－废物变化平衡过程

④根据已知的或利用计算估算：根据垃圾人均年产量[kg/（人·a）]及其增长率和人口预测数，就可预测计算未来垃圾平均年产量，即

$$W = W_0(1 + r)^n \qquad (6.3)$$

式中　W_0——基准年份(一般为最近年份)的实际产量[kg/(人・a)];

　　　r——年平均递增率;

　　　n——预测年份。

用此法计算受一定限制,需注意,年增长率受多种因素影响,往往开始较快,而后速度减慢,不一定呈线性关系变化;r 常受到经济增长水平、城市发展与人口变化及城市煤气化率等的影响;蔬菜等净菜上市、食品行业包装材料改革等因素也会影响垃圾年增长率的降低或大幅度变化。

3.城市垃圾(固体废物)的成分

城市固体废物的组成很复杂,城市垃圾包括生活垃圾、商业垃圾、建筑垃圾、粪便及污水处理厂的污泥等,其组成(主要指物理成分)受到多种因素的影响,如自然环境、气候条件、城市发展规模、居民生活习惯(食品结构)、家用燃料(能源结构),以及经济发展水平等都将对其有不同程度的影响。若要合理适宜地对城市固体废物进行处理和处置,必须了解废物的组成,只有这样才能根据不同的情况因地制宜地采用最有效的方法,该部分资料由于近些年的各种因素的巨大变化,每个国家、地区及城市都有很大的变化,在计算相应地区的城市垃圾成分时一定要从当地的主管部门或科研部门索取。

6.2.2　固体废物的收集、运输

固体废物的收集、运输是固体废物处理处置系统的重要环节,在固体废物的处理处置总费用中,收集、运输费用占 70%~80%,因此,如何提高固体废物的收集、运输效率对于降低固体废物处理处置成本、提高综合利用效率具有重要意义。固体废物的收集和运输对于工业废物和城市生活垃圾的管理手段是不同的。

工业废物的收集、运输及处理根据"谁污染,谁治理"原则进行管理,所以,产生固体废物的企业都应设立堆放场甚至处置场,收集与运输工作也是自行负责,若生产单位在后续中不能自行利用,均由废旧物资回收部门进行分类登记、统一收购及分类存放,必需时还要建立专门的废料仓库,专人保管;对于有害废物要专门分类收集、分类管理。

城市垃圾中的商业垃圾、建筑垃圾及污水处理厂的污泥,原则上是由单位自行清除;粪便的收集分两种情况:具有卫生设施的住宅居民粪便大部分直接排入化粪池;没有卫生设施的使用公厕或倒粪站进行收集,并由环卫专业队伍用真空吸粪车清除运输。

城市垃圾中的生活垃圾由于产生地点比较分散,收集工作十分困难,与收集、运输有关的因素很多,如收集容器、收集方式、运输车辆、转运站的设置、运输路线、交通情况等,这些因素都会对生活垃圾的收运产生较大的影响。以下主要介绍城市生活垃圾收集、运输方面的情况。

1.收集方式

生活垃圾按收集内容可分为两种方式,即混合收集和分类收集。根据收集的时间,又可以分为定期收集和随时收集。

（1）混合收集。

混合收集是指统一收集未经任何处理的原生废物的方式,其主要优点是收集费用低、简便易行,缺点是各种废物相互混杂,降低了废物中有用物质的纯度和再生利用的价值,同时增加了各类废物的处理难度,造成处理费用的增大,从当前的趋势来看,该种方式正在逐渐被淘汰。混合收集是传统的收集方式,具体分为定点收集和定时收集等。

（2）分类收集。

分类收集是指根据废物的种类和组成进行分别收集的方式,是城市垃圾收集的必然发展方向,其优点在于:分类收集是实现垃圾减量化、无害化、资源化的必由之路;便于垃圾的进一步处理和处置;减轻对收运系统所增加的压力;有助于提高公民的环境保护意识等。

分类收集的原则是工业废物与城市垃圾分开;危险废物与一般废物分开;可回收利用物质与不可回收利用物质分开;可燃性物质与不可燃性物质分开。

分类收集的具体做法是先根据本地区的垃圾组成情况,将垃圾分成几个分类组,一般以可回收废品、大型垃圾、易腐性有机物和一般无机物为主要分类组,其中,可回收废品组尚可根据需要分成玻璃、磁性或非磁性金属、塑料等成分以提高资源利用价值。使用的工具为特制塑料垃圾袋,居民在排放垃圾时,分类将其放入有明显标志的不同垃圾袋内,然后再送到收集点放入不同的容器中,而收运人员也将其分类运输,最后按不同性质回收和处理,完成垃圾清运过程。

垃圾分类作为推进生活垃圾减量化、资源化、无害化的主要手段之一,是防治环境污染的重要举措。目前我国有46个垃圾分类重点城市,正在开展生活垃圾分类工作。同时新《固体废物法》也为加强生活垃圾分类管理提供了法治保障。

定期收集是指按固定的时间周期收集特定固体废物的方式,主要收集体积较大的废物及危险废物等。其优点主要是:可以将暂存废物的危险性减小到最低程度;可以有计划地使用运输车辆(往往需特殊车辆);有利于处理处置规划的制定。

2.收集容器及收集设施

国内目前各城市使用的垃圾收集容器规格不一、种类繁多。收集容器除大小适当外,必须满足各种卫生要求,并要求使用操作方便,美观耐用,造价适宜,便于机械化装车。公共收集容器常见的有固定式砖砌垃圾箱、活动式带车轮的垃圾桶、铁制活底卫生箱、车厢式集装箱等。住宅区的垃圾箱或大型容器应设置在固定位置,设置时要考虑居民的密度,方便居民,便于分类收集和机械化装车。同时,要使收集容器具有较好的密封隔离效果,并设置隐蔽,不妨碍交通路线和影响市容观瞻。

3.收集站

生活垃圾收集站的作用是将从居民、单位、商业和公共场所等垃圾收集点清除的垃圾运送到收集站集中,并装入专门的容器内,由运载车辆送到大型垃圾转运站或垃圾处理场。

（1）密闭式垃圾收集站。

密闭式垃圾收集站以其采用的先进技术及在运输过程中垃圾不暴露、工人作业条件好、环境卫生好等特点在全国各城市获得了迅速发展,也有的城市称之为垃圾中转站。根据是否配置压缩机构可将其分为普通式密闭垃圾收集站(图 6.3)和压缩式密闭垃圾收集站两种。

(2)地面压缩式生活垃圾收集站。

地面压缩式生活垃圾收集站(图 6.5)是由放置地面的移动式压缩机配以若干专用垃圾集装箱组成的(另一种系统是压缩机固定,集装箱移位)。

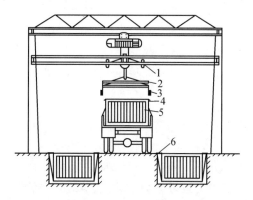

图 6.4 普通式密闭垃圾收集站设施的基本结构
1—导向总承;2—吊装架;3—吊环;4—吊耳;5—集装箱;6—地坑挡板

图 6.5 压缩式生活垃圾收集站

4.收集系统

常用的收集系统主要有拖拽容器系统(动箱系统)和固定容器系统(定箱系统),其运转方式如图 6.6 所示。

拖拽容器系统,即动箱系统(图 6.6(a)),是指用牵引车将收集点装满垃圾的容器拖拽到转运站,倒空后再将空容器送回原来收集点。每个收集点重复这一操作。

固定容器系统,即定箱系统(图 6.6(b)),牵引车在每个收集点都将满装垃圾的收集容器腾空,并留在原地,与前面的方式相比,消除了牵引车在两个收集点之间的空载运行,缩短了牵引车的行程。固定容器系统是用大容积的运输车或配置压缩车收集多个收集点,最后一次卸到中转站或处置场。由于运输车在各站间只需要单程行车,所以与拖拽系统相比,收集效率更高。

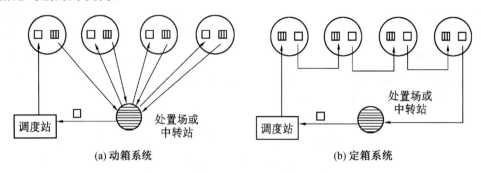

     (a) 动箱系统   (b) 定箱系统

图 6.6 两种收集系统运行过程示意图

5.收集运输车辆

  固体废物的收集运输方式主要有车辆、船舶、管道等。在城市垃圾收运过程中,通常采用的是车辆收集运输的方式,选择车辆时要充分考虑车辆与收集容器的匹配、装卸机械化、车身密封、对废物的压缩方式、中转站类型、收集运输路线,以及道路交通情况等具体问题。垃圾装卸车按装车型式大致可分为前装式、侧装式、后装式、顶装式、集装箱直接上车等形式。车身大小按载重量分,额定量为 $10\sim30$ t,装载垃圾有效容积为 $6\sim25$ m³(有效载重量为 $4\sim15$ t)。

  国内常用的垃圾收集车有简易自卸式收集车、活动斗式收集车、侧装式密封收集车、后装压缩式收集车(图 6.7)等。

图 6.7 后装压缩式垃圾车结构图

6.转运站的设置

  垃圾转运站是垃圾清运工作中重要的经济管理问题,是指为了减少垃圾清运过程的运输费用而在垃圾产地(或集中地点)至处理厂之间所设的垃圾中转站。在此,将各收集点清运来的垃圾集中,再换装到大型的或其他运费较低的运载车辆中继续运往处理场。同时,还可以在中转站中对各种废物进行适当的预处理,如分选、破碎、压缩等,回收有用物质,甚至还可对垃圾进行解毒、中和、脱水等处理工作,以减少在后续运输和处理处置过程中的危险性。

垃圾转运站要尽可能位于垃圾收集中心或垃圾产量多的地方,其选址还要根据运输距离而定,垃圾运输距离超过 20 km 时,应设置大、中型转运站;同时还靠近公路干线、交通方便、居民和环境危害最少的地方。此外,转运站的主要建筑物应采用密闭式结构,四周应设置防护带,以防止飘尘污染周围大气环境,转运站内还应安装除尘、消音和消防设备,经常对站内各种设备和设施进行消毒。

垃圾转运站按转运能力可分为 3 类:①小型转运站,日转运量在 150 t 以下;②中型转运站,日转运量为 150～450 t;③大型转运站,日转运量为 450 t 以上。按大型运输工具的不同分类可分为公路运输转运站、铁路运输转运站、水路运输转运站等。

6.2.3　固体废物的预处理

1.固体废物的压实工程

压实又称压缩,是利用机械的方法减少垃圾的空隙率,将空气挤压出来,增加固体废物的聚集程度。通过压实,既可以增大垃圾的密度和减小体积,便于装卸和运输,确保运输安全与卫生,降低运输成本,又可制取高密度惰性块料,便于储存、填埋或做建筑材料。

固体废物经过压实处理后,体积减小的程度称为压实比,废物的压实比取决于废物的种类和施加的压力。一般生活垃圾压实后,体积可减小 60％～70％。目前,压实已成为许多国家处理城市固体废物的一种现代化方法。

固体废物的压实设备可分为固定式和移动式两大类。凡用人工或机械方法(液压方式为主)把废物送到压实机械中进行压实的设备称为固定式压实设备。而移动式压实设备是指在填埋现场使用的轮胎或履带式压土机、钢轮式布料压实机,以及其他专门设计的压实机具。压实设备有水平式压实器、三向垂直式压实器、回转式压实器、装式压实器、高层住宅垃圾滑道下的压实器等。

(1)水平式压实器。

图 6.8 为水平式压实器示意图,压实器中的水平往返运动的压头将废物压入矩形或方形容器中。水平压实器现有很多新技术,多用于垃圾收集站及转运站中。

(2)三向垂直式压实器。

图 6.9 为适合于压实松散金属废物的三向垂直式压实器示意图。该装置具有 3 个互相垂直的压头,金属等废物被置于容器单元内,而后依次启动 3 个压头,逐渐使固体废物的空间体积缩小,容积密度增大,最终达到一定尺寸。压后尺寸一般在 200～1 000 mm 之间。

(3)回转式压实器。

图 6.10 为回转式压实器示意图。废物装入容器单元后,先按水平压头 1 的方向压缩,然后按箭头的运动方向驱动旋动压头 2,最后按水平压头 3 的运动方向将废物压至一定尺寸排出。适于压实体积小、自重较轻的固体废物。

(4)袋式压实器。

袋式压实器是将废物装入袋内,压实填满后立即移走,换一个空袋。适用于工厂中某些组分比较均匀的固体废物。通常所说的台式压实装置可按类似于袋式压实器的方式使用。

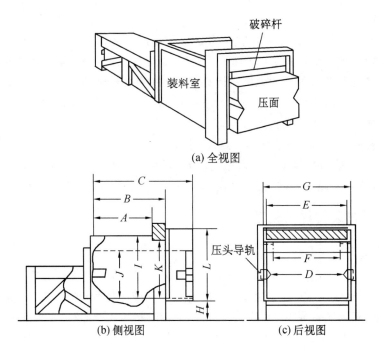

(a) 全视图

(b) 侧视图　　　　　(c) 后视图

图 6.8　水平式压实器示意图

A—有效顶部开口长度；B—装料室长度；C—压头行程；D—压头导轨宽度；E—装料室宽度；F—有效顶部开口宽度；G—出料口宽度；H—压面高度；I—装料室高度；J—压头高度；K—破碎杆高度；L—出料口高度

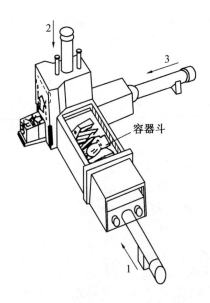

图 6.9　三向垂直式压实器示意图

1—水平压头；2—垂直压头；3—纵向压头

(5)高层住宅垃圾滑道下的压实器。

图 6.11 为高层住宅垃圾滑道下的压实器工作示意图。压缩循环开始,从滑道中落下

的垃圾进入料斗；压缩臂全部缩回处于起始状态，压缩室内充入垃圾，当压臂全部伸展，垃圾被压入容器中；垃圾不断充入，最后在容器中压实，将压实的垃圾装入袋内。

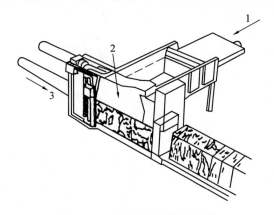

图 6.10　回转式压实器示意图
1—水平压头；2—驱动旋动压头；3—水平压头

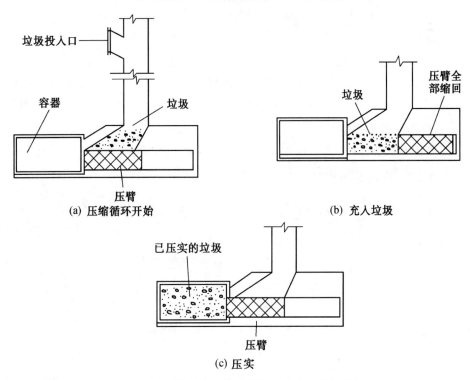

图 6.11　高层住宅垃圾滑道下的压实器工作示意图

2.固体废物的破碎

固体废物的破碎是指利用外力使大块固体废物分裂成小块的过程。

（1）固体废物破碎的目的及作用。

使固体废物尺寸减小、粒度均匀有利于下一步进行焚烧、堆肥和资源化处理。增加固体废物的比表面积，提高焚烧、热分解、熔融等作业的稳定性和热效率。固体废物粉碎后体积减小，便于运输、压缩、储存和高密度填埋，加速土地还原利用。固体废物粉碎后，原来连生在一起的矿物或连接在一起的异种材料等会出现单位分离，便于回收利用。防止粗大、锋利的固体废物损坏分选、焚烧和热解等设备或炉膛等。

（2）机械破碎和非机械破碎。

机械破碎是利用破碎工具（如破碎机的齿板、锤子等）对固体废物施力而将其破碎，如挤压破碎、剪切破碎、冲击破碎、摩擦破碎等，如图6.12所示。非机械破碎是利用电能、热能等对固体废物进行破碎的方法，如低温破碎、热力破碎、减压破碎及超声波破碎等。

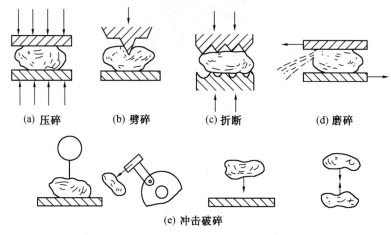

(a) 压碎　　(b) 劈碎　　(c) 折断　　(d) 磨碎

(e) 冲击破碎

图 6.12　破碎方法

（3）破碎方法与设备的选择。

根据固体废物的性质、粒度的大小、破碎比和破碎机的类型，每段破碎流程可以有不同的组合方式，其基本工艺流程如图6.13所示。

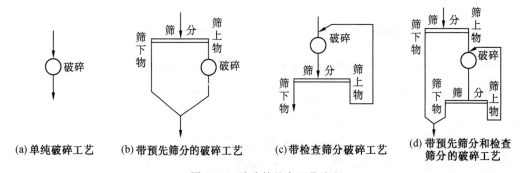

(a)单纯破碎工艺　(b)带预先筛分的破碎工艺　(c)带检查筛分破碎工艺　(d)带预先筛分和检查筛分的破碎工艺

图 6.13　破碎的基本工艺流程

对于脆硬性废物，如各种废石和废渣等，多采用挤压、劈裂、弯曲、冲击和磨剥破碎；对于柔硬性废物，如废钢铁、废汽车、废器材和废塑料等，多采用冲击和剪切破碎。对于一般粗大固体废物，往往不是直接送入破碎机，而是先剪切、压缩成形状，再送入破碎机。

废塑料及其制品、废橡胶及其制品、废电线（塑料橡胶被覆）等的破碎，多采用低温冷冻破碎。

对于含有大量废纸的城市垃圾，近几年多采用半湿式和湿式破碎。

①脆硬性废物的破碎设备。一般破碎机是由两种或两种以上的破碎方法联合作用对

固体废物进行破碎的。常用的固体废物破碎机还有冲击式破碎机、剪切式破碎机、球磨机等。

②低温破碎技术。低温破碎技术是利用固体废物低温变脆的性能而进行破碎,也可利用不同的物质脆化温度的差异进行选择性破碎。低温破碎通常采用液氮作为制冷剂,使用高速冲击破碎机使易脆物质脱落粉碎,其流程图如图 6.14 所示。常用低温破碎技术对塑料进行破碎,所需动力比常温破碎要小得多,但不适用于处理膜式塑料;也可以利用低温破碎从有色金属混合物、废轮胎、包覆电线等废物中回收铜、铝及锌。

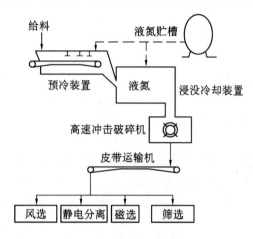

图 6.14　低温冷冻破碎工艺流程图

③湿式破碎技术。湿式破碎技术是以回收城市垃圾中的大量纸类为目的发展起来的,主要使用湿式破碎机将含纸垃圾变成均质浆状物,处理过程中不滋生蚊蝇、无恶臭、卫生条件好;还具有噪声低、无发热、爆炸、粉尘等危害的优点;非常适用于回收垃圾中的纸类、玻璃及金属材料等。

半湿式选择性破碎分选技术是根据垃圾中各种不同物质的强度和脆性,在一定温度下破碎成不同粒度的碎块,然后通过筛孔分离,是一种破碎和分选同时进行的分选技术,其完成装置是半湿式选择性破碎分选机,如图 6.15 所示,Ⅰ组可以得到纯度为 80% 的堆肥原料 ——厨房垃圾;Ⅱ组可回收纯度为 85%～95% 的纸类;Ⅲ组可得到纯度为 95% 的塑料类或纯度为 98% 的废铁。半湿性选择技术进料适应性好,易破碎的废物首先被破碎并及时排出,不会产生过粉碎现象。

3.固体废物的分选

固体废物分选是依据废物的物理和化学性质的不同而采用不同的分选方法,其中包括物质的粒度、密度、磁性、电性、光电性、摩擦性、弹性和表面湿润性等。分选方法最早采用的是手工拣选,特别是对危险性、有毒有害的固体废物,必须通过手工拣选;还可根据各物质的特性,采用筛选(筛分)、重力分选、磁力分选、电力分选、光电分选、摩擦及弹性分选,以及浮选等技术方法。

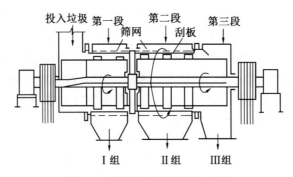

图 6.15　半湿式选择破碎分选机

（1）筛分。

筛分是根据固体废物尺寸大小进行分选的一种方法。该分离过程可看作是由物料分层（分离条件）和细粒透筛（分离目的）两个阶段组成的。最常用的固体废物筛分设备主要有固定筛、滚筒筛、惯性振动筛、共振筛等几种类型。

（2）重力分选。

重力分选是按颗粒密度或粒度进行颗粒混合物分选的过程，重力分选介质可分为空气、水、重液（密度大于水的液体）、重悬浮液等。其分选方法很多，按作用原理可分为重介质分选、风力分选（气流分选）、惯性分选、摇床分选和跳汰分选等。

（3）磁力分选。

磁力分选是基于固体废物各组分的磁性差异，利用磁选设备进行分离的一种方法。磁选方法应用较普遍，如从城市垃圾中回收钢铁；从钢铁工业废渣、尘泥中回收炼铁原料；稀有金属精矿中的硫化铁，可用磁化焙烧法使其转变成磁性氧化铁，再用磁选法将其选出作为炼铁原料等。用于固体废物分选的磁选机械有多种，但就供料方式有磁带式分选机和磁鼓式分选机两种。

（4）电力分选。

电力分选是利用固体废物中各种组分在高压电场中电性的差异而实现分选的一种方法。静电分选机利用各种物质的电导率、热电效应及带电作用的差异进行物料分选，可用于各种塑料、橡胶、纤维纸、合成皮革、胶卷、玻璃与金属的分离。

（5）浮选。

浮选是根据固体废物颗粒表面润湿性的差异，加入适当的浮选剂，使废物颗粒表面疏水，通入空气形成气泡，表面呈疏水性的废物颗粒附着于气泡，上浮到液面上形成泡沫层，另一些则留于水中，从而达到分离目的。根据药剂在浮选过程中的作用不同，可分为捕收剂、起泡剂和调整剂三种。浮选设备类型很多，我国使用最多的是机械搅拌式浮选机。

浮选是固体废物资源化的一种重要技术，我国已应用于从粉煤灰中回收炭，从煤矸石中回收硫铁矿，从焚烧炉灰渣中回收金属等。

（6）其他分选方法。

其他分选方法有摩擦与弹跳分选、光电分选、漏电分流技术分选等方法。

①摩擦与弹跳分选。摩擦与弹跳分选是根据固体废物中各组分摩擦系数和碰撞系数的差异，利用其在斜面上运动或碰撞弹跳时产生不同的运动速度和弹跳轨迹，而实现彼此

分离的处理方法。

②光电分选。光电分选是一种利用物质表面光反射特性的不同而分离物料的方法，这种方法现已用于按颜色分选玻璃的工艺中。

③涡电流分离技术。涡电流分离技术是利用含有非磁导体金属（如铅、铜、锌等物质）的物质以一定速度通过一个交变磁场时会产生感应涡流，从而对产生涡流的金属片块有一个推力，将这些金属分离出来。这是一种在固体废物回收有色金属的有效方法。

（7）分选回收工艺系统。

为了有效、经济地回收城市垃圾和工业固体废物中的有用物质，根据废物的性质和要求，将两种或两种以上的分选单元操作组合成一个有机的分选回收工艺系统（工艺流程）。图6.16为综合各国垃圾分选回收系统优点的分选回收工艺系统。

6.3　城镇生活垃圾的资源化处理工程

6.3.1　堆肥处理

堆肥处理法是将固体废物中的有机可腐物转化为土壤可接受的有机营养土或腐殖质，既可解决城市垃圾的环境污染问题，又可为农业生产提供适用的腐殖土，从而维持自然界的良性物质循环。堆肥处理的主要对象是城市生活垃圾、污水厂污泥、人畜粪便、农业废弃物、食品加工业废弃物等。

1. 堆肥化的概念和分类

堆肥化（composting）是指在一定的控制条件下，通过生物化学作用使来源于生物的有机固体废物分解成比较稳定的腐殖质的过程。废物经过堆制，体积一般只有原体积的50%～70%。废物经过堆肥处理制得的成品称为堆肥（compost）。

堆肥化系统有很多种类。现代的城市垃圾堆肥工艺大都选择的是好氧堆肥，其系统温度一般为50～65 ℃，最高可达80～90 ℃，堆肥周期短，故也称为高温快速堆肥。在厌氧法堆肥系统中，空气与发酵原料隔绝，堆肥温度低，工艺比较简单，成品堆肥中氮素保留比较多，但堆制周期过长，需3～12个月，异味浓烈，分解不够充分。

2. 好氧堆肥技术

（1）好氧堆肥原理。

好氧堆肥是通过好氧微生物对废物中生物有机物进行吸收、氧化、分解的自身生命活动，把一部分被吸收的有机物氧化成简单的无机物，并释放出生物生长活动所需要的能量，把另一部分有机物转化成新的细胞物质，使微生物生长繁殖，产生更多的生物体。图6.17为有机物的好氧堆肥分解过程示意图。

根据堆肥的微生物新陈代谢过程，可将其分为三个阶段：第一阶段为起始阶段（温度由环境温度到40～50 ℃），嗜温细菌、放线菌、酵母菌和真菌分解有机物中易降解的葡萄糖、脂肪和碳水化合物，产生热量使堆肥物料温度上升；第二阶段为高温阶段（温度为50～70 ℃），此阶段起始阶段不适应的微生物死亡，随之生产出一系列嗜热菌又进一步使温度

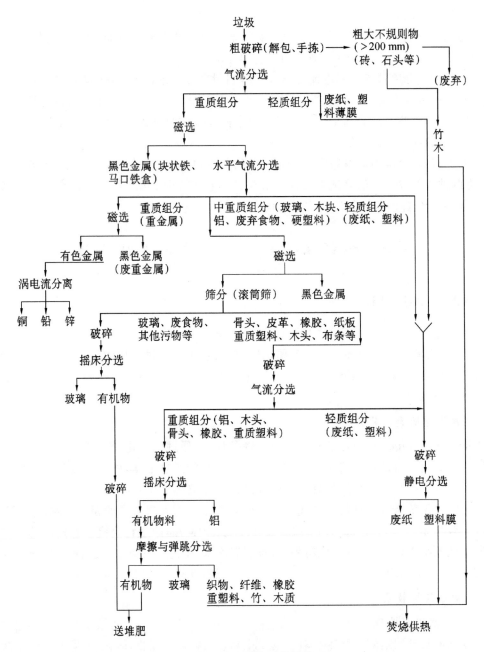

图 6.16　分选回收工艺系统

升至70 ℃,除一些孢子外,所有的病原微生物都会在几小时内死亡;第三阶段为熟化阶段(或冷却阶段),有机物基本降解完,嗜热菌因缺养料停止生长,产热随之停止,堆肥温度因散热而下降,冷却后,一系列新的微生物主要是真菌和放线菌将借助残余有机物(包括死掉的细菌残体)而生长,最终完成堆肥过程。

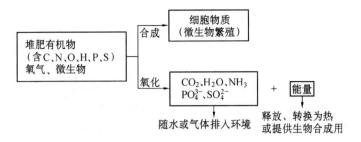

图 6.17　有机物的好氧堆肥分解过程示意图

（2）堆肥过程参数。

堆肥过程的关键是要较好地满足微生物生长和繁殖所必需的参数，主要有供氧量（体积分数为 10%～18%）、含水量（50%～60%）、碳氮比（20∶1～35∶1）、碳磷比（75∶1～150∶1）、pH（初期 5.5～6.0，结束 8.5～9.0）、腐熟度（分解不再激烈，温度低，茶褐色或黑色，无恶臭）、原料有机物含量[①]（20%～80%）。在实际操作过程中，可通过破碎、筛分等预处理方法去除无机成分，使有机物含量提高到 50% 以上；也可掺入一定比例的稀粪或城市污水、污泥、畜类粪便等混合堆肥。

（3）好氧堆肥程序。

堆肥的程序包括原料的预处理、发酵、后处理、储存 4 个环节。

①预处理。预处理包括分选、破碎、筛分、混合及含水率和碳氮比（C/N）调整。首先去除废物中的金属、玻璃、塑料和木材等杂质，并破碎到 40 mm 左右的粒度，然后选择堆肥原料进行配料，以便调整配料的水分和碳氮比。

②原料发酵。大多采用一次发酵（主发酵）方式，指从发酵开始，经中温、高温及温度开始下降的整个过程，主发酵期为 4～12 d。目前，推广二次发酵（后发酵）方式是指经过一次发酵后，还存在易分解和大量难分解的有机物，将其送到后发酵室，将物料堆成1～2 m高的堆垛，采用条堆或静态堆肥的方式，自然通风，间歇性翻堆，进行二次发酵，使之腐熟。后发酵时间通常为 20～30 d。

③后处理。后处理是对发酵熟化的堆肥进行处理，进一步去除杂质和必要的破碎处理，可得到含水量为 30% 左右、C/N 为 15～20 的精制堆肥，也可以加入氮、磷、钾制成复合肥。

④储存。堆肥一般在春秋两季使用，在夏冬季就必须积存，所以要建立储存 6 个月生产量的设备。储存方式可直接堆存在发酵池中或袋装，要求干燥且透气，闭气和受潮会影响产品的质量。

（4）堆肥方法与发酵装置。

按堆肥物料运动形式可分为静态堆肥和动态堆肥；按堆肥堆制方式可分为间歇堆积法和连续堆制法。

---

①　含量除特殊说明外，均指质量分数。

①间歇堆积法。间歇堆积法又称露天堆积法,是将原料一批一批地发酵,一批原料堆积之后不再添加新料,待完成发酵成为腐殖土运出。图 6.18 为垃圾处理实验厂工艺流程图。

②连续堆制法。连续发酵工艺采取连续进料和连续出料方式发酵,原料在一个专设的发酵装置内完成中温和高温发酵过程。该系统发酵时间短,能杀灭病原微生物,还能防止异味,成品质量比较高。连续发酵装置主要类型有立式堆肥发酵塔(通常包括立式多层圆筒式、立式多层板闭合门式、立式多层桨叶刮板式、立式多层移动床式等)、卧式堆肥发酵滚筒(又称丹诺(Dano)发酵器)、筒仓式堆肥发酵仓(分动态和静态两种)等。各发酵装置简图如图 6.19 所示。

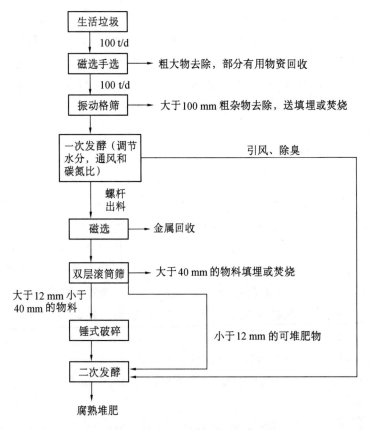

图 6.18　垃圾处理实验厂工艺流程图

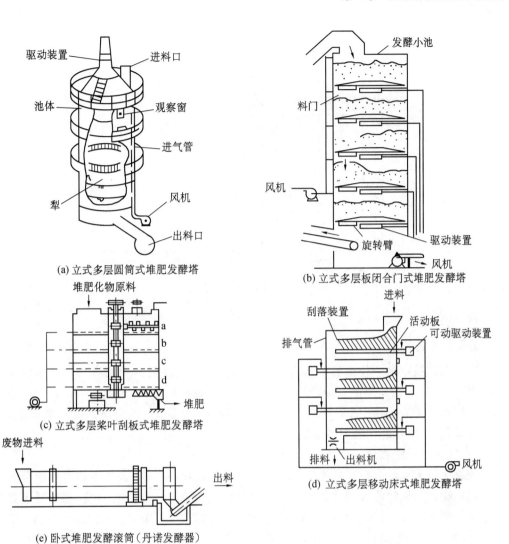

(a) 立式多层圆筒式堆肥发酵塔

(b) 立式多层板闭合门式堆肥发酵塔

(c) 立式多层桨叶刮板式堆肥发酵塔

(d) 立式多层移动床式堆肥发酵塔

(e) 卧式堆肥发酵滚筒（丹诺发酵器）

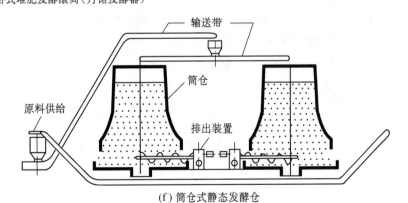

(f) 筒仓式静态发酵仓

图 6.19　各发酵装置简图

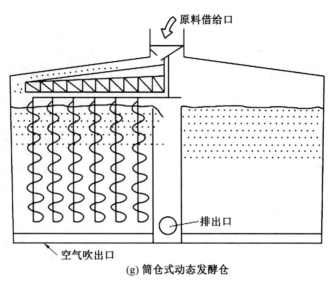

(g) 筒仓式动态发酵仓

续图 6.19

3. 厌氧堆肥技术

厌氧堆肥技术是一种在厌氧状态下利用微生物使固体废物中的有机物快速转化为 CH_4 和 CO_2 的过程。由于可以产生以 CH_4 为主要成分的沼气,因此,又称为甲烷发酵。厌氧堆肥可以去除废物中 $30\%\sim50\%$ 的有机物并使之稳定化。厌氧消化是实现有机固体废物无害化、资源化的一种有效方法。

(1)厌氧法堆肥原理。

厌氧法堆肥是将生物有机物废物与空气隔绝地堆积,在厌氧条件下使有机物分解并达到稳定化。有机物的厌氧分解可分为产酸与产气两个阶段。产酸阶段,在产酸菌和其他细菌的作用下,使原料中的有机物水解为甲酸、乙酸等有机酸,此外还有醇、氨、氢、二氧化碳等,同时释放出能量。产气阶段,主要是甲烷细菌在厌氧条件下分解有机酸、醇,产生甲烷、二氧化碳等气体。厌氧堆肥有机物分解比较缓慢,我国农村传统的堆肥就是采用这一原理。有机物的厌氧堆肥分解如图 6.20 所示。

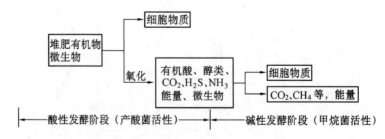

图 6.20　有机物的厌氧堆肥分解

(2)影响厌氧发酵的因素。

保持严格的厌氧条件,在堆肥化过程中,要求氧化还原电位在 $-330\ \text{mV}$ 以下;保持一定的碳氮比(20∶1～30∶1);温度要控制在 $35\sim38\ ℃$(中温发酵)或 $50\sim65\ ℃$(高温发酵)为宜,低于 20 ℃(常温发酵)也较常使用;pH 最佳为 6.8～7.5,而且要充分搅拌。

(3)厌氧发酵工艺。

厌氧发酵工艺类型较多,可按发酵温度、发酵方式、发酵级差的不同划分成几种类型,使用较多的是按发酵温度划分。

①高温厌氧发酵工艺。高温厌氧发酵工艺最佳温度范围是 47～55 ℃,有机物分解旺盛,发酵快,物料在厌氧池内停留时间短,非常适于城市垃圾、粪便和有机污泥的处理。

②自然温度(常温发酵)厌氧发酵工艺。自然温度(常温发酵)厌氧发酵工艺是指在自然界温度影响下发酵温度发生变化的厌氧发酵,工艺流程如图 6.21 所示。这种工艺的发酵池结构简单,成本低廉,施工容易,便于推广,但受季节影响明显。

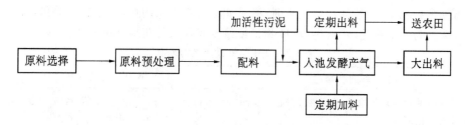

图 6.21　自然温度半批量投料沼气发酵工艺流程

厌氧发酵池亦称厌氧消化器,种类很多,按发酵间的结构形式,有圆形池、长方形池;按贮气方式,有气袋式、水压式和浮罩式。其中,水压式沼气池为我国农村主要推广类型,又称"中国式沼气池",如图 6.22 所示。

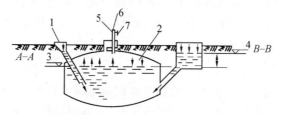

图 6.22　水压式沼气池工作原理示意图
1—加料管;2—发酵间(贮气部分);3—池内料液液面 $A-A$;4—出料间液面 $B-B$;5—导气管;6—沼气输气管;7—控制阀

6.3.2　热解处理

1.热解的特点

热解是一种传统的工业化生产技术,最早应用于煤的干馏,所得到的焦炭产品主要作为冶炼钢铁的燃料,后被用于重油和煤炭的气化,20 世纪 70 年代,热解技术开始用于固体废物的资源化处理。

与焚烧相比,热解有以下优点:①可以将固体废物中的有机物转化为以燃料气、燃料油和炭黑为主的储存性能源;②由于是缺氧分解,排气量小,有利于减轻对大气环境的二次污染;③废物中的硫、重金属等有害成分大部分被固定在炭黑中;④由于保持还原条件,

Gr^{3+} 不会转化为 Gr^{6+};⑤NO_x 的产生量少。

2.热解的概念及原理

热解(pyrolysis)在工业上也称为干馏,它是将有机物在无氧或缺氧状态下加热,利用热能破坏含碳高分子化合物元素间的化学键,使含碳化合物破坏或者进行化学重组,使之分解为以氢气、一氧化碳、甲烷等低分子碳氢化合物为主的可燃性气体,在常温下为液态的包括乙酸、丙酮、甲醇等化合物在内的燃料油,纯碳与玻璃、金属、土砂等混合形成的炭黑的化学分解过程。

城市固体废物、污泥、工业废物,如塑料、树脂、橡胶及农业废料、人畜粪便等各种固体废物都可以采用热解方法,从中回收燃料,但并非所有有机废物都适于热解,适于热解或焚烧的废物见表6.2。选择热解技术时,必须充分研究废物的性质、组成和数量,充分考虑其经济性。与焚烧相比,热解温度、废物供给量及操作条件等要严格得多。

表 6.2　适于热解或焚烧的废物

适于热解的废物	适于焚烧的废物
废塑料(含氯的除外)、废橡胶、废轮胎、废油以及油泥(渣)、废有机污泥	纸、木材、纤维素、动物性残渣、无机污泥、有机污泥、含氯有机废物、其他各种混合废物

热解是一个复杂、连续的化学反应过程,包括有机物断键和异构化等化学反应,其中间产物一方面是大分子裂解成小分子,另一方面又有小分子聚合成较大的分子。

固体废物热解后,减容量大,残余炭渣较少,这些炭渣化学性质稳定,含 C 量高,有一定热值,一般可用作燃料添加剂或道路路基材料、混凝土骨料、制砖材料。纤维类废物(木屑、纸)热解后的渣,还可经简单活化制成中低级活化炭,用于污水处理等。

3.热解方式及主要影响因素

(1)热解方式。

由于供热方式、产品状态、热解炉结构等方面的不同,热解方式各异。

热解按供热方式可分为内部加热和外部加热;按热解温度不同可分为高温热解、中温热解和低温热解;按热分解与燃烧反应是否在同一设备中进行,可分为单塔式和双塔式;按热解过程是否生成炉渣可分成造渣型和非造渣型;按热解产物的状态可分成气化方式、液化方式和碳化方式;按热解炉的结构可分成固定层式、移动层式或回转式。

(2)热解的影响因素。

热解的关键影响因素是温度、加热速率、废料在反应器中的保温时间,每个因素都直接影响产物的混合和产量。另外,废物的成分、反应器的类型及作为氧化剂的空气供氧程度等,都对热解反应过程产生影响。

①热解温度是影响因素中的最重要参数,较低温度下,油类含量较多,随着温度升高,许多中间产物二次裂解,各种有机酸、焦油、炭渣相对减少;从产物气体成分上看,随着温度升高,脱氢反应加剧,H_2 含量增加,C_2H_4、C_2H_6 含量减少;低温时,CO_2、CH_4 等含量增加,CO 含量减少;高温阶段,CO 含量逐渐增加。目前,热解主要还是在高温常压下进行。

②加热速率对产品成分比例影响较大,在较低和较高加热速率下热解产品气体含量高。

③保温时间长,分解转化率高,热解充分,但处理量少;保温时间短,热解不完全,但处理量高。

④热解废物的特性对热解反应过程也有一定的影响。热解废物中有机物成分比例大,可热解性较高,所得热解产品的热值高,残渣少;热解废物中含水率低,干燥热耗少,升温到工作温度的时间短;热解废物的颗粒尺寸较小时可以促进热量传递,保证热解过程顺利进行。

4.热解工艺及设备

在实际生产中,热解工艺常用的两种分类方法有:按照生产燃料的目的,可分为热解造油和热解造气;按热解过程控制条件可分为高温分解和气化。一个完整的热解工艺包括进料系统、反应器、回收净化系统、控制系统几个部分。其中,反应器部分是整个工艺的核心,热解过程就在反应器中发生。

热解反应设备有很多种,常见的反应器有固定燃烧床反应器(固定床反应器)、流态化燃烧床反应器(流化床反应器)、旋转窑、双塔循环式热解反应器(包括固体废物热分解塔和固形炭燃烧塔,如图 6.23 所示)。

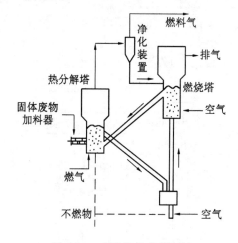

图 6.23　双塔流化床热解炉

6.3.3　焚烧处理

焚烧是一种高温分解和深度氧化综合过程的热化学处理方法。固体废物经过焚烧,体积可减小 80%～95%;一些危险固体废物通过焚烧,可以破坏其组成结构或杀灭原病菌,达到解毒、除害的目的。所以,固体废物的焚烧处理能同时实现减量化、无害化和资源化,是一条重要的处理、处置途径。

利用焚烧处理技术可处理城市垃圾、工业生产排出的有机固体废物、城市污水处理厂排出的污泥等。固体废物能否采用焚烧法处理,主要取决于其可燃性及热值。热值是指单位质量的固体废物燃烧释放出来的热量,以 kJ/kg 表示,要求垃圾平均低位热值应达到 5 000 kJ/kg 以上。

1.固体废物的焚烧

(1)燃烧过程。

需焚烧的废物从送入焚烧炉起,到形成烟气和固态残渣的整个过程,可称为焚烧过程,它包括 3 个阶段:①干燥加热阶段,从废物送入焚烧炉起到物料水分基本析出、温度上升、着火这一阶段;②焚烧阶段,是真正的燃烧阶段,包括 3 个同时发生的化学反应模式,即强氧化反应(燃烧包括产热和发光二者的快速氧化过程)、热解、原子基团碰撞(高温下富含原子基团的气流的电子能量跃迁,以及分子的旋转和振动产生量子辐射形成火焰);③燃尽阶段,可燃物浓度减少,惰性物增加,氧化剂量相对较大,反应区温度降低。固体废物焚烧过程示意图如图 6.24 所示。

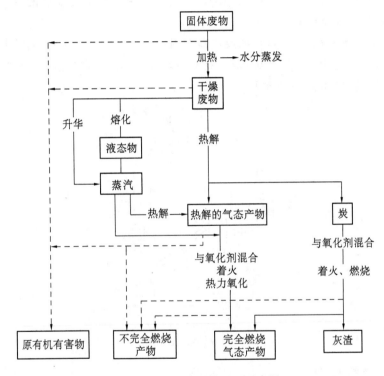

图 6.24　固体废物焚烧过程示意图

(2)影响燃烧过程的因素。

固体废物的焚烧处理是一个复杂的系统工程,因此许多因素都会影响固体废物的焚烧效果,如焚烧炉类型、固体废物性质、物料停留时间、焚烧温度、供氧量、物料的混合程度等。其中,焚烧温度、停留时间、搅拌混合程度(湍流)以及过剩空气率合称为焚烧四大控制参数,就是工程上常说的"3T+1E",既是影响固体废物焚烧效果的主要因素,也是反应焚烧炉工况的重要技术指标。

①焚烧温度。大多数有机物的焚烧温度范围在 800~1 100 ℃,目前一般要求生活垃圾的焚烧温度要达到 1 150 ℃。

②停留时间。停留时间主要是指固体废物在焚烧炉内的停留时间和烟气在焚烧炉内

的停留时间。进行生活垃圾焚烧处理时,通常要求垃圾的停留时间在 1.5～2 h 以上,烟气停留时间能达到 2 s 以上。

③搅拌混合程度。搅拌混合程度是指为使废物完全燃烧,废物与助燃空气充分接触、燃烧气体与助燃空气充分混合的程度。焚烧炉采用的扰动方式有空气流扰动、机械炉排扰动、流态化扰动及旋转扰动等,其中以流态化扰动方式效果最好。

④过剩空气率。过剩空气率是指为使燃烧完全,需要加入比理论空气量更多的助燃空气量,以使废物与空气能完全混合燃烧。

废物粒径越小,其与空气混合越充分,停留时间越短。当燃烧室处于少量过剩空气条件下,燃烧效率最高。焚烧过程应控制适宜的温度,较高的温度可以减少停留时间,但在通风量一定时,焚烧的有效热却随温度的升高而降低,且炉体和耐火材料也限制过高温度。

(3)焚烧的产物。

有机碳的焚烧产物是 CO_2 和 CO 气体;有机物中氢的焚烧产物是水,若有氟或氯存在,也可能有它们的氢化物生成;有机硫、磷可生成 SO_2、SO_3 及 P_2O_5;有机氮化物主要生成气态的氮,也有少量氮氧化物;有机氟化物产物是氟化氢;有机氯化物产物为氯化氢;有机溴化物和碘化物生成溴化氢及少量溴气及元素碘。根据元素的种类和焚烧温度,金属可生成卤化物、硫酸盐、磷酸盐、碳酸盐、氢氧化物和氧化物等。

2.焚烧系统与焚烧设备

(1)焚烧系统。

固体废物的焚烧过程与普通燃料的燃烧过程有很大差别。固体废物的焚烧系统通常包括前处理系统、进料系统、焚烧系统、焚烧设备、排气系统和排渣系统,另外,还可能有焚烧炉的控制与测试系统和废热回收系统等辅助系统。

①前处理系统包括废物的储存和固体废物的分选、破碎、干燥等。

②焚烧炉的进料系统分为间歇式和连续式两种,进料设备的作用不仅是把固体废物送到炉内,同时,它可以使原料充满料斗,起到密封作用,防止炉膛内的火焰蹿出。

③焚烧室是固体废物焚烧系统的核心,由炉膛、炉算与空气供给系统组成。炉膛结构由耐火材料砌筑,有单室方形、多室型、旋转窑等多种构型。焚烧系统的另一个重要组成部分是保证固体废物在燃烧室内有效燃烧所需空气量的助燃空气供给系统。

⑦排气系统通常包括烟气通道、废气净化设施、烟囱等。排渣系统由移动炉算、通道及与履带相连的水槽组成。

⑧作为辅助系统,主要是一整套的测试和控制系统。控制系统包括送风控制、炉温控制、炉压控制、冷却控制等。测试系统包括压力、温度、流量的指示,烟气浓度监测和报警系统等。

(2)焚烧设备。

焚烧设备主要有坑式焚烧炉(敞开式焚烧炉)、多膛焚烧炉、流化床焚烧炉、回转窑焚烧炉等。最常用于焚烧城市垃圾的典型垃圾焚烧炉的构造如图 6.25 所示,其特点是对大块的垃圾团块不用预处理即可焚烧。垃圾焚烧工艺流程图如图 6.26 所示。

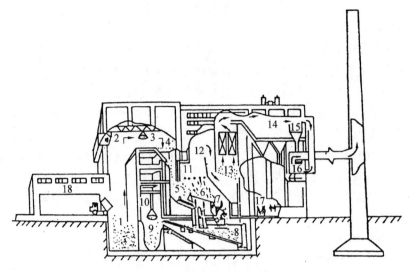

图 6.25　典型垃圾焚烧炉的构造

1—垃圾坑；2—起重机运转室；3—抓斗；4—加料斗；5—干燥炉栅；6—燃烧炉栅；7—后燃炉栅；8—残渣冷却水槽；9—残渣坑；10—残渣抓斗；11—二次空气供给喷嘴；12—燃烧室；13—气体冷却锅炉；14—电气集尘器；15—多级旋风分离器；16—排风机；17—中央控制室；18—管理所

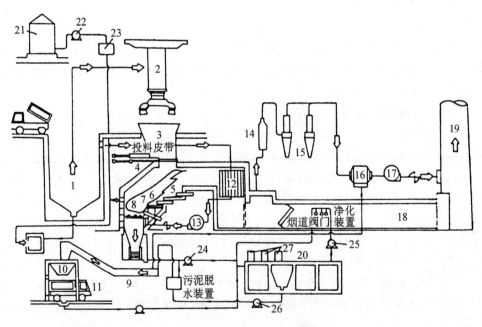

图 6.26　垃圾焚烧工艺流程图

1—垃圾坑；2—抓斗；3—加料斗；4—加料推杆；5—干燥炉栅；6—水平炉栅；7—圆形炉栅；8—摇动炉栅；9—出灰输送机；10—灰斗；11—运灰车；12—空气预热器；13—鼓风机；14—冷却塔；15—除尘器；16—除尘器；17—排风机；18—烟道；19—烟囱；20—污水处理槽；21—重油贮槽；22—油泵；23—重油辅助槽；24—污水泵；25—循环泵；26—污泥泵；27—药品槽

3.焚烧过程污染物的产生与防治

焚烧过程会产生大量的烟气和残渣排放,为防止二次污染,必须对其进行适当处理。

(1)烟气净化。

烟气中包括固态、液态和气态污染物,主要无害成分为 CO_2、H_2O、O_2、N_2 等,占容积的 99%;有害成分有 CO、NO_x、SO_x、H_2S、HCl 及具有特殊气味的饱和烃和不饱和烃、烃类氧化物、卤代烃类、芳香族类物质等有害气体,也包括多氯二苯二噁英(PCDDs);此外,还有炭黑、一些金属和盐类经蒸发凝聚而成的固体颗粒(气溶胶)等污染物。烟气净化内容主要为除臭、除酸和除尘。

①除臭。焚烧产生的特殊气体是垃圾的厌氧发酵和有机物不完全燃烧产生的。解决或减轻气味最有效的方法是改进燃烧工艺,调整燃烧参数(如送风比例、方式、炉温高低等)。为减少臭气的排出还可用吸收法、吸附法和稀释法。

②除尘。除尘是烟气净化的一项重要内容,利用除尘设备不仅能除掉固态颗粒物,而且可综合去除和减轻臭气和酸性气体。常用设备有重力和惯性除尘设备(沉降室、挡板、旋风分离装置)、湿式洗涤设备(液体喷雾塔、文丘里涤气器)、过滤除尘设备(袋式除尘器)、静电除尘设备(干式、湿式、板式、管式除电器)等。

③除酸。烟气中含有 HCl、SO_x 等酸性气体,主要用洗涤法去除,即通过除尘时溶于水除去,垃圾焚烧时也可能出现大量的 NH_3,使排烟常呈碱性,对酸性气体有中和作用。

(2)二噁英的控制对策。

二噁英(dioxin)及呋喃(furan)是人类目前已知的最具毒性的有机化合物,通常将PCDDs 和多氯代二苯并呋喃(PCDFs)统称为二噁英。为了规范国内的垃圾焚烧行业,提高生活垃圾的处理处置水平,避免造成二次污染,我国《生活垃圾焚烧污染控制标准》(GB 18485—2014)规定了垃圾焚烧炉二噁英排放浓度限值为 0.1 ng/m^3。

近年来,国内外研制开发的垃圾焚烧炉充分考虑了垃圾的完全燃烧问题,对二噁英的控制发挥了重要的作用,主要体现在以下几个方面:

①通过对焚烧温度、停留时间及良好的搅拌控制,提高了燃烧效率,减少了烟气中的未燃成分。

②控制焚烧温度,避免二噁英的生成。TCDDs 的分解温度为 850～920 ℃,而 PC-DDS/PCDFs 的前驱物质的分解温度在 920～1 000 ℃之间,氮氧化物在 1 200 ℃以上会发生高温分解,同时形成新的热衍生物。因此,垃圾焚烧炉中的燃烧温度应控制在1 200 ℃以下。现行的新式焚烧炉涉及温度大多为 1 050 ℃,如果产生的氮氧化物浓度低于 200 mg/L,二噁英将难以生成。

③合理控制烟气温度,防止二噁英的炉外再合成。由于飞灰中金属盐类的催化作用,烟气中携带的未燃颗粒或多环芳烃在 300 ℃时会合成二噁英,因此,将通过静电除尘或进入废热回收系统的烟气温度降低到 240 ℃以下可有效减少二噁英的炉外再合成。

④高效处理烟气,减少二噁英的污染排放。烟气中以气体方式存在的二噁英在静电除尘器中很难去除,但是通过控制充分燃烧配合温度骤降可以有效地减少气态二噁英的生成;对于吸附在飞灰颗粒表面的二噁英,现在国际上通用的方法是以骤冷塔/袋式除尘器的处理系统代替静电除尘器。

（3）残渣的利用。

焚烧过程产生的残渣（炉渣）一般为无机物，主要包括金属的氧化物、氢氧化物和碳酸盐、硫酸盐、磷酸盐及硅酸盐等。许多国家进行填埋或固化填埋处理，也可作为资源开发利用，从中回收有用物质。残渣的性质因焚烧温度不同而有差异，利用方式也不同。

①焚烧残渣的利用。1 000 ℃以下焚烧炉或热分解炉产生的残渣是人们通常说的焚烧残渣，可以利用回转筛、磁选机等从中回收铁、非铁金属和玻璃；还可用感应射频共振法分离回收导电性的黑色和有色金属；用光度分选法得到玻璃和陶瓷；还可向其中添加水溶性高分子添加剂，在压缩机中压缩、成形、制成砌块；用焚烧法回收有价金属。

②烧结残渣的利用。1 500 ℃高温焚烧炉排出的熔融状态的残渣称为烧结残渣。烧结残渣中重金属溶出量少，可做混凝土的粗骨料及筑路材料用。残渣掺在黏土中可制红砖，与砂和水泥按适当比例混合，制成混凝土砌块和混凝土板，经加压成型、蒸汽养护得到成品。

6.4　固体废物的最终处置工程

在生产生活过程中无论采用多么先进的技术控制固体废物的产生量，无论以何种方式实现固体废物的综合利用和资源回收，总是不可避免地会有大量无法利用的固体废物返回自然环境中。这些废物均以终态排放于环境中，为了防止对环境造成污染，必须进行最终处置，现在所说的处置是指安全处置。

6.4.1　固体废物处置的定义与方法

1.固体废物处置的定义

《中华人民共和国固体废物污染环境防治法》赋予处置的含义是：处置是指将固体废物焚烧和用其他改变固体废物的物理、化学、生物特性的方法，达到减少已产生的固体废物的数量，缩小固体废物体积，减少或者消除其危险成分的活动，或者将固体废物最终置于符合环境保护规定要求的场所或者设施内，并不再回取的活动。实际上，固体废物的处置，是一个既包括处理又包括处置的综合过程。

处置固体废物要满足以下几个基本要求：

①处置场所安全可靠，对人民生产生活无直接影响，对附近生态环境无危害。

②处置场所要设有必要的环境保护监测设备，要便于管理和维护。

③有害组分含量尽可能少，废物体积尽量小，以便安全处理，并减少处置成本。

④处置方法尽量简便、经济，既符合现有经济水准和环境要求，又要考虑长远环境效益。

2.固体废物处置的方法

固体废物的处置方法可按隔离屏障和处置场所两种方法进行分类。

按照隔离屏障的不同，固体废物的处置方法可分为天然屏障隔离处置和人工屏障隔离处置两类。

天然屏障指的是处置场所所处的地质构造和周围的地质环境及沿着从处置场所经过地质环境到达生物圈的各种可能途径对于有害物质的阻滞作用。

人工屏障指隔离界面由人为设置，如使固体废物转化为具有低浸出性和适当机械强度的、稳定的物理化学形态；废物容器；处置场所内各种辅助性工程屏障等。

按照处置固体废物场所的不同，处置方法可以分为陆地处置和海洋处置两大类。

陆地处置的场所在陆地某处，又可分为土地耕作处置、土地填埋处置、深井灌注等方法，具有方法简单、操作方便、投入成本低等优点，但也存在影响人类活动及生物圈循环、可能产生二次污染等危险。

海洋处置又可分为海洋倾倒和远洋焚烧等处置方法，它们都是以海洋作为处置场所。海洋处置具有远离人群、环境容量大等优点，是工业发达国家早期采用的途径，特别是对有害废物，至今仍有一些国家采用。但由于海洋保护法的制定，以及在国际上对海洋处置有很大争议，其使用范围已逐步缩小。

固体废物的处置过程，也许会用到一种或多种处理方法和处置方法，本节主要讨论固体废物终态的处置。

6.4.2　固体废物的陆地处置

1.土地填埋处置工程

填埋处置就是在陆地上选择合适的天然场所或人工改造出合适的场所，把固体废物用土层覆盖起来的技术，在大多数国家已成为固体废物最终处置的一种主要方法。它是从传统的堆放和填地处置发展起来的一种最终处置技术。

土地填埋的优点在于工艺简单、成本低，能处置多种类型的固体废物，可以有效隔离污染，保护环境，并能对填埋后的固体废物进行有效管理，但土地填埋具有场地处理和防渗施工比较难以达到要求等弱点。

目前，国内外习惯采用的填埋方法主要有：卫生土地填埋、安全土地填埋及浅地层埋藏处置。

（1）卫生土地填埋。

卫生土地填埋是指把被处置的固体废物，如城市生活垃圾、建筑垃圾、炉渣等进行土地填埋，这样对公众健康和环境的安全不会产生明显的危害。

①卫生土地填埋的类型。卫生土地填埋分为好氧、准好氧和厌氧三种类型。

好氧填埋类似于高温堆肥，其主要优点首先是能够减少填埋过程中由于垃圾降解所产生的水分，进而可以减少由于浸出液积聚过多所造成的地下水污染；其次是好氧分解的速度快，并且能够产生高温，利于消灭大肠杆菌等致病微生物。好氧填埋在减少污染、提高场地使用寿命方面优于厌氧填埋，但由于结构复杂，而且配备供氧设备，增加了施工难度，造价相应提高，因此不便推广使用。

准好氧填埋在优缺点方面与好氧填埋类似，单就填埋成本而言它低于好氧填埋，高于厌氧填埋。

目前，世界上已经建成或正在建设的大型卫生填埋场广泛应用的是厌氧填埋，它的优点是结构简单、操作方便、施工费用低，同时还可回收甲烷气体。

②场址的选择。场址的选择一般要遵循两条基本原则,既要能满足环境保护的要求,又要经济可行。场址的选择要十分谨慎,反复论证,通常要经过预选、初选和定点 3 个步骤来完成。场址选址时应全面考虑的因素如下。

一是场地的面积和容量,填埋场地的面积和容量与城市人口数量、垃圾等废物的产率、填埋场的高度(或深度)、废物与覆盖土的体积比(一般为 3∶1～4∶1),以及填埋后的压实密度(一般为 500～700 kg/m³)、运营年限(5～20 年)等有关,所选择的填埋场要有足够的面积和容量以满足需填埋废物量的要求。

二是土壤、地形和地质水文条件,要求底层土壤要有较好的抗渗能力,防止渗出液污染地下水;覆土材料要易于压实,防渗能力要强;填埋场要有较强的泄水能力,施工要便于操作,天然泄水漏斗及溶沟、溶槽等洼地不宜选作填埋场,地下水位距最下层填埋的废物应至少 1.5 m。

三是气象条件,填埋场应选在居民区的下风向,尽量避开高寒地区,此外,还要考虑其他气象条件,如降雨量、风力等。

四是运输距离和交通,填埋场的运输距离要适宜,既不能太远又不能影响居民区的环境,同时交通要方便。

五是环境条件,考虑到填埋场操作过程中会产生噪声、臭味及飞扬物,因此,填埋场要尽量避开居民区,要适当远离城市,并尽量选择在城市的下风向。

六是填埋场封场后的开发,在填埋场设计前必须先决定场地最终开发利用的途径,以此决定填埋的场址选地、设计与操作。

③卫生填埋场的结构形式和填埋方法。通常,填埋场的结构形式基本一致,如图 6.27 所示。

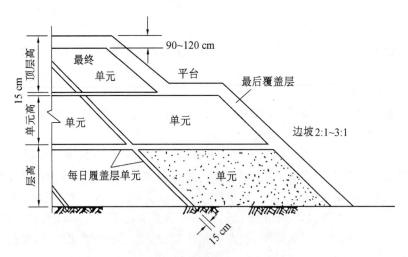

图 6.27　卫生土地填埋场结构示意图

填埋主体工艺通常是被填埋的废物运到填埋场后,在规定的范围内(填埋单元)铺成 40～75 cm 厚的薄层,经压实后再铺第二层、第三层等并在每天操作完成之后用土壤覆盖(土层厚度为 15～30 cm),压实。填埋单元通常的边坡为 2∶1～3∶1,使其形成一个规整的菱形填筑单元,宽度一般为 3～9 m,深度为 0.9～3.0 m,长度为 20～70 m;具有相同高度的填筑单元构成一个升层。封场的填埋场是由一个或多个升层构成。当填埋场全部完成,其外表面再覆盖一层 90～120 cm 厚的土壤,压实后填埋场的任务即完成。

卫生土地填埋的方法有三种:一是平面法,在不适合开挖沟槽的地段可采用平面法,该法是把废物直接铺撒在天然的土地表面上,压实后用薄层土壤覆盖,然后再压实,一般是通过事先修筑一条土堤开始;二是沟壑法,在有充分厚度的覆盖材料可供取用,且地下水位较低的地区,采用沟壑法填埋固体废物,该法是将废物铺撒在预先挖掘的沟壑内,然后压实,把挖出的土作为覆盖材料铺撒在废物之上并压实,即构成基础的填筑单元结构;三是斜坡法,主要是利用山坡地带的地形,其特点是占地少,填埋量大,覆盖土可不需外运,该法是把废物直接铺撒在斜坡上,压实后用工作面前直接得到的土壤加以覆盖,然后再压实。

卫生土地填埋操作灵活性大,具体采用方法依具体垃圾数量及场地自然特点确定,也可结合使用。此外,近几年国外已发展起来一种预压紧固体废物的填埋方法,即先将固体废物压实,然后按填埋方法进行填埋。

④填埋场的气体控制。固体废物填埋后,初始短时间处于好氧分解阶段,耗尽空气后将长时间处于厌氧分解状态。其中,可生物降解的有机物最终将转化为挥发性有机酸和 CH_4、CO_2、CO、NH_3、H_2S 和 N_2 等,主要是 CH_4 和 CO_2。气体产生率通常在封场后 2 年内达到峰值,以后逐渐减慢,可持续 10～15 年。CH_4 密度小易向大气扩散;CO_2 密度大易向下部土壤扩散,溶于地下水,使其 pH 下降,硬度和矿化度升高。同时,H_2S 等使产生的气体具有臭味,所以,必须对填埋场气体加以控制,工程上常用的方法为透气通道控制法和阻挡层排气控制法,如图 6.28 所示。

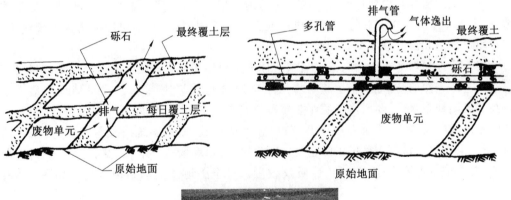

图 6.28　填埋场的气体控制系统与石笼示意图

透气通道控制法是利用透气性比周围土壤好的砾石等在填埋场不同部位设排气通道（石笼），其结构有三种形式：填筑单元型、栅栏型和井式结构。排出的气体可在井口燃烧，若回收利用，可用抽气加压机通过管道把收集的气体送入净化装置，净化后的气体可做发电燃料。

阻挡层排气控制法是用不透性材料（压实黏土、聚氯乙烯薄膜、沥青混凝土等）在填埋场四周铺衬防渗层，安设排气管，伸出地面，下端与设置在浅层的排气通道或设置在废物顶部的多孔集气支管相连，以达到排气的目的。该气体也可回收利用。

⑤地下水保护系统。填埋场内会产生大量的渗出液，主要来自于固体废物携带的水分、雨水和地表径流，其成分非常复杂，有些污染成分浓度高。为防止地下水污染，目前卫生土地填埋已从过去的依靠土壤过滤自净的扩散结构发展为密封结构，即在填埋场底部设置人工合成衬里（材料为高强度聚乙烯膜、橡胶、沥青及黏土等）的防渗系统，使环境完全屏蔽隔离，防止渗出液渗漏，保护地下水。

根据在填埋场布设的防渗系统功能不同，可分为水平防渗系统（底部及四周设置防渗材料及衬层系统）、垂直防渗系统（围绕填埋场四周的密封层）、渗滤液收集系统（砾石渗滤＋穿孔管收集→渗滤液处理）。

在填埋场外地面还可设置导流渠或导流坝，以减少地表径流进入场地。封顶后的顶部覆盖土应由中心向四周坡降，以减少雨水渗入。为了抽出防渗层上的浸出液，可在防渗层上设置收集管道系统，由泵将浸出液抽到处理系统进行处理。

（2）安全土地填埋。

安全土地填埋是处置危险废物的一种陆地处置方法，它实际上是一种改进的卫生填埋场，由若干个处置单元和构筑物组成。处置场有界限规定，主要包括废物预处理设施、废物填埋设施和渗滤液收集处理设施。

安全土地填埋场在结构与安全措施上比卫生填埋场更为严格。安全土地填埋场必须设有人造或天然的防渗层，土壤与防渗层结合处渗透率应小于 10^{-6} m/s；填埋场最底层应高于最高地下水位；要严格按照作业规程进行单元式作业，做好压实和覆盖；要配置严格的渗出液收集、监测系统和处理系统；设置气体排放、监测系统与报警系统；如果需要时，还要采用覆盖材料或衬里以防止气体逸出；要对填埋场地下水、地表水、大气进行定期检测；严格记录固体废物的来源、性质及数量。安全土地填埋场结构示意图如图6.29所示。

（3）浅地层埋藏处置。

浅地层埋藏处置是指在浅地表或地下具有防护覆盖层的、有工程屏障或没有工程屏障的浅埋处置，埋深在地面以下 50 m 范围内。此方法主要适用于容器盛装的中低放射性固体废物。浅地层埋藏处置通常是将置于容器内的废物置于处置单元之中，容器间的空隙用砂或其他适宜的土壤回填，压实后再覆盖多层土壤，形成完整的填埋结构，场地周围要设置壕沟之类的周围缓冲区。这种处置方法借助上部土壤覆盖层，既可屏蔽来自填埋废物的射线，又可防止天然降水渗入，如果有放射性核素泄漏释放，可通过缓冲区的土壤吸收加以截留。

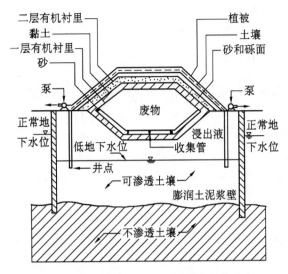

图 6.29　安全土地填埋场结构示意图

对于浅地层埋藏处置的放射性固体废物一般还应进行去污、切割、包装、压缩、焚烧、固化等预处理。对包装体要求有足够的机械强度,密封性能好,以能满足运输和处置操作的要求。

2. 土地耕作处置

土地耕作是利用表层土壤处置特定工业固体废物的一种简单方法。土地耕作处置需要慎重,各种需要进行土地耕作处置的固体废物一定要达到相应的行业标准及农田标准才允许考虑使用,要加强管理,并应定期监测耕作区土壤和下层土壤的成分。

土地耕作处置是利用土壤具有离子交换、吸附、微生物降解、渗滤水浸取、降解产物的挥发等性能,将固体废物中的大部分有机物分解,分解的气体产物将挥发到大气中去,其余部分则与土壤结合,改善土壤结构,增加土壤肥力。固体废物中未被分解的成分(主要是无机物),则永远留在土壤之中。适于土地耕作处置的固体废物需含有较丰富易于生物降解的有机物质,含盐量低,不含有重金属等有毒害的物质。该法可用于经过加工处理后的城市垃圾、城市污水处理厂符合要求的污泥、石化工业产生的某些固体废物和粉煤灰等。

土地耕作处置场地的选择要求安全、经济合理。选作耕作处置的土地不会受到污染,农作物、地下水、空气等都不会受污染,距饮用水水源至少 150 m,距地下水位至少 1.5 m,对人类只有益而无害;经济合理则要求运输距离近,倒撒废物方便,对土壤应当具有提高肥效、改良结构的作用。耕作场地应远离居民区,场地四周应设屏障。

3. 深井灌注处置

深井灌注处置是将液状废物注入与地下饮用水层隔绝的有渗透性的岩层中。该法可处置任何相态的废物,但对于气态或固态废物要与液体混合,形成真溶液、乳浊液或液固混合体后才能采用该法处置。

深井灌注处置要慎重采用,因为隐形的风险比较大,如渗透性及地震等地质灾害有可能会造成地下水、土壤及地表水的污染。因此,选择满足深井处置系统要求的地层条件,并要求废物与建筑材料、岩层间液体、岩层相容性及工程措施的要求是非常严格的。

6.4.3 固体废物的海洋处置

固体废物的海洋处置包括海洋倾倒和远洋焚烧两类方法。按照现行的国际公约和我国现行法律法规,海洋允许倾倒的物质包括疏浚物、城市阴沟淤泥、渔业加工废料、惰性无机地质材料、天然有机物、岛上建筑物料、船舶平台等。疏浚物是其中的主要类型,主要是淤积的、河流冲刷形成的或自然沉积的沉淀物,主要包括清洁疏浚物、沾污疏浚物和污染疏浚物三类。沾污倾倒物和污染倾倒物必须通过生物学检验,并进行适当的处理后才能在海上倾倒。

值得注意的是,对于海洋倾倒和远洋焚烧,存在生态及多方面的争议,目前许多国家、国际组织还持否定和谨慎态度。

1.海洋倾倒

海洋倾倒是直接把固体废物投入海洋的一种处置方法。被处置的固体废物一般要进行预处理、包装或用容器盛装,也可以用混凝土块固化。倾倒所用的容器,均需要有明显的标志。

海洋倾倒的地理位置选择很重要。一般根据距离陆地的远近、海水的深度、洋流的流向,以及对渔场的影响等因素来确定,场址要符合有关的海洋法规,不影响海洋性质标准,不破坏海洋生态平衡。选择适宜的处置区域,海洋倾倒处置应再结合该区域海洋特性,海洋保护水质标准,固体废物的种类和倾倒方式,进行可行性分析,最后制订倾倒的设计方案,按此进行投弃。先用驳船将装有固体废物的专用处置船拖到选定的海洋处置区内。散装的废物通常在驳船行进中投弃;容器装的废物通常在加重物之后使之沉入海底;液体废物通过船尾装有的软管以 $4 \sim 70$ t/min 的速度排放到距海洋面 $1.8 \sim 4.5$ m 处以下。

2.远洋焚烧

远洋焚烧是利用焚烧船将固体废物运到远洋处置区进行船上焚烧作业。因处理固体废物的种类不同,远洋焚烧的焚烧器结构各异,有的焚烧器对固、液体废物都能焚烧,有的则属于专用。远洋焚烧应控制焚烧系统的温度不低于 $1\,250$ ℃,焚烧效率至少为 $99.95\% \pm 0.05\%$,在焚烧时,炉台上不应有黑烟或火焰延露。

6.5 静脉工业园区

静脉工业是借鉴生理学的概念和人体血液循环流动的规律演化而成的一种全新理念的产业行为:

①将由自然资源的开采、生产加工、流通、产品消费过程所涉及的产业活动比作动脉产业(arterial industry)。

②在生产过程和消费后所产生并排放废物的收集、运输、分解、利用及安全处置所涉及的相关产业活动被形象地比作静脉产业(venous industry)。

建设静脉工业园区,促进废物的减量化直至零排放,其核心是要把握物质回归自然的形态,保障环境安全,为子孙后代的可持续利用创造一切可能的条件。

6.5.1　静脉产业的提出

静脉产业理论创新了废物管理政策,颠覆了传统的废物管理理论——从自然界开采的资源,经过人类社会消费以后,最终还会以一种新的形式回归到自然中去。

1.静脉产业的基本概念

我国在《静脉产业类生态工业园区标准(试行)》(HJ/T 275—2006)中对静脉产业的基本概念表述为:静脉产业(资源再生利用产业)是以保障环境安全为前提,以节约资源、保护环境为目的,运用先进的技术,将生产和消费过程中产生的废物转化为可重新利用的资源和产品,实现各类废物的再利用和资源化的产业,包括废物转化为再生资源及将再生资源加工为产品的两个过程。根据定义,静脉系统的物质流动过程如图 6.30 所示。

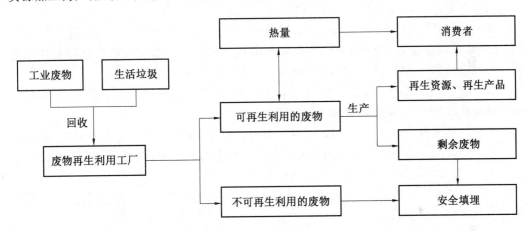

图 6.30　静脉系统的物质流动过程

将工业废物和生活垃圾通过回收系统收集到废物再生利用工厂,在工厂内将废物分为可再生利用废物和不可再生利用废物两大类:可再生利用的废物通过先进的生产加工技术变为再生资源和再生产品,可作为商品出售,其过程中若产生热量,则会用于生产和消费领域;不可再生利用的废物以及资源化过程中产生的剩余废物进行安全处置。

2.静脉产业的主要特征

静脉产业具有以下特征:①作为企业生产加工的原料是废物资源;②建有固定、规范的废物回收系统来保障静脉产业各个生产加工环节顺畅;③发展潜力应是巨大的,且利润空间巨大;④物质流通路径是"废物→分类收集→资源化→再生产品(无法资源化的废物以对环境安全的方式进行最终处置)";⑤受环境保护法规及政策影响较大。

3.与传统资源再生产业的关系

传统资源再生产业,也就是"变废为宝"的产业,指的是从废物中提取有价值的资源并加以利用的产业,是从事废物回收、拆解、再生、流通等活动的企业的总称,其目的在于追求经济利益最大化。静脉产业是以保障环境安全为前提,以经济利益和环境保护的共赢为目标,二者的根本区别在于对环境保护认知上的差异。静脉产业与传统资源再生产业的区别见表 6.4。

表 6.4　静脉产业与传统资源再生产业的区别

项目	静脉产业	传统的资源再生产业
主要目的	经济利益和环境保护的共赢	经济利益最大化
生产方式	对有价值的废物进行再生利用,对无价值的废物进行安全处置	从废物中提取出有价值的资源并加以利用
本质区别	确保环境安全为前提	未知

4.静脉产业的发展方向

为了促进循环经济发展,完善循环经济产业链,静脉产业应以规模化、规范化的园区建设,资源回收最大化,环境影响最小化为切入点,对产品从资源开采、运输、生产、流通、消费到废物处理处置的全过程进行评价。

在生产活动中,要将资源以最低的投入,达到最高效率的使用和最大限度的循环利用,从而实现污染物排放的最小化,使得经济活动与自然生态系统的物质循环规律相吻合。在社会活动中,进一步强调对废物的正确处理和资源回收的义务化。

在工业生产领域,用"绿色技术"改造传统产业,要建立循环型生态工业体系,即资源使用最小化、废物产生减量化和生产过程无害化。

①在产品的设计中要将环境效益、社会效益与经济效益三者有机地结合起来,使资源得到最大限度的利用。同时不使用对人体和环境有害的原材料,积极采用环境友好型工艺和技术,为实现污染"零排放"的目标奠定基础。

②将工业生产过程中产生的"废物"作为"放错地点的资源"进行资源重组,而不是简单地当作无用的垃圾处理。

③产品在完成使用功能后,不是简单地作为传统意义上的"垃圾",可以再循环利用重新变成再生资源。

④积极推进高新技术,依靠科技的进步来带动资源的再利用和再循环利用,促进生产过程中产生的污染物及最终处理废物的减量化。

(3)在工业管理方面,要调整产业结构,改善现有工业布局,建设生态工业园区。通过资源和生态环境以及产业特征的动态分析,寻求园内企业间的关联度,进行产业链接,建立企业间的生态平衡关系,以实现工业生产最佳化。

5.发展静脉产业的必要性

固体废物中含有丰富的资源,将其回收利用,充分开发利用固体废物这个"城市矿山",生产再生资源,达到资源利用效率最大化,是解决我国经济发展和资源短缺之间矛盾的有效手段。发展静脉产业的必要性主要体现在以下几个方面。

(1)促进废物减量化。

随着我国经济的快速增长,工业固体废物、城市生活垃圾的产生量呈逐年增加;电子废物及危险废物的产生量也呈现逐年上升的趋势,致使大量含镉、汞、铅、镍等重金属等危险废物产生,发展静脉产业可以促进废物的减量化。

(2)促进环境安全。

城市生活垃圾产量巨大,卫生填埋技术及其他处理处置手段的不足给周边地区带来了环境安全隐患,影响了国土安全和城市的可持续发展。因此,为了保障环境安全,我国急需发展静脉产业。

(3)满足经济发展对资源的需求。

废物中含有丰富的资源,如含有大量的有色金属、黑色金属、塑料、橡胶等可再生资源,如果能够得到合理的回收利用,可称为与天然资源同等重要的"城市矿山"。开采"城市矿山",提取废物中的有用资源,促进废物的循环利用,是解决我国经济发展和资源短缺之间矛盾的有效手段之一。

(4)提升"两型"社会建设水平。

建设资源节约型、环境友好型社会,要求动脉产业和静脉产业协调发展。在动脉产业领域实现产业环境化,利用生态设计、清洁生产、新能源代替等措施,建设资源节约型社会;在静脉产业领域实现环境产业化,在环境安全的前提下,开展废物的资源化利用,减少废物的最终处置量,建设环境友好型社会,提升生态文明建设水平。

(5)发展低碳经济的要求。

在资源短缺和生态环境质量下降的双重压力下,大力发展静脉产业,建设静脉产业园才能正确处置废物,提高资源能源的回收利用效率,将再生资源补充到生产领域,减少对自然资源的需求,有效减少碳排放量,最终形成有利于资源能源节约和保护环境的低碳发展模式。

静脉产业要求各种废物不仅要以减量化、无害化的方式还原于自然,更要以充分的资源化手段还原为可以再次利用的再生资源,从而形成资源的循环过程。大力发展静脉产业,可有效促进经济、社会和环境效益的共赢。

6.5.2　静脉产业发展与园区建设

静脉产业的发展得到了许多国家的重视,20世纪90年代以来,日本、美国等发达国家相继开展了与静脉产业相关的研究与实践工作,取得了良好的经济和环境效益。静脉产业类生态工业园作为静脉产业的主要实践形式,对产业发展的影响显著,园区的建设正在得到地方政府、企业越来越多的关注和支持。

1.园区的基本概念

(1)生态工业园区。

生态工业园区是依据循环经济理念、工业生态学原理和清洁生产要求而设计建立的一种新型工业园区。它通过物流或能量流传递等方式,将不同工厂或者企业连接起来,形成共享资源和互换副产品的产业共生组合,以求实现物质闭路循环、能量多级利用和废物产生的最小化。

(2)静脉产业类生态工业园区。

静脉产业类生态工业园区是以从事废物资源化的生产加工企业及对废物的环境安全处置企业为主题建设的生态工业园区,以实现节约资源、减少废物最终处置量、降低环境污染负荷为目标,以废物处理的"3R原则"为指导原则,运用先进的技术将生产和消费过程中产生的废物最大限度地进行资源化处置。

2.园区的主要特点

静脉产业类生态工业园区主要有以下几个特点:第一,该类园区的建设是以资源再利用和再生利用企业为主;第二,主要业务是通过技术手段和产业化形式将废物转化为再生资源和再生利用产品;第三,园区的发展受相关的法律法规影响;第四,该类园区发展的前提是保障环境安全,必须保证对那些现阶段不能实现资源化的废物进行环境安全处置。

3.园区建设的必要性

我国是世界上人均资源占有量较低的国家,水资源短缺、电力短缺、燃油短缺,很多资源质量不高且开采难度大,此外,大量的废水、废气和废渣的排放,引发的水污染、大气污染问题也对我国的经济发展和环境质量产生了严重的影响。

传统的发展模式投入高、消耗高、排放高,资源利用率低且废物产生量大,已经不再适应资源节约型、环境友好型社会的建设。低消耗、低排放、高效率、可循环的静脉产业的发展,可以对各类废物回收、拆解和资源加工利用企业进行统一规划、集中建设,有利于资源的合理配置和高效整合,可以充分利用并不断减少城镇化工业化进程中的废物排放量,废物不再仅仅是排放物,而是静脉产业的生产加工原材料。静脉产业不仅可以减少固体废物侵占土地,还可以减少废物最终处置量,同时提高资源利用率,因此发展静脉产业尤为重要。

4.静脉产业园发展现状

目前,全球有各类静脉产业园约 2 000 座。世界上第一座静脉产业园位于丹麦的卡伦堡,是经历 30 年的逐步完善形成的以煤电热为核心,集化工、医药、种植及养殖于一体的生态循环产业园,到现在,园区已经稳定运行 40 余年。日本北九州生态工业园是亚洲第一座静脉产业园,2001 年开始建设,区域内主要汇集了废塑料瓶、报废办公设备、报废汽车等大批废旧产品再循环处理厂,并通过复合核心设施将园区内企业所排出的残渣、汽车碎屑等工业废料进行熔融处理,将熔融物质再资源化(如制成混凝土再生砖等),同时利用焚烧产生的热能发电,并提供给生态工业园区的企业。

我国目前有各类静脉产业园百余家,最早的雏形是广东省的生活垃圾处理基地,2004年建成了我国第一座生态工业园——青岛新天地静脉产业园区,可以完成除爆炸性和放射性外的所有危险废物、医疗废物、一般工业废物处理处置等服务。2006 年 9 月中华人民共和国环境保护总局颁布实施了《静脉产业类生态工业园区标准》(HJ/ T 275—2006),之后全国工业多个地区相继开始建设类似的静脉产业园。

5.园区建设管理应遵循的原则

(1)环境安全原则。

环境安全原则,即无害化原则,静脉产业园内的企业从废物接收到最终无害化处置,包括收集、运输、资源化加工、稳定化和无害化处理直至最终安全处置全过程的环境安全管理。在对废物进行无害化处置的过程中,要选择最佳的技术和最优的处理方式,确保环境安全。

（2）资源化原则。

资源化原则是指要进行对废物有效的再利用或者再生利用。要求通过分类回收再加工处理，把废物转化为再生资源或者可以直接再利用产品，重新进入消费市场或者生产过程，提高资源利用率的同时还可以减少废物最终处置量，实现经济效益的最优化。

（3）政产学研相结合原则。

园区的建设和运营过程中要以政府政策为主导，把握园区的发展方向。企业作为园区的主体，在废物的资源化过程中要与大学及研究机构密切合作，强化技术攻关及自主创新，不断提高资源化水平、环境安全管控以及园区的生态化建设能力等。

（4）区域和谐发展原则。

要根据区域的发展水平、废物的处理技术能力以及环境功能区划的要求，进行规划、建设，力争使园的发展能促进整个地区经济、社会和环境协调发展，同时也要将园区规划纳入区域经济社会发展规划，并与区域环境保护规划相协调。

（5）软硬件并重原则。

硬件指的是园内企业的生产加工设施、环境基础设施和公共服务设施等建设，软件包括园区环境管理体系的建立、信息支持系统的建设等。园区建设必须突出关键技术及产业化项目，以项目为基础，突出项目间的工业生态链接。此外，建立和完善软件建设对于园区也具有同等的重要性，除了要提升园区的自身管理水平之外，还应加大向全社会的宣传力度，求得公众的理解与支持，鼓励公众参与园区建设，共同促进园的健康发展。

6.5.3　入园项目要求

静脉产业园是将各类工业生活垃圾实现闭环处理后进行资源化再生利用的循环经济模式，它通过将各类生产企业和资源再生企业集中到一起，彼此资源互补的方式实现各种垃圾的再利用，进而实现整个园区内各种生产、生活垃圾都得到有效利用，对外垃圾"零排放"。

1.可入园项目种类

根据静脉产业园定位不同，可以由多种类型的企业组合起来，如最早的静脉产业园：丹麦卡伦堡生态园，园区内以发电厂、炼油厂、制药厂、石膏制版厂为核心，收购其他企业产生的垃圾，并作为自己的生产原材料制成产品，从而实现垃圾零排放。从我国静脉产业园建设项目来看，可入园项目包括生活垃圾焚烧、餐厨垃圾处理、危险废物处理、医疗废物处置、建筑垃圾资源化、一般工业固体废物资源化、城市污泥处理、畜禽养殖垃圾处理、农业秸秆资源化、电子产品回收、报废汽车拆解资源化、废旧轮胎资源化、废塑料资源化、废纸资源化、织物资源化等。各地根据当地资源特点及市场条件选择入园项目。

2.可入园项目要求

《静脉产业类生态工业园区标准（试行）》（HJ/T 275—2006）规定了静脉产业类生态工业园区入园项目的基本要求。

（1）国家和地方的有关法律、法规、规章及各项政策得到有效贯彻执行，近三年内未发生重大污染事故或重大生态破坏事件。

（2）环境质量达到国家或地方规定的环境功能区环境质量标准，园区内企业污染物达标排放，污染物排放总量不超过总量控制指标。

（3）入园项目及园区内企业生产的产品、使用和开发的技术等符合国家产业政策。

6.5.4　静脉产业园基本循环体系

静脉产业园区依托生化垃圾焚烧发电厂，配套建设餐厨垃圾、市政污泥、医疗废物、危险废物、建筑垃圾、工业固体废物等处理设施和资源化利用设施。

1.生活垃圾焚烧发电厂

进场垃圾经分拣后，固体无机物送往建筑垃圾处理系统，少量危险废物送往危废处置中心，剩余物质焚烧发电，所发电力供园区使用及入网；焚烧后的炉渣送往建筑垃圾处理系统；焚烧飞灰固化填埋。

2.餐厨垃圾处理厂

餐厨垃圾采用厌氧氧化处理技术，产生的沼气、沼渣、沼液及废油分别进行综合利用。除油系统分离出来的油脂、油品用于生产生物柴油；沼气经脱硫处理后，首先作为锅炉燃料，剩余的沼气进行发电；沼液进入污水处理站，经处理后回用；沼渣进生活垃圾焚烧系统焚烧处置。

3.市政污泥处理厂

含水率为80%的市政污泥添加秸秆后，采用好氧堆肥干化脱水处理工艺，将污泥含水率降至30%以下，所产腐殖土一部分用于园林绿化或土壤改良，剩余部分再进入生活垃圾焚烧系统进行焚烧处置。

4.建筑垃圾处理厂

建筑垃圾进场经分拣后，沥青块、玻璃、塑料、废金属、木竹等作为原料利用，其他建筑垃圾粉碎加工成建筑材料。

5.医疗废物处置中心

玻璃器皿及其他无机固体经消毒灭菌后填埋；其他物质送生活垃圾焚烧系统焚烧。

6.危险废物处置中心

分拣出的可用原材料回收利用，可生物降解的有机物及其他可燃物送入焚烧厂进行焚烧，焚烧灰渣同不可焚烧物一起进行固化填埋。

7.一般工业固体废物处理

对不同的固体废物进行原料提取，资源利用，可焚烧的废物根据性质进入生活垃圾焚烧系统或危险废物焚烧系统；无机骨料进入建筑垃圾处理厂，其他物质进行填埋处置。

6.5.5　青岛新天地静脉产业园

1.总体规划

青岛新天地静脉产业园园区内原有一些企业和项目，在此基础上经重新规划整合后，于2006年9月经原国家环保总局批准创建为国内第一个国家静脉产业类生态工业示范园区。青岛新天地静脉产业园位于山东半岛城市群和半岛制造业基地中心地域的青岛市姜山镇,青烟公路旁,具有明显的交通和区域优势。

园区规划占地220 hm²,分为5个区,分别为生产区、研究试验区、装备制造区、交易服务区及预留区。园区功能分区图如图6.31所示。

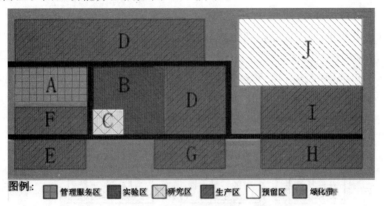

图6.31　青岛新天地静脉产业园园区功能分区图

A—管理服务区;B—实验区;C—研究区;D—废旧机电加工拆解区;E—废旧家电加工拆解区;F—危险废物处置区;G—污染土壤修复区;H—生活垃圾处理处置区;I——般工业固废处理处置区;J—预留区

整个生态园区以服务区为中心(A),以生产区为龙头(D、E、F、G、H、I、J),以实验区(B)和研究区(C)为基础,通过园区内及园区外的中间产品、产品和废物的相互交换从而实现物质的循环,通过能量、水和信息系统的高度集成使用和基础设施共享的方式构建园区工业生态链,并形成固废资源化和固废处理处置的特殊产业集群,从而使资源得到最佳配置,废物得到有效利用。

生产区为园区建设的主功能区,是园区产业构成的主体部分,由废物拆解、资源化和废物无害化处置三大部分组成。区域性危废处置中心(F)可为入驻园区的各个企业提供固废无害化处置,实现整个园区的固废零排放。

研究区内建设了国家环境保护固体废物资源化工程技术中心,该中心主要进行固体废物资源化、危险废物鉴别、固体废物处理处置、污染土壤探测和修复、新能源开发等技术研究,以及各种固体废物测试手段的建立、相关技术标准的制定等。它将为固体废物资源化和循环经济的发展提供技术支持,成为整个园区固体废物处置技术的孵化器。

2.园区已建项目

(1)青岛危险废物处置中心。

青岛危险废物处置中心是国家发展改革委和原国家环保总局指定、国务院批准的《全国危险废物和医疗废物处置设施建设规划》中的区域性危险废物处置中心,服务范围是山东半岛地区,包括烟台、威海、青岛和日照。项目计划总投资2.01亿元,设计处理危险废物规模为一期5.5万t/a,二期20万t/a。该项目也是2008年奥林匹克运动会帆船比赛的重要配套设施。青岛新天地静脉产业园已经与1 000多家大型企业签订了危险废物处置协议并对其产生的危险废物进行了安全处置。

（2）青岛市医疗废物处置中心。

青岛市医疗废物处置中心根据《全国危险废物和医疗废物处置设施建设规划》建设，该项目是原有的，于 2005 年建成并投入运行，经规划审核认定后，在青岛新天地静脉产业园承担青岛市医疗废物的无害化处置工作。该中心建有热解焚烧炉一套，焚烧能力设计为 24 t/d，集中处置率达 92% 以上。

（3）废旧家电和电子产品综合利用项目。

废旧家电和电子产品综合利用项目是国家发改委批准建设的"废旧家电及电子产品综合利用"全国两个回收试点项目之一的示范工程，由青岛新天地静脉产业园与海尔集团合资建设。一期工程处理规模为 20 万台/a，二期为 60 万台/a。废旧家电处理工艺流程示意图如图 6.31 所示。

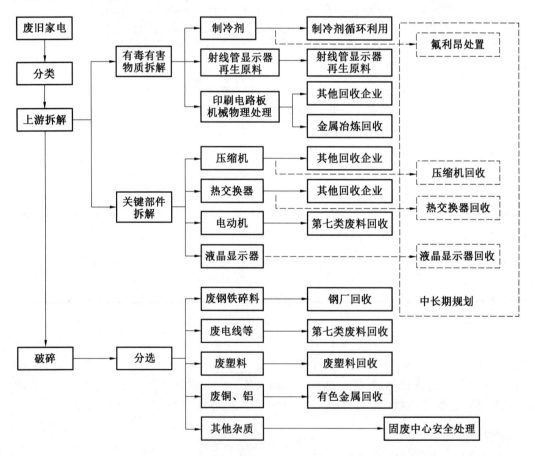

图 6.32　废旧家电处理工艺流程示意图

该项目主要采用手工拆解和机械作业相结合的方式，拆解过程中产生的废旧塑料、金属等材料进行再循环利用，氟利昂及其他有毒粉尘等危险废物送至相邻的青岛危险废物处置中心进行无害化处置，符合循环经济的"3R"（减量化、可再用、循环）原则，所有的物质和能源在不断进行的经济循环中得到合理和持久的利用，从而把经济活动中对自然环境和社会风险的影响降低到最小的程度。

　　按照国家发改委的要求,该项目还设立了网络交易平台和回收热线,形成了以济南为中心的全省回收网络体系。作为电子废弃物处理的专业公司,新天地环境保护公司将电子废弃物的无害化处置与回收利用有机结合起来,使电子废弃物回收利用步入"从商品到商品"的循环经济轨道,消除电子废弃物对环境的污染,造福人类。

　　(4)工业固体废物填埋场。

　　工业固体废物填埋场按照《一般工业固体废物储存、处置场污染控制标准》(GB 18599—2001)进行建设,该填埋场投资 1 000 万元,采用单层复合防渗,防渗膜厚度为 2 mm,设计库容为$105 m^3$,配套有渗滤液处理设施。该填埋场对很多企业产生的大量工业固体废物进行了无害化填埋处置。

　　(5)青岛市海上溢油(危险化学品)应急反应中心。

　　青岛市海上溢油(危险化学品)应急反应中心是青岛市重要的基础设施,位于青岛市黄岛区,计划总投资 26 740 万元,建设内容包括溢油应急船队、应急专用码头、应急设备库和应急专业队伍。项目建成后将为青岛海域提供海上溢油(危险化学品)事故应急,为船舶提供燃油供给,为青岛海域提供清污服务,对含油废物、船上固体废物和危险废物进行无害化处置,还为 2008 年奥林匹克运动会帆船比赛提供了环境方面的保障。

　　(6)海水源热泵空调。

　　由青岛新天地环境保护公司负责建设的海水源热泵空调示范工程于 2004 年 11 月正式投入运行,2005 年 8 月,通过青岛市科学技术局科技成果鉴定,该项技术达到国内领先水平。经规划审核后认定,在青岛新天地静脉产业园作为海水源热泵空调示范工程运行。以海水为冷热源的海水源热泵系统仅用少量电能实现采暖、制冷,不燃气、不燃煤,无污染物排放,与空气源空调相比,能耗减少 30% 以上,与电供暖相比,能耗减少 70% 以上。用海水源热泵替代燃煤,可减少排污量(二氧化硫 20 kg/t 煤,烟尘 15 kg/t 煤)。该项目的实施,将进一步推动海水源热泵在我国沿海地区的推广,将大大缓解该地区的能源供需紧张局面。

3.园区在建项目

　　(1)山东省工业固体废物处置中心。

　　山东省工业固体废物处置中心也是《全国危险废物和医疗废物处置设施建设规划》中的区域性危险废物处置中心,位于山东省邹平。项目规划占地 30 hm²,投资 2.97 亿元,处理规模为一期 8 万 t/a,二期 30 万 t/a。山东省工业固体废物处置中心与青岛危险废物处置中心都将成为大量危险废物和固体废物的终端处理站,最终实现山东省危险废物和固体废物的无害化处置。

　　(2)污染土壤修复项目。

　　污染土壤修复项目计划用地 7 hm²,投资 6 300 万元。该项目建成后,将面向全国开展污染土壤修复业务。由于更多的土壤修复要在现场进行,因此,在该修复工厂内将建设微生物培育车间,培育出特种微生物或植物,然后运送到现场进行植物或微生物修复。

　　(3)废旧汽车拆解项目。

　　废旧汽车拆解项目由青岛新天地静脉产业园与中国汽车技术研究中心有限公司合作

建设,包括废旧汽车的回收、拆解、综合利用和无害化处置,设计处置规模为一期 5 000 台/a,二期10 000 台/a。该项目的实施将提高青岛市废旧汽车拆解、资源化利用以及废物安全处置的水平,促进汽车再利用产业升级。废旧汽车处理流程如图 6.33 所示。

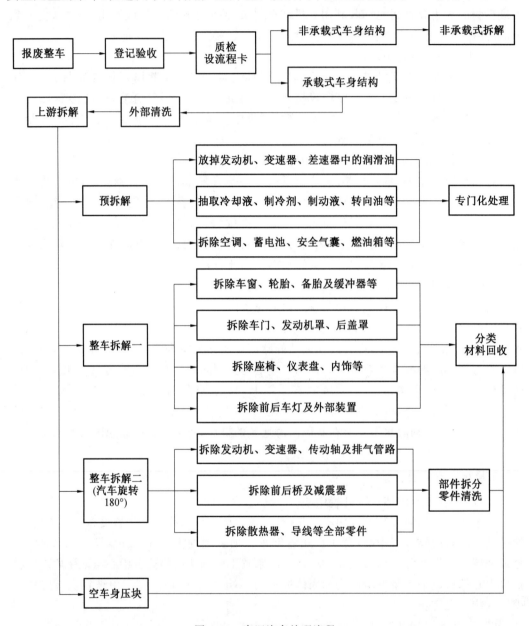

图 6.33　废旧汽车处理流程

4.园区物质流分析

青岛新天地静脉产业园的建设目标是发展成为我国著名的资源循环型废物处置基地和具有代表性的静脉产业类生态工业园。为此,园区的资源化项目将逐步完善,同时作为山东东部大宗废物、工业固体废物和电子废物等的终端处理站,园区将形成完整的物质、能量和信息代谢网。园区废物流分析框架示意图如图 6.34 所示。

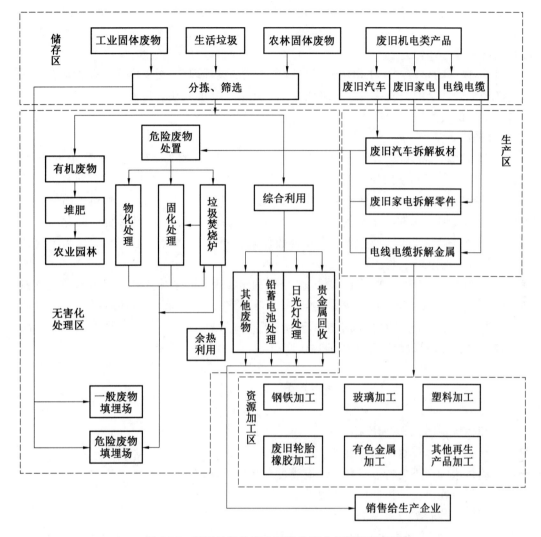

图 6.34　新天地静脉产业园废物流分析框架示意图

5.园区效益分析

(1)环境效益。

通过实施清洁生产审核和强化 ISO14000 环境管理体系运行,新天地静脉产业园实现减排主要污染物 413 t,其中烟尘 48.5 t/a,二氧化硫 165.5 t/a,氮氧化物 199 t/a,回收处置氟利昂 13.17 t,相当于减排温室气体二氧化碳当量 7.3 万 t,相当于种植 4 万余 m² 的树。回收再生资源 18 000 余 t,相当于减少矿石开采和产品加工而排放的二氧化硫 170 t,二氧化碳当量 4.04 万 t,相当于种植 2 万余 m² 的树。

(2)社会效益。

园区先进的工艺技术和处理处置能力,一是解决了中小企业环保设施重复投资建设问题;二是从源头上杜绝了设施停运而出现偷排、超标排污及二次污染等问题;三是园区成为区域重大项目和外资项目的引资、引智的环境平台和重要载体。

项目建设的同时,加快了环保科普教育基地的建设,先后建设了废物最终处置、废旧家电、废旧汽车等宣传教育展示场地和展厅,可系统宣传普及废物分类收集、资源回收及废物安全处置等知识。

另外,园区的示范效应作用明显。静脉产业园的设计理念、发展模式及建设运营实践经验已经得到社会的普遍认可和各级政府及企业界的高度关注。目前园区已经与多省利用自主研发的技术设备和实践经验进行合作。

(3)经济效益。

园区资源回收利用率显著提高,"十一五"期间,回收废旧家电及电子产品214.6万台,4.46万t,废旧家电资源化率达到了86.2%,实现回收铁、铜、铝、塑料等可再生利用材料3.85万t;回收拆解废旧汽车0.86万台,实现回收铁、铜、铝、塑料等可利用物资1.71万t,废旧汽车资源化率达到92.5%;加工成品炭黑0.33t,废轮胎资源化率达到98.7%;再生矿物油260t;通过再生资源回收体系,回收其他各类再生资源51.7万t,完成工业产值46.84亿元。

节约经费支出1 000多万元,其中,焚烧锅炉年实现回收余热蒸汽5万多t,节约蒸汽费636.8万元,节约取暖锅炉燃煤6 700多t,节约资金210万元,年节约新鲜用水2万t,节约水费7.4万元;通过对风机泵技术改造,年实现节电115万kW,节约电费89万元。通过技术改造,选择脱硫工序脱硫剂替代产品,年节约经费180余万元。

思考题与习题

1. 固体废物的概念是什么?

2. 什么是固体废物的双重性?

3. 固体废物污染的特点是什么? 有哪些危害?

4. 固体废物污染的控制措施有哪些?

5. 固体废物管理应遵循的基本原则是什么?

6. 新修订的《中华人民共和国固体废物污染环境防治法》的特点有哪些?

7. 固体废物的预处理有哪些方式?

8. 什么是堆肥化? 是如何分类的?

9. 城镇生活垃圾资源化处理工程都包括哪些?

10. 与焚烧相比,热解有哪些优点?

11. 固体废物处置定义是什么? 其特点是什么?

12. 什么是卫生土地填埋? 场址选择时应考虑哪些因素?

13. 什么是填埋单元? 填埋单元的一般参数有哪些?

14. 什么是静脉产业? 主要特征是什么?

15. 什么是生态工业园区? 什么是静脉产业类生态工业园区?

第7章 环境物理性污染控制

人类的生存和社会活动都是基于各种各样的生理运动、物理运动、机械运动、分子热运动、电磁运动等产生的物质和能量交换及转化来实现的。人类的生活中必然存在上述物质和能量交换及转换带来的声、光、热、电磁场等的影响，是自然环境的一部分，也是人类生存所必需的，并构成了相对于以人类为主体和中心事物的物理环境，只是在它们过高时才造成污染，干扰人们的生活或生产活动，甚至危害人体健康。

环境物理学是研究物理环境与人类之间的相互作用的学科，根据研究对象的不同，可分为环境声学、环境光学、环境热学、环境电磁学、环境辐射学等分支学科。环境物理性污染控制学是环境物理学在物理环境和物理性污染研究的基础上发展起来的理论和技术，并逐步形成单独的研究领域。

7.1 环境噪声污染控制

7.1.1 噪声控制的基本内容和意义

1.噪声及噪声污染

从物理学的观点来说，噪声是发声体做无规则振动时发出的振幅和频率杂乱、断续或统计上无规则的声波。从环境保护的角度来说，判断一个声音是否为噪声，要根据时间、地点、环境，以及人们的心理和生理等因素确定。所以，噪声不能完全根据声音的物理特性来定义。

通常认为，凡是干扰人们休息、学习和工作的声音，即不需要的声音统称为噪声。当噪声超过人们的生活和生产活动所能容许的程度，就形成噪声污染。

2.噪声的特点

噪声污染是局部的，具有局限性，距离声源越近危害越大，随着声波的传播和扩散，距离越远危害越小。

噪声污染是物理污染，没有后效性，它在环境中只是造成空气物理性质的暂时变化，噪声源停止发声后，污染立刻消失，不留任何残余污染物质，不像水和大气污染的化学性污染那样，即使污染源停止排放，污染物仍然存在，具有积累性，但经治理后可重新利用，而噪声污染却具有不可利用性。

噪声被认为是主观性的,如非极端强度和频率的声音,一些人认为的噪声可能被另外一些人喜爱。

3.环境噪声源

(1)噪声按其产生的机理可分为气体动力噪声、机械噪声、电磁噪声三种。

气体动力噪声是叶片高速旋转或高速气流通过叶片,在叶片两侧的空气发生压力突变而产生的声音,如鼓风机、压缩机、发动机进排气口等发出的噪声。

机械噪声是物体间的撞击、摩擦、交变机械力作用下的金属板、旋转的机械零件等产生的声音,如锻锤、纺织、机车等产生的噪声。

电磁噪声是由于电机交变力相互作用产生的声音,如电流和磁场相互作用产生的噪声,发电机、变压器的噪声等均属于此类。

(2)噪声按声强随时间是否变化可分为稳态噪声、非稳态噪声两种。

稳态噪声是指在测量时段内噪声声级波动范围在 3 dB(A)以内的连续性噪声,或重复频率大于 10 Hz 的脉冲噪声。非稳态噪声是指在测量时段内声音的声级变化超过 3 dB(A)的噪声。

(3)噪声按社会生活环境可分为交通噪声、工业噪声、施工噪声、社会噪声。

①交通噪声。交通噪声主要是指机动车、飞机、火车、船舶等运输工具在运行过程中发出的噪声。在城市道路交通中的车辆轮胎与地面接触的噪音非常突出,速度超过 60 km/h 时噪声明显,加之车辆行驶过程中的发动机和喇叭所带来的噪声已经成为城市环境噪声的主要污染源。近年来,城市机动车辆大幅度增加,导致车流量不断增加,噪声级也相应提高,目前,交通噪声是城市环境噪声70%的来源,大多数城市的交通干线噪声难以满足 70 dB(A)的限值要求。

②工业噪声。工业噪声是工业企业在生产活动中使用固定生产设备或辅助设备所产生的噪声污染,主要来自于机械振动、摩擦、撞击及气流扰动产生的声音,这些设备产生的噪声一般都会超过 80 dB(A),因此在其工程项目中需要针对这些设备设置隔音、隔振及减震等设计,其危害主要表现为对工人的直接危害和附近居民的影响。目前我国在工业噪声污染方面控制得比较好,在各方面都制定了较严格的标准,并设定专门的机构和监控人员进行监督管理。

③施工噪声。施工噪声是指建筑施工过程中,各种建筑机械工作时产生的噪声,噪声的分贝值很高,如球磨机、风铲、风镐等设备产生的噪声超过 120 dB(A),对环境及人们产生较大影响,我国推行了《建筑施工厂界环境噪声排放标准》(GB 12523—2011)及一系列行业规范,以减少施工建设项目对人们生活的影响。

④社会噪声。社会噪声主要是人们在商业、娱乐、体育及各种庆祝活动中,人群的喧哗、家电、乐器及高音喇叭等引起的噪声,既包括群体活动对群体和个体的影响,也包括因个人行为所产生的噪声对其他人或局部领域的影响,如学生寝室内的网络游戏的声音对休息及学习同学的干扰,居民楼上的家电、走路、拖拽桌椅等对楼下的影响,居民楼间的商服音响或广场舞音乐等对居民区的影响,这类噪声往往是隐形的,但对局部或个人产生的影响较大。

4.我国环境噪声污染现状及原因

近几年随着城市的繁荣和人类生活水平的提升,影响人们正常学习、生活、工作等的噪声污染现象却显得尤为突出,已越来越被人们所重视。根据近几年环境噪声监测结果显示,社会生活环境的噪声污染超标现象普遍,主要体现在以下几个方面。

(1)城市区域环境噪声。

随着城市人口密度的增加,噪声越来越严重,一些重点城市区域环境噪声超过国家《城市区域环境噪声标准》一类区标准 55 dB(A),处于中等污染水平,全国有 70% 城市环境噪声平均值达 65 dB(A),处于中等污染水平,其原因是在环境整体规划中与工程项目建设中缺少噪声污染的量度,而在一些重点城市区域环境噪声管控缺失。

(2)城市道路交通噪声。

我国重点城市道路交通噪声总体污染严重,加之长久以来的城市道路建设及设施欠缺太多,机动车辆大幅度增加,导致车流量不断增加,噪声级也相应提高,目前大多数城市的交通干线噪声难以满足 70 dB(A)的限值要求。

(3)环境功能区噪声。

环境功能区噪声污染的状况不容乐观,对落后的生产工艺与高噪声产品的生产和销售缺乏制约机制,对低噪声产品的推广使用没有相应的优惠政策。工业噪声、社会噪声及施工噪声仍是被投诉的主要对象。

《中华人民共和国环境噪声污染防治条例》中虽有明确的职责分工和具体规定,各类、各领域的标准和规范也不断出台,但贯彻力度仍显不够,仍存在"有法不依,执法不严"的现象,防治管理队伍不能满足工作的需要,人员素质有待提高。

5.我国噪声控制工作进展

在 20 世纪 50 年代,随着现代工业和科学技术的进展,"噪声控制学"应运而生,至 20 世纪 70 年代,噪声控制的研究工作得到较大的进展,对城市环境噪声和工业企业噪声污染现状及污染情况,取得了可靠的科学数据;在气流噪声与消声、隔声、吸声、机械噪声与减振及个人防护等各方面,做出了创造性的贡献和取得了可喜的成绩,拟制了一系列噪声标准规范,使我国在噪声控制设备领域的产品制造和研发方面取得了一系列进展,走向系列化、标准化、商品化。

在 20 世纪 80 年代末,噪声控制与声学研究转入到工程实践阶段,以单机、单项治理为主,转入区域性的环境综合治理和工业企业的综合治理为主,这标志着我国噪声控制工作进入一个新阶段。

进入 20 世纪 90 年代以后,加强了对道路交通噪声和城市环境噪声的综合整治,我国的环境噪声污染防治工作取得了较大的进展,具体为:①将环境噪声污染防治纳入法制轨道,国家先后颁布了多项有关环境噪声的质量标准和排放标准,各省市也相继出台了相应的地方性法规;②环境噪声监测网络基本形成,有 500 多个城市开展了区域环境噪声普查和道路交通噪声监测工作,为环境噪声防治和预测提供了可靠数据。

7.1.2 噪声的危害

1.听力损伤

噪声对人体的最直接危害是听力损害。对听觉的影响,是以人耳暴露在噪声环境前后的听觉灵敏度来衡量的,这种变化称为听力损失,是指人耳在各频率的听阈升移,简称阈移。根据听阈升移的情况,噪声对听力的损害可分为听觉疲劳(暂时听阈偏移,可恢复)和噪声性耳聋(永久性听阈偏移,不可恢复)。

当人从较安静的环境进入较强烈的噪声环境中,会感到刺耳难受,甚至出现头痛和不舒服的感觉,离开该环境后,立即(一般 2 min 内)做听力测试,会发现听力在某一频率的阈移下降 20,即听阈提高 20 dB(A)。由于噪声作用时间不长,只要在安静环境中休息一段时间后,再次测试时该频率的听阈提高并减小到零,这种休息称为听觉疲劳,亦称听阈偏移。

如果人长期在强噪声环境下工作,日积月累内部器官就无法恢复到以前的听阈,便可发生器质性病变,成为永久性听阈偏移,造成噪声性耳聋。一般情况下,根据人的听力情况来判断耳聋情况:听力损失在 15 dB(A)以内属于听力正常,听力损失 15~25 dB(A)属于接近正常;听力损失 25~40 dB(A)属于轻度耳聋;听力损失 40~65 dB(A)属于中度耳聋;听力损失 65 dB 以上属于重度耳聋。

保证人们长期工作不发生耳聋噪声级应控制在 80 dB(A)以内,当超过 85 dB(A)时就会产生听力疲劳,会使内耳听觉组织受到损伤,长期工作在该噪声环境下会产生噪声性耳聋。

噪声性耳聋有两个特点:一是除了高强噪声外,一般噪声性耳聋都需要一个持续的累积过程,发病率与持续作业时间有关;二是噪声性耳聋是不能治愈的,因此,有人将噪声污染比喻成慢性毒药。

2.噪声对睡眠的干扰

噪声会影响人的睡眠质量,为了使人能够正常地休息和睡眠,至少要保证环境噪声低于 50 dB(A),强烈的噪声甚至使人无法入睡,心烦意乱。研究结果表明,40 dB(A)的连续噪声可使 10%的人睡眠受到影响,40 dB(A)的突发性噪声可使 10%的人惊醒;70 dB(A)的连续噪声可使 50%的人受到影响,70 dB(A)的突发性噪声可使 70%的人惊醒。

3.噪声对交谈、通信、思考的干扰

在噪声环境下,人们思考也是语言思维活动,其受噪声干扰的影响与交谈是一致的,小于 70 dB(A)的环境噪声才不会妨碍人们之间的正常交谈、通信、工作和学习。当人们交谈距离为 1 m 时,平均声级为 65 dB(A);当环境噪声级高于语言声级 10 dB(A)时,谈话声音会被环境噪声完全掩盖;当噪声级超过 90 dB(A)时,即使大喊大叫也难以进行正常交谈。噪声对交谈、通信的干扰情况见表 7.1。

表 7.1　噪声对交谈、通信的干扰情况

噪声级/dB(A)	主观反映	保持正常谈话的距离/m	通信质量
45	安静	11	很好
55	稍吵	3.5	好
65	吵	1.2	较困难
75	很吵	0.3	困难
85	大吵	0.1	不可能

4.噪声对人体的生理及心理的影响

(1)噪声对人体的生理影响。

研究证据表明,长期暴露在强噪声环境下会引起人体紧张反应,使肾上腺素分泌增加,影响母体胎儿的发育和儿童的智力发育;噪声环境会引起心率加快,血压升高,与大量心脏病的发展和恶化有密切的联系;噪声能引起消化系统方面的疾病,引起消化不良,诱发胃肠黏膜溃疡;在神经系统方面,神经衰弱症是最明显的症状,噪声能引起失眠、疲劳、头晕、头痛、记忆力减退等症状。当噪声超过 140 dB(A)时,不但对听觉、头部、心脏有严重的危害,而且对胸部、腹部各器官也有极严重的危害。

(2)噪声对人心理的影响。

噪声引起的心理影响主要是烦恼,使人激动、易怒,甚至失去理智、神志不清等;噪声也容易使人疲劳,影响精力集中和工作效率,尤其是对一些做非重复性动作的劳动者,影响更为明显。

5.噪声对动物的影响

噪声对自然界的生物也会产生严重的影响,过强的噪声会使鸟类羽毛脱落,不产卵,出现反常行为,甚至会使其内出血或死亡。

6.噪声对物质结构的影响

当噪声级超过 135 dB(A)时,电子仪器的连接部位会出现错动,微调元件发生偏移,使仪器发生故障而失效;在 140 dB(A)以上的噪声下,轻型建筑物会出现声疲劳,遭受损伤,可使墙震裂、瓦震落、门窗破坏,甚至使烟囱及古老的建筑物发生倒塌,钢产生"声疲劳"而损坏。强烈的噪声使自动化程度高、精度高的仪表失灵,当火箭发生的低频率的噪声引起空气振动时,会使导弹和飞船产生大幅度的偏离,导致发射失败。

7.1.3　噪声的性质和量度

1.声音的产生

声音是由物体做机械振动而产生的。物体产生声波的振动源称为声源,声源可以是固体、液体或气体。当声源振动产生的声音超过一定强度或人的心理承受能力就有可能成为噪声。

2.声音的传播

要想听到声源产生的声音,必须要具有声音传播的媒介物质。声音在媒介物质中传播时,是通过媒介物质质点或分子的振动以波的形式传递的,质点或分子只是平衡位置振动,传播出去的是能量而不是物质本身。

声音不仅可以在空气中传播,在液体、固体等一切弹性媒介中都可以传播。在没有切向恢复力,只有体积弹性的气体和液体媒介(如空气和水)中,声波是纵波,振动方向与传播方向一致;在固体媒介中,除体积弹性外,还有伸长弹性、弯曲弹性、扭转弹性,因此,声波可能是以纵波传播,也可能以横波传播(质点振动方向与波的传播方向垂直),或二者都存在的方式传播,如图 7.1 所示。

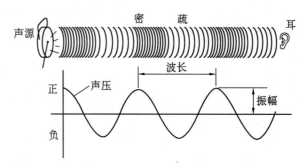

图 7.1　声音的产生与传播

3.波长、频率和声速

声源每振动一次,声波传播的距离称为波长,用 λ 表示,单位是 m。声波每秒钟在媒介中传播的距离是声速,用 C 表示,单位是 m/s。每秒振动的次数称为频率,用 f 表示,单位是 Hz。波长 λ、频率 f 和声速 C 是 3 个重要的物理量,它们之间的关系为

$$\lambda = \frac{C}{f} \tag{7.1}$$

不同媒介中有不同的声速,如钢铁中的声速约为 5 000 m/s,水中的声速约为 1 500 m/s,橡胶中的声速为 40～150 m/s。声速的大小与媒介有关,而与声源无关。

物体振动是声音产生的根源,但振动不一定会引起声音,人类必须在频率为 20～20 000 Hz才能感觉到声音,称为可听声;频率低于 20 Hz 的声音称为次声;频率高于 20 000 Hz的声音称为超声。次声和超声是人类的耳朵无法引起感觉的声音。

4.声功率、声强、声压

(1)声功率。

单位时间内声源辐射出来的总声能,称为声功率,用 W 表示。声功率是表示声源特性的物理量。声源的声功率与设备实际消耗功率是两个不同的概念。

(2)声强。

声强是在某一点上一个与指定方向垂直的单位面积上在单位时间内通过的平均声能,通常用 I 表示,单位是 W/m² 或 J/(s·m²)。声强是衡量声音强弱的物理量之一,它的大小与离开声源的距离有关。声强的大小在空间中是随距离变化的,它与声源距离 r^2 成反比。

(3)声压。

当声波通过时,可用媒介中的压力超过静压力的值 $p' = p - p_0$ 来描述声波状态,p' 即为声压。声压的单位是 Pa,1 Pa＝1 N/m²。

①瞬时声压与有效声压。声压实际上是随时间迅速变化的,某瞬时媒质中压强相对无声波时内部压强的改变量,称为瞬时声压。但是,由于每秒内声压变化很快,人耳无法辨别声压的起伏变化,仿佛是一个稳定的值,即感觉到的实际效果只与迅速变化的声压时间平均结果有关,这称为有效声压(有效声压是瞬时声压的均方根值)。

②闻阈声压与痛阈声压。闻阈声压是正常人耳刚能听到声音的声压,对于频率为 1 000 Hz 的声音,闻阈声压为 2×10^{-5} Pa;痛阈声压是使正常人耳引起疼痛感觉声音的声压,对于频率为 1 000 Hz 的声音,痛阈声压为 20 Pa。

③声压与声强的关系。声压和声强一样,都是度量声音大小、强弱的物理量。一般来说,声强越大,单位时间内耳朵接收的声能越多,声压越大,表示耳朵中鼓膜受到的压力越大。前者是以能量的关系说明声音的强弱;后者用力的关系来说明声音的强弱。声压与声强的关系为

$$I = \frac{p^2}{\rho v} \tag{7.2}$$

式中　I——声强,W/m;

　　　p——有效声压,Pa;

　　　ρ——媒介质的密度,kg/m³;

　　　v——声音速度,m/s。

7.1.4　声强级、声压级、声功率级

从闻阈声压 2×10^{-5} Pa 到痛阈声压 20 Pa,声压的绝对值数量级相差 100 万倍,因此,用声压的绝对值表示声音的强弱很不方便,再者人对声音响度的感觉是与对数成比例的,所以,人们采用声压或能量的对数表示声音的大小,用"级"来衡量声压、声强和声功率,称为声强级、声压级和声功率级。

1.声强级(L_I)

人对声音强弱的感觉并不是与声强成正比,而是与其对数成正比,为了便于应用,引用声强的对数(声强级)表示声音大小。

某一处的声强级,是指该处的声强(I)与参考声强(I_0)的比值取常用对数再乘以 10。声波以平面或球面传播时,声强 I 位置的声强级 L_I 定义为

$$L_I = 10 \lg \frac{I}{I_0} \tag{7.3}$$

式中　L_I——声强级,dB;

　　　I——声强,W/m²;

　　　I_0——1 000 Hz 的基准声强值,10^{-12} W/m²。

2.声压级(L_P)

由式(7.2)可知,声压的平方与声强成正比,由此,人们将某一处声压级(L_p)定义为:待测位置的声压(p)与参考声压(p_0)的比值取常用对数再乘以 20,即

$$L_p = 20 \lg \frac{p}{p_0} \tag{7.4}$$

式中 L_p——声压级,单位为分贝(dB),一般情况下,$L_I \approx L_p$。

生活中常见的声压及声压级对人影响的情况如图 7.2 所示。

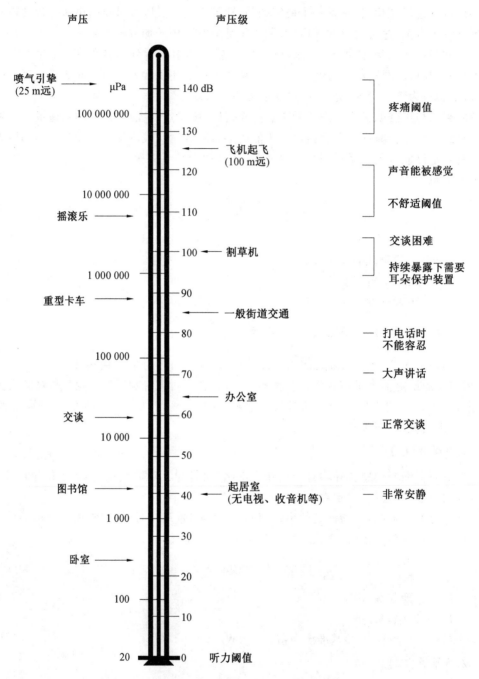

图 7.2 生活中常见的声压及声压级对人影响的情况

3.声功率级(L_W)

声功率级(L_W)是声功率(W)与基准声功率(W_P,通常取 10^{-12} W)的比值取常用对数

再乘以 10,单位为分贝(dB)。与声强级相似,声功率也可用声功率级表示,即

$$L_W = 10\lg \frac{W}{W_0} \tag{7.5}$$

7.1.5　噪声的评价量

声压和声压级是评价噪声的常用量,但人耳对噪声的感觉不仅与噪声的声压级有关,而且还与噪声的频率、持续时间等因素有关。人耳对高频率噪声较敏感,对低频率噪声较迟钝。声压级相同、频率不同的声音,听起来响声不一样,如大型离心机的噪声和活塞压缩机的噪声声压级均为 90 dB,但前者是高频,后者是低频,听起来前者比后者响得多。

为了反映噪声的这些复杂因素对人的主观影响程度,需要有一个对噪声的评价指标。现将常用的评价指标简略介绍如下。

1.响度级和响度

人耳对于不同频率声音的主观感觉是不同的,对于不同频率的声音,即使其声强级相同,即声能量相同,但人耳听起来却不一样响,通常采用响度级(L_N)定量地描述频率与声压的关系。

(1)响度级(L_N)。

一个 1 000 Hz 的纯音所产生的声压级就是这个纯音的响度级,单位是方(phon)。

对频率不是 1 000 Hz 的纯音,则用 1 000 Hz 纯音与这一待定的纯音进行试听比较,调节 1 000 Hz 纯音的声压级,使其与待定的纯音听起来一样响,这时 1 000 Hz 纯音的声压级就被定义为这一非 1 000 Hz 的纯音的响度级。例如,60 dB 1 000 Hz 纯音的响度级是 60 phon,而 100 Hz 的纯音要达 67 dB 才是 60 phon,两者听起来一样响。对各个频率的声音都进行试听比较,把听起来同样响的各相应声压级连成一条条曲线,这些曲线便称为等响曲线。

(2)响度(N)。

响度级是相对量,它只表示待研究的对象声与什么样的声音(已知的)响度相当,而并没有解决一个声音比另一个声音响多少或弱多少的问题。为了便于比较,有时需要用绝对量来表示声音响与不响,这就引出了响度的概念。

响度是与人的主观感觉成正比的量,规定:响度级为 40 phon 时响度为 1 sone("宋"),记为 N。任何一个声学信号听起来比 1 sone 响几倍,其响度即为几 sone。经实验得出,响度级增加 10 phon,响度增加 1 倍。响度级 L_N 与响度 N 的关系为

$$N = 2^{0.1(L_N - 40)} \text{ 或 } L_N = 40 + 10\log_2 N \tag{7.6}$$

用响度表示噪声的大小,就可以直接算出声响增加或降低了多少。

2.计权声级与 A 计权声级

在噪声测试仪器中,利用模拟人听觉的某些特性,对不同频率的声压级予以增减(计权),以便直接读出主观反映人耳对噪声感觉的数值,这种通过频率计权的网络读出的声级,称为计权声级。计权网络有 A、B、C、D 四种计权网络,A 计权网络是模拟响度级为 40 phon 的等响曲线的倒置曲线,它对低频声(500 Hz 以下)有较大的衰减;B 计权网络是

模拟人耳对 70 phon 纯音的响应,它近似于响度级为 70 phon 的等响曲线的倒置曲线,它对低频段的声音有一定的衰减;C 计权网络是模拟人耳对响度级为 100 phon 的等响曲线的倒置曲线,它对可听声音所有频率基本不衰减;D 计权网络是对高频声音进行补偿,它主要用于航空噪声的评价。

目前,最常用的是 A 计权网络测得的 A 计权声级,简称 A 声级,单位是 db(A)。A 声级的测量结果与人耳对噪声的主观感觉近似一致,即高频敏感,低频不敏感。A 声级越高,人越觉得吵闹,A 声级与人耳的损伤程度也对应得较合理,即 A 声级越高,损伤越严重。

3.等效声级 L_{EQ}(等效连续 A 声级)

为评价不连续的起伏噪声,常用等效连续 A 声级来评价,即将能量按时间平均的方法来评价噪声对人的影响,用 L_{EQ} 表示,单位为 DB(A)。等效连续 A 声级实际上是反映在 A 声级不稳定的情况下,人们实际所接受噪声的能量大小。许多噪声的生理效应均可以用等效连续 A 声衡量,因此,听力保护标准一般以等效连续 A 声级作为指标。

4.统计声级(L_N)和日夜等效声级(L_{DN})

(1)统计声级(L_N)。

类似交通噪声这种无规律噪声,声级随车辆的种类、速度、时间等变化起伏,不可能像工厂噪声那样简单地用 A 声级评价,通常都采用统计声级(L_N,又称累积分布声级)来评价,即以声级出现的概率和累积概率来表示在测量时间内有百分之几超过该值的噪声级。例如,$L_{10}=80$ dB 表示在测量期间有 10% 的时间超过 80 dB,其他 90% 的时间噪声级都低于 80 dB。L_{10}、L_{90}、L_{50} 分别相当于交通噪声的峰值、本底值和平均值,是交通噪声中最常用的 3 个统计声级。

(2)日夜等效声级(L_{DN})。

目前城市环境噪声测量还使用日夜等效声级(L_{DN}),这是考虑夜间噪声对人的影响特别严重的因素,对夜间噪声做增加 10 dB 的加权处理,其计算式为

$$L_{DN}=10\lg\frac{1}{24}(15\times10^{0.1L_D}+9\times10^{0.1(L_N+10)}) \tag{7.7}$$

式中　L_{DN}——日夜等效声级,dB;

　　　L_D——白天(06:00—22:00)等效声级,dB;

　　　L_N——夜间(22:00—06:00)等效声级,dB。

7.1.6　噪声污染防治法与控制标准

1.噪声污染防治法

为了更好地保证人们生活环境免受噪声的污染和干扰,我国于 1997 年 3 月 1 日起施行《中华人民共和国环境噪声污染防治法》。此后,分别又在 2018 年 12 月 29 日、2021 年 12 月 24 日两次对《中华人民共和国环境噪声污染防治法》做出修改。为我国环境噪声的污染防治与各方面的促进起到了至关重要的作用。

2021 年 12 月 24 日新修订的《中华人民共和国噪声污染防治法》于 2022 年 6 月 5 日

施行,本次修订与之前的噪声法的区别是:将"环境"二字删除,主要是为了规避产生噪声原因的不可抗力性,例如雷声、雨声、风声,一切人为难以产生甚至难以解决的环境噪声不再被作为规范对象;强调法律规范的对象是人为噪声,如城市轨道交通、机动车"炸街"、高音广播喇叭、工业噪声等噪声扰民行为,同时将噪声污染防治范围由城市拓宽到涵盖农村地区。

2.《中华人民共和国噪声污染防治法》主要内容和特点

《中华人民共和国噪声污染防治法》(以下简称《噪声防治法》)规定:任何单位和个人都有保护声环境的义务,同时依法享有获取声环境信息、参与和监督噪声污染防治的权利。对恼人的夜间施工噪声、机动车轰鸣疾驶噪声、娱乐健身音响音量大、邻居宠物噪声扰民等问题,法律都做出了相应规定,还静于民,守护和谐安宁的生活环境。其内容共九章,包括:总则、噪声污染防治标准和规划、噪声污染的监督管理、工业噪声污染防治、建筑施工噪声污染防治、交通运输噪声污染防治、社会生活噪声污染防治、法律、附则。噪声污染防治法主要内容和特点如下。

(1)重新界定噪声污染内涵。

《噪声防治法》明确并扩大了噪声污染的内涵,超过噪声排放标准或者未依法采取防控措施产生噪声,并干扰他人正常生活、工作和学习的现象都属于噪声污染,从而解决部分噪声污染行为在现行法律中存在监管空白的问题。

《噪声防治法》明确并适用于原来没有噪声排放标准产生噪声的领域,包括城市轨道交通、机动车"炸街"、公共交通工具、饲养宠物、餐饮等噪声扰民行为。

《噪声防治法》针对有些产生噪声的领域没有噪声排放标准的情况,在"超标+扰民"基础上,将"未依法采取防控措施"产生噪声干扰他人正常生活、工作和学习的现象,均界定为噪声污染。

《噪声防治法》还将工业噪声扩展到生产活动中产生的噪声,增加了对可能产生噪声污染的工业设备的管控,并明确环境振动控制标准和措施要求等。

(2)明确建设噪声污染防治标准体系。

《噪声防治法》明确了国家噪声污染防治标准的建设体系,授权国务院生态环境主管部门和国务院其他有关部门,在各自职责范围内,制定和完善噪声污染防治相关标准、噪声排放标准以及相关的环境振动控制标准;授权省级人民政府,对于尚未制定国家噪声排放标准的,可以制定地方噪声排放标准,并可制定严于国家噪声排放标准的地方噪声排放标准;授权县级以上地方政府可以根据国家声环境质量标准和国土空间规划以及用地现状,划定本行政区域各类声环境质量标准的适用区域。

(3)强化源头控制和各级政府的责任。

《噪声防治法》要求各级人民政府及其有关部门在制定、修改国土空间规划和相关规划及建设布局时,依法进行环境影响评价,充分考虑上述项目产生的噪声对周围生活环境的影响;根据国家声环境质量标准和民用建筑隔声设计相关标准,统筹规划,合理安排土地用途和建设布局、与交通干线及噪声敏感建筑物等的防噪声距离,防止和减轻噪声污染及采取相应的技术措施。

《噪声防治法》要求国务院标准化主管部门会同有关监管部门,对可能产生噪声污染的工业设备、施工机械、机动车、铁路机车车辆、城市轨道交通车辆、民用航空器、机动船舶、电气电子产品、建筑附属设备等产品,在其技术规范或者产品质量标准中规定噪声限值;市场监督管理加强对电梯等特种设备使用时发出的噪声进行监督抽测,生态环境主管部门予以配合。

《噪声防治法》将噪声污染防治目标完成情况纳入政府考评,强化各级政府责任,明确目标考核评价。

(4)针对性地分类防控噪声污染。

《噪声防治法》对工业噪声增加了排污许可管理制度、自行监测制度,要求对可能产生噪声污染的新改扩建项目进行环境评价,与主体工程同时设计、同时施工、同时投产使用。

《噪声防治法》对于建筑施工噪声明确施工单位噪声污染防治责任和自动监测责任,要求建设单位将噪声污染防治费用列入工程造价。增加了禁止夜间施工的规定,除非是因生产工艺要求或者其他特殊需要必须连续施工的抢修、抢险施工作业。

《噪声防治法》对于交通运输噪声要求选址要考虑噪声的影响,相关工程技术规范中要有噪声污染防治要求,加强对地铁和铁路噪声的防控及使用警报器的管理。

《噪声防治法》对于社会生活噪声要求日常活动要尽量避免产生噪声对周围人员造成干扰;预防邻里间使用家用电器、乐器或者其他活动噪声污染;预防室内装修噪声,要按照规定限定作业时间,采取有效措施;鼓励创建宁静区域,在举行中考、高考时,对可能产生噪声影响的活动,做出时间和区域的限制性规定等。

《噪声防治法》对噪声扰民中的多个难点进行了新的规定,如在公共场所组织或者开展活动的广场舞,要遵守公共场所管理者有关活动区域、时段、音量等规定,禁止噪声扰民,并应采取设置噪声自动监测和显示设施等措施来加强监督管理。如果违反规定,首先要说服教育,责令改正;拒不改正的,给予警告,对个人可以处 200 元以上 1 000 元以下的罚款,对单位可以处 2 000 元以上 20 000 元以下的罚款。

《噪声防治法》明确禁止机动车轰鸣"炸街"扰民,要求使用机动车音响器材要控制音量。违反规定的,由公安机关交通管理部门依照有关道路交通安全的法律法规处罚。

《噪声防治法》明确禁止文化娱乐、体育、餐饮场所、酒吧等商业场所噪声扰民,要采取有效措施,防止、减轻噪声污染;并且禁止在商业经营活动中使用高音广播喇叭,或者采用其他持续反复发出高噪声的方法进行广告宣传。违反规定的,责令改正,处 5 000 元以上 50 000 元以下的罚款;拒不改正的,处 5 万元以上 20 万元以下的罚款,并可以报经有批准权的人民政府批准,责令停业。

以上行为如果经劝阻、调解和处理未能制止,持续干扰他人正常生活、工作和学习,或者有其他违反治安管理行为的,由公安机关依法给予治安管理处罚;构成犯罪的,依法追究刑事责任。

3.噪声污染控制标准

噪声的控制标准一般分为三类:为了保护正常的睡眠、休息和安静的工作环境,使人们不受噪声干扰,还需要制定不同的"环境噪声标准";对于工厂和闹市区,首先要求噪声不至于引起耳聋和其他疾病,其次是要求制定听力"保护标准";另外,还有机电设备及其他产品的《噪声控制标准》。

(1)社会生活环境的噪声标准与控制。

2008 年 8 月 19 日国家环境保护部发布的于 2008 年 10 月 1 日实施的《声环境质量标准》(GB 3096—2008)、《社会生活环境噪声排放标准》(GB 22337—2008),正式替代了 1994 年 3 月 1 日实行的《城市区域环境噪声标准》(GB 3096—1993),此后,又颁布并实施了《建筑施工场界环境噪声排放标准》(GB 12523—2011)、《声环境功能区划分技术规范》(GB/T 15190—2014)等规范和标准,与之前颁布的《机场周围飞机噪声环境标准》(GB 9660—1998)、《铁道机车辐射噪声限值》(GB/T 13669—1992)等进一步完善了社会生活环境噪声的防治和控制标准。

①《声环境质量标准》是为保证城市、城市规划区、集镇和乡村的居民生活区声环境管理,规定了 5 类声环境功能区的噪声限值及测量方法,适用于声环境质量评判与治理。

《声环境质量标准》按照区域使用功能特点和环境质量的要求,将声环境功能区分为 5 种类型,其具体的划分方法和对应的环境噪声限值见表 7.2。

表 7.2　声环境功能区的划分及环境噪声限值

功能区等级	适用区域	噪声限值/dB(A)
0 类声环境功能区	康复疗养区等特别需要安静的区域	昼 50(夜 40)
1 类声环境功能区	以居民住宅、医疗卫生、文化教育、科研设计、行政办公为主要功能,需要保持安静的区域	昼 55(夜 40)
2 类声环境功能区	以商业金融、集市贸易为主要功能,或者居住、商业、工业混杂,需要维护住宅安静的区域	昼 60(夜 50)
3 类声环境功能区	以工业生产、仓储物流为主要功能,需要防止工业噪声对周围环境产生严重影响的区域	昼 65(夜 55)
4 类声环境功能区	交通干线两侧一定距离之内,需要防止交通噪声对周围环境产生严重影响的区域,又分为 4a 类和 4b 类两种:4a 类为高速公路、一级公路、二级公路、城市快速路、城市主干路、城市次干路、城市轨道交通(地面段)、内河航道两侧区域;4b 类为铁路干线两侧区域	昼 70(夜 55)

注:昼间是指 06:00 至 22:00 之间的时段;夜间是指 22:00 至次日 06:00 之间的时段(下同)。

②《社会生活环境噪声排放标准》适用于对营业性文化娱乐场所、商业经营活动中使用的向环境排放噪声的设备、设施的管理、评价与控制。其规定的社会生活噪声排放源边界噪声排放限值见表 7.3。

表 7.3　社会生活噪声排放源边界噪声排放限值　　　　　　　　dB(A)

边界处噪声功能区类型	各时段排放限值	
	昼间	夜间
0	50	40
1	55	45
2	60	50
3	65	55
4	70	60

在社会生活噪声排放源位于噪声敏感建筑物内的情况下,噪声通过结构传播至敏感建筑物室内时,《社会生活环境噪声排放标准》规定的噪声排放限值见表 7.4。

表 7.4　结构传播固定设备室内噪声排放限值　　　　　　　　dB(A)

敏感建筑物所处功能区类别	A 类房间		B 类房间	
	昼间	夜间	昼间	夜间
0	40	30	40	30
1	40	30	45	35
2、3、4	45	35	50	40

说明:A 类房间是指以睡眠为主要目的,需要夜间保证安静的房间,包括住宅卧室、医院病房、宾馆客房等;B 类房间是指主要在昼间使用,需要保证思考与精神集中、正常讲话不被干扰的房间,包括学校教室、办公室、住宅中除卧室以外的其他房间。

③《建筑施工场界环境噪声排放标准》(GB 12523—2011)规定了建筑施工场界环境噪声排放限值及测量方法,适用于周围有噪声敏感建筑物的建筑施工噪声排放的管理、评价及控制,市政、通信、交通、水利等其他类型的施工噪声排放管理与控制,但不适用于抢修、抢险施工过程中产生噪声的排放监管。该标准于 2012 年 7 月 1 日实施,自该标准实施之日起,《建筑施工场界噪声限值》(GB12523—90)和《建筑施工场界噪声测量方法》(GB12524—90)同时废止。

《建筑施工场界环境噪声排放标准》规定了建筑施工厂界环境噪声不得超过表 7.5 中规定的限值。

表 7.5　建筑施工厂界环境噪声排放限值　　　　　　　　dB(A)

昼间	夜间
70	55

(2)工业企业噪声标准与控制。

2017 年 3 月 23 日,国家质检总局和国家标准委共同下发了第 6 号文件:《关于废止〈微波和超短波通信设备辐射安全要求〉等 396 项强制性国家标准的公告》,正式结束了1980 年 1 月 1 日起实施的《工业企业噪声卫生标准(试行草案)》的施行。该标准被不同领域的工业企业设计过程中的规范、标准和指南及其他更专业的标准等替代,如《声学　低噪声工作场所设计指南:噪声控制规划》(GB/T 17249.1—1998)(表 7.6)、《声学　开放式工厂的噪声控制设计规程》(GB/T 20430—2006)、《声学 隔声罩和隔声间噪声控制指南》(GB/T 19886—2005)、《工业企业噪声控制设计规范》(GB/T 50087—2013)(表 7.7)、《工业企业厂界环境噪声排放标准》(GB 12348—2008)(表 7.8)、《声学 噪声性听力损失的评估》(GB/T 14366—2017)等。

表 7.6 推荐各种工作场所背景噪声级

房间类型	稳态 A 声级/dB(A)	备注
会议室	30～35	背景噪声是指室内技术设备(如通风系统)引起的噪声或者室外的噪声,此时对工业性工作场所而言生产用机器设备没有开动; 本标准适用于新建或已有工作场所噪声问题的规划,适用于装设机器的各种工作场所
教室	30～40	
个人办公室	30～40	
多人办公室	35～45	
工业实验室	35～50	
工业控制室	35～55	
工业性工作场所	65～70	

表 7.7 各类工作场所噪声限值

工作场所	噪声限值/dB(A)	备注
生产车间	85	①生产成绩噪声限值为每周工作 5 d,每天工作 8 h 等效声级;对于每周工作 5 d,每天工作不是 8 h,需计算 8 h 等效声级;对于每周工作日不是 5 d,需计算 40 h 等效声级; ②室内背景噪声级指室外传入室内的噪声级
车间内值班室、观察室、休息室、办公室、实验室、设计室内背景噪声级	70	
正常工作状态下精密装配线、精密加工车间、计算机房	70	
主控室、集中控制室、通信室、电话总机室、消防值班室、一般办公室、会议室、设计室、实验室室内背景噪声级	60	
医务室、教室、值班宿舍室内背景噪声级	55	

表 7.8 工业企业厂界环境噪声排放限值　　　　　　　　　　dB(A)

厂界外声环境功能区	昼间	夜间
0	50	40
1	55	45
2	60	50
3	65	55
4	70	60

(3)其他噪声标准与噪声测量方法。

①其他噪声标准。噪声控制标准除上述标准外,还有对于产品质量和环境保护的需要,需制定各种产品的噪声指标和出厂标准,如《旋转电机噪声测定方法及限值》(GB/T 10069.3—2008)、《机械压力机 噪声限值》(GB/T 26484—2011)、《自动锻压机 噪声限值》

(GB/T 28245—2012)、《微波电路 噪声源测试方法》(GB/T 35001—2018)等标准和规范。

②噪声测量方法。为了更好地提高环境质量,监测环境噪声,国家针对不同对象制定的绝大多数标准中规定了详细的测量仪器和测量方法等,若涉及具体领域的噪声监测,还需要按照相关标准中的测量方法和要求进行,以下对绝大多数标准中相同或相近的测量方法和要求加以介绍。

a.气象条件与工况。气象条件是指在无雨雪、无雷电天气,风速为 5 m/s 以下时进行,不得不在特殊气象条件下测量时,应采取必要措施保证测量的准确性,同时注明当时所采取的措施及气象情况。测量工况必须是在被测声源正常工作时间进行,同时注明当时的工况。

b.噪声测量的时段。分别在昼间、夜间两个时段测量,夜间有频发、偶发噪声影响时测量最大声级。"昼间"是指 06：00 至 22：00 之间的时段;"夜间"是指 22：00 至次日 06：00 之间的时段。

c.噪声测点的位置。一般情况下,测点选在噪声排放源边界外 1 m、高度 1.2 m 以上、与任一反射面距离不小于 1 m 的位置。但在噪声源有边界外墙、一般户外、敏感建筑物室内等环境条件下测量时,按如下方法选点测量:

i.当噪声源边界有围墙且周围有受影响的噪声敏感建筑物时,测点应选在边界外 1 m、高于围墙 0.5 m 以上的位置。

ii.当边界无法测量到声源的实际排放状况(一般户外)时,如声源位于高空、边界设有声屏障等,应距离任何反射物(地面除外)至少 3.5 m 处测量,距地面高度 1.2 m 以上,必要时可置于高层建筑上,以扩大监测受声范围,使用监测车测量时,传声器应固定在车顶部 1.2 m 高度处,同时在受影响的噪声敏感建筑物户外 1 m 处另设测点。

iii.敏感建筑物室内噪声测量时,室内测量点位设在距任一反射面至少 0.5 m 以上、距地面 1.2 m 高度处,在受噪声影响方向的窗户开启状态下测量。

iv.固定设备结构传声至噪声敏感建筑物室内,在噪声敏感建筑物室内测量时,测点应距任一反射面至少 0.5 m 以上、距地面 1.2 m、距外窗 1 m 以上,窗户关闭状态下测量。被测房间内的其他可能干扰测量的声源(如电视、空调、排气扇以及镇流器较响的日光灯、出声的时钟等)应关闭。

7.1.7 噪声污染的控制

1.噪声控制的一般原则和方法

噪声控制一般需要从噪声声源的控制、噪声传播途径的控制和噪声接受者的保护三个方面考虑。

(1)噪声声源的控制。

在噪声声源处降低噪声是噪声控制的最有效方法,通过研制和选择低噪声设备,改进生产加工工艺,提高机械零部件的加工精度和装配技术,合理选择材料等,都可达到从噪声声源处控制噪声的目的。

(2)噪声传播途径的控制。

从传播途径控制噪声主要有两个方面:一是阻断或屏蔽声波的传播;二是使声波的能

量随着传播距离而衰减。在噪声传播途径上常采取的声学措施有吸声、隔声、消声、隔振、阻抗失配等。

控制环境噪声传播途径最好是在环境规划体设计上采用"闹静分开"的原则进行,例如,在城镇开发规划时,将机关、学校、科研院所与闹市区分开,闹市区、工厂区与居民区分开,工厂噪声区与办公室、宿舍分开,利用噪声传播时自然衰减的特性减少污染面。

(3)噪声接受者的保护。

在其他技术措施不能有效控制噪声时,或者只有少数人在吵闹环境下工作,个人防护是一种既经济又实用的有效方法,特别是从事铆焊、钣金工作中的冷作、冲击、风动工具、爆炸、试炮等,以及机械设备较多、自动化程度较高的车间内工作,必须采取个人防护措施,对噪声接受者采取的防护措施主要有耳塞、耳罩、防声头盔和防声棉等。

2. 环境噪声控制方案

在环境噪声控制的项目和工作中,首先应该调查噪声源、分析污染状况,然后确定减噪量,选定噪声控制措施,最后评价和监测降噪效果。以下主要是介绍如何确定噪声控制方案,即如何选定噪声控制措施。

(1)强化国土空间及相关规划的防控。

环境噪声源头防控,首先要考虑国土空间及相关规划的防控,在制订、修改国土空间规划和相关规划时,充分考虑城乡区域开发、改造和建设项目产生的噪声对周围生活环境的影响,统筹规划,合理安排土地用途和建设布局,划定噪声环境功能区,防止和减轻噪声污染。

(2)强化建设与建筑布局的防控。

在确定建设布局时,要根据国家声环境质量标准和民用建筑隔声设计相关标准,合理划定建筑物与交通干线等的防噪声距离,并提出相应的规划设计要求;在交通干线两侧、工业企业周边等地方建设噪声敏感建筑物,还应当按照规定间隔一定距离,并采取减少振动、降低噪声的措施。

将区域环境或小区环境进行优化,根据实际情况采取局部改造、绿化、建绿色隔离带、合理划分道路的等级、布置建筑、安装隔音设施等措施,减少和阻碍噪声的产生与传播,提高区域环境与小区环境的声环境质量。

(3)加强设备和产品的噪声防控。

在环境噪声源头防控中,尽量减少使用可能产生环境噪声污染的工业设备、施工机械、机动车、铁路机车车辆、城市轨道交通车辆、民用航空器、机动船舶、电气电子产品、建筑附属设备等产品,要求其设备或产品的噪声限值,符合其技术规范或者产品质量标准规定。

(4)加强环境优化与监督管理。

强化各部门及单位的责任,加强监督管理,运用目标化、定量化、制度化的管理方法,将噪声污染防治目标完成情况纳入考核,细化噪声污染防治的主要责任者和责任范围,使得任务能够得到层层分解落实;对于未达到国家声环境质量标准的区域,要及时编制声环境质量改善规划及其实施方案,采取有效措施,提高声环境质量。

3.噪声控制技术

(1)吸声降噪技术。

吸声降噪技术是指利用吸声材料吸收声能以降低室内噪声的技术。人们在室内所接收到的噪声除了声源直接传送的直达声,还有室内各壁面反射回来的混响声;合理地利用吸声降噪技术可降低混响噪声级 5~10 dB(A)。

①吸声材料与吸声系数。任何材料都能吸收声音,当声波(入射声能)遇到某平面障碍物时,一部分声能被反射,一部分声能被吸收,其余一部分声能透过此障碍物,其各部分的多少与吸声材料的性质有关,如图 7.3 所示。其中,吸收声能与入射声能之比被定义为吸声系数,将吸声系数大于 0.2 的材料,称为吸声材料。

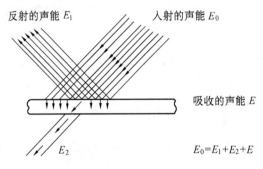

图 7.3　声能传播示意图

当声波入射到吸声材料表面并顺着材料孔隙进入内部时,会引起孔隙中的空气和材料细小纤维的振动,因摩擦和黏滞阻力作用,相当一部分声能转化为热能而被消耗,此即吸声材料的吸声机理。

②吸声材料与吸声结构。一般而言,密度小和孔隙多的材料(如玻璃棉、矿渣棉、泡沫塑料、木丝板、微孔砖等)属多孔吸声材料,吸声性能好;而坚硬、光滑、结构紧密和重的材料(如水磨石、大理石、混凝土、水泥粉刷墙面)吸声能力差,反射性能强。吸声材料对于不同的频率具有不同的吸声系数。

a.多孔吸声材料。一是多孔,二是孔与孔之间要互相贯通,三是这些贯通孔要与外界连通。从吸声材料的吸声机理和性质来看,多孔吸声材料是吸声降噪的最佳选择。多孔吸声材料主要有无机纤维吸声材料、泡沫塑料、有机纤维材料和建筑吸声材料及其制品。

无机纤维吸声材料主要有超细玻璃棉、矿渣棉、岩棉等。超细玻璃棉质轻、防蛀、防火、耐高温、耐腐蚀等,应用较普遍,但吸水率高、弹性差、不易填充。矿渣棉质轻、防蛀、防火、耐高温、耐腐蚀、吸声性好,但杂质多、性脆易断,在风速大、场合洁净使用不方便。岩棉:隔热、耐高温、价格低廉。

泡沫塑料吸声材料主要有聚氨酯、聚醚乙烯、聚氯乙烯、酚醛等,其特点是具有良好的弹性、易填充,但不防火、易燃、易老化。

有机纤维吸声材料主要有棉麻、甘蔗、木丝、稻草等,其特点是价廉、取材方便,但易潮湿、变质、腐烂,从而降低吸声性能。

建筑吸声材料主要有加气混凝土、膨胀珍珠岩、微孔吸声砖等。

b.吸声结构。建筑吸声材料按照一定声学要求进行设计安装,使其具有良好的吸声性能的建筑构件称为吸声结构,常见的吸声结构有吸声板结构、穿孔板状吸声结构、薄板和薄膜吸声结构等。如吸声板结构通常由多孔吸声材料与穿孔板组成的板状结构,使用透气的玻璃布、纤维布、塑料薄膜等,把吸声材料放进木制的或金属的框架内,然后再加一层穿孔的胶合板、纤维板、塑料板、石棉水泥板、铝板、钢板、镀锌铁丝网、穿孔石膏板、穿孔石棉水泥板、穿孔硅酸盐板等。

(2)隔声技术。

①隔声与隔声原理。隔声就是将发声的物体或需要安静的场所封闭在一个小的空间(如隔声罩及隔声间)中,使其与周围环境隔绝。其隔声原理是:声音在传播过程中,当遇到墙、板等障碍物时,声能 E_0 的一部分(E_1)被反射回去,一部分 E 被吸收,还有一部分(E_2)则透过障碍物(墙或板)传到另外的空间,隔声原理示意图如图 7.4 所示。

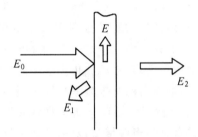

图 7.4　隔声原理示意图

②影响隔声的因素。隔声是一般工厂控制噪声的最有效措施之一,根据切断声波传播途径的差异,可将隔声问题分为空气声波的隔绝和固体声波的隔绝。影响隔声的因素主要包括三个方面:一是隔声材料的性质(品种、密度、弹性、阻尼);二是隔声构件的几何尺寸及安装条件;三是噪声源的频率特性。隔声材料密度越大、阻尼越大、隔声量越大,可有效降低或阻断声音的传播;隔声构件的密封状况对声音的传播和降噪起到很大的作用;隔声量与声波的频率关系密切,其目的是根据频率来设计适合降低该噪声源的噪声。

③隔声构件。隔声构件有隔声罩、隔声间和隔声屏三种形式。

a.隔声罩。当噪声源体积较小、形状比较规则时,可采用隔声罩将声源(如水泵、空压机、鼓风机、电机等)封闭在罩内,以减少噪声向周围辐射。在隔声罩设计时,要尽量采用质轻、隔声性能好,且在结构上便于制造和安装维修的材料,必要时可在材料上涂上阻尼层,或增加吸声材料,并要保证散热、防火、冷却等安全设置,同时还要将隔声罩与地面之间隔震,以降低固体声波传递。

b.隔声间。隔声间适合较大的设备或几台设备集中的场所、车间,其设计原则和注意事项与隔声罩相同,但要注意的是需要对门、窗及墙等进行专门的隔声设计。

c.隔声屏。隔声屏又称声屏障,是在噪声源与接收点之间设置不透声的屏障,使声波在传播过程中有一个明显的衰减,以减弱接受者在一定区域内的噪声影响。声屏障是控制交通噪声污染的一个重要的措施,其效果是在声屏障背后一定距离内形成声影区,声屏障的设置尽量使目标落在声影区内。

(3)消声器。

消声器是用于降低气流噪声的装置,既能允许气流通过,又能有效地使声能衰减。消声器必须满足良好的空气动力特性(阻力损失低或功率损耗小),在足够宽的频率范围内有足够大的消声量,具有足够的强度、刚度和较长的使用寿命,且结构简单,便于加工安装。消声器一般可以使气流降噪 20~40 dB(A)。消声器的种类很多,其结构形式各不同,主要的有三类:阻性消声器、抗性消声器、阻抗复合消声器。

①阻性消声器。阻性消声器是利用固定在气体流动管道内壁的吸声材料消声,当声波进入消声器后,引起吸声材料的细孔或间隙内空气分子的振动,使一部分声能由小孔的摩擦和黏滞而转化为热能,使声波衰减。阻性消声器的结构形式很多,按通道几何形状分为直管式、片式、蜂窝式、板式及迷宫式等。阻性消声器的特点是结构简单、加工容易,对高、中频噪声有较好的消声效果。其缺点是在高温、水蒸气及对吸声材料有侵蚀作用的气体中,使用寿命较短;另外,它对低频噪声消声效果较差。

②抗性消声器。借助管道截面的突变或旁接共振腔,利用声波的反射或干涉来达到消声目的。抗性消声器种类很多,常见的有扩张室式和共振腔式两种。扩张室式消声器也称膨胀室式消声器,最简单的形式是由一个扩张室和连接管组成,如图 7.5 所示。共振腔式消声器利用共振吸收原理进行消声,当声波传至颈口时,颈中的空气柱在声压作用下产生振动,当外来声波的频率与消声器的共振频率相同时,就产生共振,消耗的声能最多,消声量也最大,如图 7.6 所示。抗性消声器具有良好的消除低频噪声的性能,而且能在高温、高速、脉动气流下工作。缺点是消声频带窄,对高频效果较差。

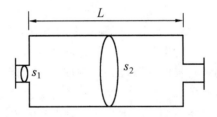

图 7.5　扩张室式消声器示意图

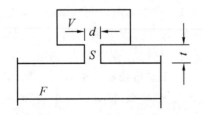

图 7.6　共振腔式消声器示意图

③阻抗复合消声器。阻抗复合消声器是由阻性消声器与抗性消声器复合而成,是工程实践中经常应用的消声器。其特点是消声量大、消声频带宽。由于阻抗复合消声器中使用了吸声材料,因此在高温(特别是有火时)、蒸汽浸蚀和高速气流冲击下使用寿命较短,如图 7.7 所示。

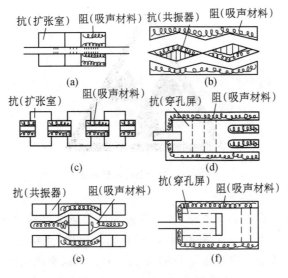

图 7.7　阻抗复合消声器

7.2　放射性污染防治

7.2.1　环境放射性来源

放射是一种不稳定的原子核(放射性物质)自发地发生衰变的现象,也称为辐射。放射过程中同时放出带电粒子(α 射线或 β 射线)和电磁波(γ 射线)。放射依能量的强弱分为 3 种:①电离辐射。能量最强,可破坏生物细胞分子,如 α、β、γ 射线,其标志如图7.8、图7.9 所示。②有热效应非电离辐射。能量弱,不会破坏生物细胞分子,但会产生温度,如微波、光;③无热效应非电离辐射。能量最弱,不会破坏生物细胞分子,也不会产生温度,如无线电波、电力电磁场。

图 7.8　电离辐射标志

图 7.9 当心电离辐射标志

（1）天然辐射源。

从地球形成时起就存在着天然辐射源，分为来自地球以外的宇宙射线和来自地球本身地表辐射。天然辐射源除了宇宙射线外，还有地表辐射（土壤中的放射性元素，如铀、镭、钍）、空气辐射（土壤中氡和钍等挥发物及 ^{14}C、^3H、^7Be）、水体辐射（海水中 ^{40}K、土壤放射性污染）、人体辐射（放射性物质随食物链进入人体，如 ^{40}K、^{226}Ra、^{228}Ra、^{14}C 等）。

（2）人工辐射源。

人工辐射源主要是生产和使用放射性物质的单位排出的辐射性废物，以及核武器爆炸和核事故等释放的放射性物质，如图 7.10 所示。

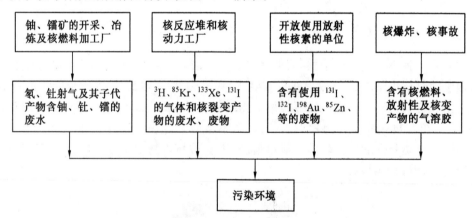

图 7.10 人工辐射污染源示意图

7.2.2 常用的辐射（放射）性单位

1.放射性活度单位

放射性活度单位为 Bq（贝可），1 Bq 等于任何放射性物质每秒发生 1 次衰变。

2.核辐射剂量单位

（1）辐照量。

粒子（包括带电粒子和不带电粒子）经过质量为 dm 的空气产生电离形成的总电荷数量称为辐照量，通常用符号 X 表示，即

$$X = dQ/dm \tag{7.8}$$

式中　　dm——质量，kg；

　　　　dQ——总电荷数，C；

　　　　X——辐照量，C/kg。

（2）吸收剂量。

质量为 dm 的任何物质吸收能量为 $d\varepsilon$ 的电离辐射的量称为吸收剂量，通常用符号 D 表示，即

$$D = d\varepsilon / dm \tag{7.9}$$

式中　　$d\varepsilon$——物质的能量，J；

　　　　D——吸收剂量，Gy（1 kg 任何物质吸收 1 J 辐射的能量）。

（3）剂量当量。

从辐射防护的角度来看，人们关心的是人体受辐照后产生的生物效应，而相同的吸收剂量却未必会产生相同的生物效应。这是因为生物效应受辐射类型和辐照条件等影响。因此，人们把在生物组织中某一点的吸收剂量 D、品质因数 Q 和其他修正因子 N 的乘积定义为剂量当量，通常用符号 H 表示，即

$$H = DQN \tag{7.10}$$

式中　　Q——品质因数；

　　　　N——修正因子；

　　　　H——剂量当量，Sv。

7.2.3　辐射对人体的损伤作用

1.辐射损伤

电离辐射作用于人体，可能造成器官或组织的损伤，而表现出各种生物效应。

（1）躯体效应。

辐射损伤的细胞如果是体细胞，损伤出现在受辐照者本人身上，称躯体效应。

（2）遗传效应。

辐射损伤的细胞如果是生殖细胞，损伤出现在受辐照者后代身上，则称为遗传效应。

2.辐射损伤的机理

（1）间接作用。

辐射产生的射线对人体的作用是一个极其复杂的过程，一般认为，电离辐射可使人体内的水分子电离，形成自由基（H、OH）和过氧化氢（H_2O_2），造成细胞损伤或影响正常功能，此即间接作用。

（2）直接作用。

电离辐射还会直接使细胞中的染色体或其他重要成分（DNA 和 RNA 等）断裂，并引起非正常细胞的出现，称为直接作用。

3.随机性效应与确定性效应

（1）辐射损伤的随机性效应。

随机性效应的发生不存在剂量的阈值，其发生的概率与受照剂量的大小无关，例如遗

传效应和躯体效应中的癌症。

(2)辐射损伤的确定性效应。

只有当受照剂量超过某一阈值时才会发生,并且其效应的严重程度随受照剂量的大小而异。

小剂量照射的情况与全身急性照射很不相同。已有越来越多的资料证明,小剂量照射引起的躯体损伤是可以修复的。这种修复作用,一般情况下主要靠机体自身来完成。

辐射损伤由于受辐射的不同又分为急性和慢性放射性损伤两种。

7.2.4 辐射防护标准

我国现阶段执行的辐射防护标准是 2002 年颁布的《电离辐射防护与辐射源安全基本标准》(GB 18871—2002),该标准使用于生产和辐射或放射性物质在医学、工业、农业或教学与科研中的应用;核能的产生,包括核燃料循环中涉及或可能涉及的辐射或放射性物质的各种活动等。标准中提出的剂量限值是不允许接受的剂量范围的下限,工作场所的辐射性表面污染控制水平见表 7.9。

表 7.9　工作场所的辐射性表面污染控制水平　　　　　　　　　　　Bq/cm²

表面类型		α 辐射性物质		β 辐射性物质
		极毒性	其他	
工作台、设备、墙壁、地面	控制区*	4	$4×10$	$4×10$
	监督区	$4×10^{-1}$	4	4
工作服、手套、工作鞋	控制区 监督区	$4×10^{-1}$	$4×10^{-1}$	4
手、批复、内衣、工作袜		$4×10^{-2}$	$4×10^{-2}$	$4×10^{-1}$

＊该区内高污染物除外

注:①不包括医疗照射和天然本底照射。②对于 16～18 岁接受辐射就业培训的徒工及学习过程中需要使用放射源的学生,应控制年有效剂量为 6 mSv,眼睛体年当量剂量为 50 mSv,四肢或皮肤当量剂量为 150 mSv。③经去污使其污染水平降低至表中所列设备 1/50 以下时,可当普通物品使用。

7.2.5 放射性污染废物的治理技术

放射性污染物的排放首先要严格管理,对于任何一种放射性污染物的排放都需要管理部门的批准,排放要有流量与浓度监控设备,不得超过审核部门认可的排放限值。目前主要依据废物的形态,即废水、废气、固体废物,分别进行放射性污染的治理。

1.放射性废水的治理

不得将放射性物质的废液排入普通小水道,除非经管理部门确认满足条件的废液,方可排入流量大于 10 倍排放量的普通下水道,且需采用槽式排放。

对浓度较高的放射性废水,一般采用固化处理或放入地下储存池中储存。固化处理就是用沥青、水泥、塑料等将放射性废水包容在其中,固化产物再按固体废物处理,通常埋入地下储存。对于中、低浓度的放射性废水常用化学沉淀、离子交换或蒸发的方法进行处理。

2．放射性废气的治理。

放射性污染物在废气中存在的形态有两种：一种是以挥发性放射性气体形式存在；另一种是以放射性气溶胶形式存在，其治理方法不同。对于挥发性放射性气体可以用吸附或者稀释的方法进行治理。最常用的吸附法是用活性炭将气体中的放射污染物去掉。稀释法用于放射性气体浓度较低的场合。对于放射性气溶胶通常可用除尘技术进行净化，如洗涤法、过滤法、静电除尘法等。

3．放射性固体废物的处理

放射性固体废物是指被放射性物质污染并且不能再利用的各种物品和废料。常用的处理方法有焚烧法、洗涤法、深埋法等。

7.3　电磁污染防治

7.3.1　电磁辐射源

电磁辐射是由于若某一空间区域内有变化的电场或变化的磁场存在，在其邻近的区域内引起相应的变化磁场或电场，而这个新产生的变化磁场或变化电场又将在较远区域引起新的变化电场或变化磁场。这种变化电场或磁场交替地产生，由近及远，互相垂直，并以与自己的运动方向垂直的一定速度在空间内传播的过程，称为电磁辐射。

电磁辐射通常表现为电磁波的污染，除无线电波外，还包括可见光、紫外线、红外线、X 射线、γ 射线等，因其伴随着各种电气和用电设备出现，无时无刻不存在于人们的生活环境中，且具有隐形性，所以比一些化学因子污染更普遍、危害更大。

1．天然电磁辐射污染源

天然的电磁辐射来自于地球的热辐射、太阳热辐射、宇宙射线、雷电等，是自然界某些自然现象引起的，所以又称为宇宙辐射，最常见的是雷电。

2．人为电磁辐射污染源

人为电磁辐射是电子仪器和电气设备产生的，主要来自于广播、电视、雷达、通信基站、高压电线、变电站、变压器及电磁能在工业、科学研究、医疗和生活中的应用设备等。值得一提的是，如今的电视机、计算机、微波炉、电磁炉、手机等进入千家万户，手机甚至成为时代的宠物，人人不离身，但这些小型家电毕竟也是有电磁波存在的，这些微量的电磁作用对人和环境究竟会产生怎样的危害，目前还没有明确的定论，需要人们认真对待。

7.3.2　电磁辐射对人体的影响

电磁辐射的危害与电磁波的频率有关，电磁波的射频辐射对人体健康的影响是一种综合效应，与辐射强度、接触时间及防护设施等多种因素有关，呈现复杂性，这种复杂性主要表现为电磁辐射的三性，即使全身或身体的某一部分温度升高，产生宏观致热效应；使器官内的某些部分产生微观致热效应，虽然温度没有明显改变，机体却能产生持久变化；

在微观上对机体生物物理或生化过程有强烈影响,这种影响复杂又精细,通常在分子及细胞一级的水平上发生影响。

研究结果表明,长期生活在超过安全标准的电磁场环境之中,会使人产生失眠、嗜睡等植物性神经功能紊乱症候群,以及脱发、白细胞下降、视力模糊、晶状体混浊、心电图改变等症状。

7.3.3 电磁辐射防护标准

为防止电磁辐射污染、保护环境、保障公众健康、促进伴有电磁辐射的正当实践的发展,我国为此专门制定了《电磁环境控制限值》(GB 8702—2014),该标准是对《电磁辐射防护规定》(GB 8702—1988)和《环境电磁波卫生标准》(GB 9175—1988)的整合修订并进行了取代。

《电磁环境控制限值》(GB 8702—2014)为控制电场、磁场、电磁场所致的公众暴露,对环境中的电场、磁场、电磁场场量的均方根值进行了规定,应满足表 7.10 的要求。

表 7.10　电场、磁场、电磁场公众暴露控制限值

频率范围	电场强度 $E/(V \cdot M^{-1})$	磁场强度 $H/(A \cdot M^{-1})$	磁感应强度 $B/\mu T$	等效平面波功率密度 $S_{EQ}/(W \cdot M^{-2})$
1～8 Hz	800	32 000/F	40 000/F2	—
8～25 Hz	8 000	4 000/F	5 000/F	—
25～1.2 kHz	200/F	4/F	5/F	—
1.2～2.9 kHz	200/F	3.3	4.1	—
2.9～57 kHz	70	10/F	12/F	—
57～100 kHz	4 000/F	10/F	12/F	—
100～3 MHz	40	0.1	0.12	4
3～30 MHz	67/F1/2	0.17/F1/2	0.21/F1/2	12/F
30～3 000 MHz	12	0.032	0.04	0.4
3 000～15 000 MHz	0.22/F1/2	0.000 59/F1/2	0.000 74/F1/2	F/7 500
15 000～300 GHz	27	0.073	0.092	2

注:①频率 F 的单位为所在行的第一栏单位。②100 kHz～300 GHz 频率的场参量为任意连续 6 min 内的均方根值。③100 kHz 以下的频率需同时限制电场强度与磁感应强度;100 kHz 以上频率,在远场区可以只限制电场强度或磁场强度或等效平面波功率密度,在近场区限制电场强度和磁场强度。④架空输电线路下的耕地、园地、牧草地、畜禽饲养地、养殖水面、道路场所等,其频率 50 Hz 的电场强度控制在 10 kV/M,且应给出警示和防护指示标志。⑤对于脉冲电磁波,除满足上述要求外,其功率密度瞬时峰值不得超过表中所列限值的 1 000 倍,或场强瞬时峰值不得超过表中所列限值的 32 倍。

7.3.4　电磁辐射的防护

减少电磁泄漏和防止电磁辐射污染应从产品设计、屏蔽与吸收入手,采取治本与治标相结合的方法。目前,屏蔽、射频接地和吸收防护是三种基本的防护技术。

(1)屏蔽。

采用各种技术方法将电磁波的影响控制在一定的空间范围内,称为电磁波的屏蔽。

电磁波的屏蔽分为主动屏蔽和被动屏蔽两类。主动屏蔽是将电磁波的作用限定在某个范围之内,使其不对限定范围之外的生物机体或仪器设备产生影响。被动屏蔽是用屏蔽体来防止场源对屏蔽体内部的生物体或仪器设备产生作用。

(2)射频接地。

将屏蔽体在电磁波作用下感应生成的射频电流导入大地,以免屏蔽体本身成为射频电磁波的二次辐射源。射频接地与普通电气设备的安全接地不同,通常,射频接地深度为 $2\sim3$ m,接地极表面积为 $1\sim2$ m²。

(3)吸收防护。

利用某些物质构成电磁波的吸收部件,吸收部件分为两类:①谐振型吸收部件,利用某些材料构成的部件的谐振特性制成;②匹配型吸收材料,利用材料和空气间电磁波阻抗的匹配,达到较好地吸收微波能量并使之衰减的目的。

7.4　热污染及其防治

7.4.1　热环境与热污染

由于社会生产力的迅速发展,大量地消耗化工石油燃料和核能燃料,在能源的消耗和转化的过程中,不仅会产生大量的含有害物质、放射性物质的污染物,而且会产生二氧化碳、水蒸气、热水等,虽无直接危害,但对环境却可产生不良的增温效应,引起所谓的热污染。当前,随着世界能源消耗的不断增加,热污染问题也将日趋严重。

7.4.2　水体热污染及防治

1.水体热污染产生原因。

向水体排放温热废水,使水体温度升高,当温度升高使水质恶化,影响水生生物的生长和繁殖,进而危及人类的生产和生活时,称为水体的热污染。水体热污染主要来源于工业冷却水,其中以电力工业为主,其次是冶金、化工、石油、造纸和机械工业。

2.水体热污染的危害

水温是水体的主要指标,通常情况下,我国各地生活污水的年平均温度在 15 ℃左右。水环境质量标准中规定,在人为因素的影响下,水体的周平均水温升高不得超过1 ℃,水温降低不得超过 2 ℃。水体热污染的危害是多方面的,会引起物理化学性质发生变化(溶解度、黏度),造成 DO 减少,鱼类死亡,水体腐败,细菌、藻类繁殖加快等。

水体温度升高会因物理性能发生变化,水的密度、黏滞系数随温度上升而降低,减弱了河水携带泥沙的能力,使水中颗粒物和悬浮物沉降速率增大,河道淤积加快,水中溶解氧减少,从而使水体变得缺氧,会造成生态平衡破坏。

水体温度上升会在一定范围内造成细菌快速繁殖、藻类种群发生改变及水生植物种群的变化。细菌的繁殖会使水中有机污染物快速腐败发出腐臭气味及使鱼类发病率增加,蓝绿藻种群大量繁殖会使水中产生不良的味道,某些水生植物大量繁殖及种类的改变会造成水生态系统的变化。

温热水向水体的排放,引起水体温度升高,不利于鱼类及水生生物的生存。不少鱼类适宜生存的温度范围很窄,超出此范围将影响它们的正常生存和繁殖。水温上升会使水中鱼类的种群发生变化,限制鱼卵的成熟,或改变产卵时间,导致个体数量的减少。另外,水温的变化影响很多鱼类的洄游时间,破坏了它们的洄游规律。

3.水体热污染的防治管理

加强水体温度及热源排放的监测和管理,不仅要考虑农业灌溉水的要求和使水生生物不受损害,还要顾及经济上的合理性和可能性。

改进冷却技术及加强温热水的综合利用技术,减少温热水的排放量。一般电站的冷却水、发电设备和冶金设备的冷却水,应根据自然条件选用经济和可行的冷却技术,可推广气冷,这样既可避免大量废热排入水体,又可大量节约用水。

7.4.3 热污染对大气的影响及其防治

以化石燃料作为能源的消耗过程对环境影响有前述的温室效应、热岛效应。为了控制热污染对大气的影响,应采取绿化措施来增加森林覆盖面积。绿色植物通过阳光下的光合作用能吸收 CO_2,生产氧气。此外,发展太阳能、风能、水电这些清洁能源也能减轻对环境的热污染。此方面的内容已经在大气污染与防治章节中详细论述。

思考题及习题

1. 噪声的特点是什么?

2. 社会噪声声源有哪些?从个人的角度阐述一下如何避免给其他人造成噪声干扰。

3. 噪声污染的危害有哪些?

4. 噪声对交谈干扰的分贝级和距离是怎样的?

5. 什么是 A 计权声级?与人听觉的感觉有什么关联?

6.《中华人民共和国噪声污染防治法(2021)》新增内容与特点有哪些?

7. 声环境功能区的划分及环境噪声限值是怎么规定的?

8. 噪声的控制方法有哪些?

9. 如何控制放射性污染？

10. 简述垃圾的收集方式，以及压实、破碎、分选的方法、机理和应用。

11. 简述固体废物的回收、利用和资源化技术。

12. 试绘图说明活性污泥法去除有机污染物的降解规律。

13. 试比较好氧生物处理法与厌氧生物处理法的优缺点。

14. 我国的大气污染现状及其治理措施有哪些？

15. 什么是土壤污染，有何特点，如何防治？

第 8 章　环境标准、管理与质量评价

8.1　环境标准

环境标准是环境管理目标和效果的具体表达,也是环境管理的工具之一。它是环境管理工作由定性转入定量,更加科学化地显示。

8.1.1　环境标准的概念

1.环境标准的定义

环境标准是为维持环境资源的价值,对某种物质或参数设置的最低(或最高)含量。《中华人民共和国环境保护标准管理办法》中对环境标准的定义为:环境标准是指为了保护人群健康、社会物质财富和维持生态平衡,对大气、水、土壤等环境质量,污染源的监测方法以及其他需要所制定的标准。

2.环境标准的功能

环境标准是一种法规性的技术指标和准则,是环境保护法制系统的一个组成部分。因此,环境标准是国家进行科学的环境管理所遵循的技术基础和准则,它是环境保护工作的核心和目标。

合理的环境标准可以指导经济和环境协调发展,严格执行环境标准可以保护和恢复环境资源价值,维持生态平衡,提高人类生活质量和健康水平,并为制定区域发展负载容量奠定基础。

8.1.2　环境标准体系

环境标准体系,是指根据环境监督管理的需要,将各种不同的环境标准,依其性质功能及其间的内在联系,有机组织合理构成的系统整体。环境标准体系不是一成不变的,它与一定时期的技术经济水平以及环境污染与破坏的状况相适应。

1.环境标准体系的构成

(1)国家标准和行业标准。

根据《中华人民共和国标准化法》和《中华人民共和国标准化实施条例》的有关规定,环境保护标准分为国家标准和行业标准。根据要求不同,又将国家标准和行业标准分为

强制性标准和推荐性标准,行业标准在相应的国家标准实施后,自行废止。

(2)国家标准和地方标准的内容。

目前,我国的环境保护标准有环境质量标准、污染物排放标准、环境基础标准、样品标准和方法标准。环境质量标准、污染物排放标准分为国家标准和地方标准,是强制标准。

(3)国家标准与地方标准的制定。

国家环境标准是国家环境保护行政主管部门制定并在全国范围内或特定区域内适用的标准。地方环境标准是由省、自治区、直辖市人民政府批准颁布的,在特定行政区内适用。地方标准是对国家环境质量标准中未规定项目的补充,当国家污染物排放标准不适用于当地环境特点和要求时,省、自治区、直辖市人民政府可制订地方污染物排放标准。

2.环境标准体系的主体

环境质量标准和污染物排放标准是环境标准体系的主体,是环境标准体系的核心内容,是在环境监督管理要求上体现了环境标准体系的基本功能,是实现环境标准体系目标的基本途径和表现。

3.环境标准体系的基础

环境基础标准是环境标准体系的基础。环境基础标准给出各类环境标准建立时应遵循的准则要求,是环境标准的"标准",它对统一、规范环保标准的制定、执行具有指导作用,是环境标准体系的基石。

环保方法标准、环保标准样品标准构成环保标准体系的支持系统,它们直接服务于环境质量标准和污染物排放标准,是环境质量标准和污染物排放标准内容上的配套补充以及环境质量标准与污染物排放标准有效执行的技术保证。

8.1.3 环境标准

1.环境质量标准

环境质量标准是指为了保障人群健康和社会物质财富,维护生态平衡而对环境中有害物质和因素所做出的限制性规定,是以保护环境和提高环境质量为目标制订的。目前我国环境质量标准依照环境要素可划分为环境空气质量标准、水环境质量标准、环境噪声以及土壤环境质量标准等,具体内容参见前文相关章节。

2.污染物排放标准

污染物排放标准是指为了实现环境质量要求而对污染源产生排入环境的污染物质或有害因素所做出的限制性规定。污染物排放标准是以环境质量标准为基础,为实现环境质量标准目标,以污染防治的技术、经济可行性为依据而制订的。污染物排放标准是对污染排放行为进行直接监督管理,实现环境质量标准水平的基本途径和手段。

根据污染物的形态,污染物排放标准可划分为大气污染物排放标准、水污染物排放标准和固体废弃物、噪声控制标准等。对于污染物排放标准,又可划分为一般综合性污染物国家排放标准和行业性污染物排放标准。按照规定,综合性排放标准与行业性排放标准按不交叉执行的原则实施。

3.环境基础标准

环境基础标准是对环境标准中具有指导意义的有关词汇、术语、图式、原则、导则、量纲单位所做的统一技术规定。在环境标准体系中,基础标准处于指导地位,是制订其他各类环保标准的基础。

4.环保方法标准

环保方法标准是指对环境保护领域内以采样、分析、测定、试验、统计等方法为对象所制订的统一技术规定。目前,环保方法标准主要制订的是分析方法和测定方法标准。统一的环保方法标准对于规范环境监测、统计等人员操作,提高环境监测、统计等数据的准确性、可靠性、一致性,保证信息质量具有重要作用。

5.环保标准样品标准

在环境保护工作中,用来标定仪器、验证测定方法、进行量值传递或质量控制的标准材料或物质称为环保标准样品。环保标准样品标准是对环保标准样品必须达到的要求所作的统一技术规定。环保标准样品标准对保证标准样品用于环境管理中进行分析方法评价、分析仪器及其灵敏度的评价和鉴别,以及分析技术人员的操作技术评价等方面具有重要的作用。

6.环境保护行业标准

环境保护行业标准是指对环境保护工作范围内所涉及的部分活动以及设备、仪器等所做的统一技术规定,是为加强环境保护领域的行业管理而发展出来的一类环境标准。它是针对环保行业的发展需加强管理而提出的技术规范,其标准范围涉及面较广,目前包括 34 类标准。行业标准只能针对无国家标准,而又需要在本行业统一技术要求而制定,由国家环境保护行政主管部门制定。

8.2 环境管理

8.2.1 环境管理概述

1.环境管理的基本概念

环境管理是指根据国家的环境政策、环境法律、法规和标准,坚持宏观综合决策与微观执法监督相结合,从环境与发展综合决策入手,运用各种有效的管理手段,调控人类的各种行为,协调经济、社会发展同环境保护之间的关系,限制人类损害环境质量的活动,维护趋于正常的环境秩序和环境安全,实现区域社会可持续发展的行为总体。其中,管理手段包括法律、经济、行政、技术和教育等 5 个手段,人类行为包括自然、经济、社会 3 种基本行为。

环境管理是针对次生环境问题的一种管理活动,主要解决人类的活动所造成的各类环境问题。

环境管理的核心是对人类的管理。人类的各种行为是产生各种环境问题的根源,从人类的自然、经济、社会 3 种基本行为入手开展环境管理,环境问题才能得到有效的解决。

环境管理的目的是解决环境污染和生态破坏所造成的各类环境问题,保证区域的环境安全,实现区域社会的可持续发展。环境管理涉及包括社会领域、经济领域和资源领域在内的所有领域。环境管理的内容非常广泛和复杂,与国家的其他管理工作紧密联系、相互影响和制约,成为国家管理系统中的重要组成部分。

2.环境管理的内容

按环境管理的性质可分为环境规划与计划管理、环境质量管理、环境技术管理、环境监督管理等。

按环境管理的范围可分为资源环境(生态)管理、流域环境管理、区域环境管理、专业环境管理。

3.环境管理的特点

环境管理有 3 个显著的特点,即综合性、区域性和公众性。

(1)综合性。

环境管理是环境科学与管理科学、管理工程学交叉渗透的产物,具有高度的综合性,主要表现在其对象和内容的综合性以及管理手段的综合性。

环境管理的对象包括社会环境(人口控制、消费模式、公共服务、卫生健康、工业环境、能源利用等)、经济环境(经济政策、农业环境、工业环境、能源利用等)、自然环境(自然资源、生物多样性、荒漠化防治、固体废物无害化等)。而且,环境管理内容还涉及战略、政策、规划、法规等上层建筑领域的内容。因此,必然形成包含自然科学、社会科学和管理科学等多门科学技术高度综合的学科体系。

(2)区域性。

环境问题由于自然背景、人类活动方式、经济发展水平和环境质量标准的差异,存在着明显的区域性,这就决定了环境管理必须根据区域环境特征,因地制宜地采取不同的措施,以地区为主进行环境管理。

(3)公众性。

环境管理的实质是影响人的行为,环境问题如果没有公众的合作是难以解决的。因此,要解决环境问题不能仅依靠技术,还必须通过环境教育使人们认识到必须保护和合理利用环境资源。只有公众的积极参与和舆论的强大监督,才能搞好环境管理,成功地改善环境。

8.2.2　环境管理的基本原则和指导方针

1.环境管理的基本原则

我国的环境管理是在相关的环境法律指导下的管理,是环境法本质的反映,环境管理及环境法的原则包括如下内容。

(1)经济建设和环境保护协调发展的原则。

环境管理是管理资源的工作,是国家经济工作的一部分,为此,要把环境保护纳入各级政府的重要议事日程和国家计划经济管理的轨道,把对环境、资源的管理与有关部门的经济管理、企业管理有机结合起来。

要合理开发和利用环境资源,使开发建设强度不超出环境的承载力;要建立低投入、多产出、低消耗、高效益的经济结构;要依靠科学技术的进步发展生产,转变消耗资源的粗放生产模式为依靠科学技术型的生产模式,提高生产效益。

(2)以防为主、防治结合、综合治理的原则。

这是我国环境保护的基本政策之一,搞好环境管理的重要途径是要贯穿以防为主、全面规划、合理布局的原则。以防为主是因为环境一旦遭受污染和破坏,要消除这种污染所带来的影响往往需要较长的时间,甚至难以消除,而且当环境遭到污染和生态破坏后再去治理,往往需要花费较高的代价,所以,在解决环境污染和生态破坏时,要把重点放在"防"字上。要采取多种有效措施,防治结合,治中有防,防中有治,尽可能把污染和破坏消除在生产过程之中。

(3)谁开发、谁保护,谁污染、谁治理的原则。

"谁污染谁治理",即凡是造成环境污染或资源破坏的任何个人或单位,都担负治理和赔偿的责任。这条原则体现了不允许出现以私害公、因小失大、只顾眼前不顾长远的社会行为准则,企业在其生产和经营活动中有义务保护环境、防止环境污染。从环境管理的角度看,除贯彻以防为主外,还有环境和资源保护的责任。因此,完整地提出"谁开发、谁保护,谁污染、谁治理"较为确切、具体。

这条原则并不排除有关主管部门和环境保护部门在保护自然环境和自然资源以及治理环境污染方面的责任,有关主管部门应当制定开发利用和保护自然资源、防止环境污染的计划,加强计划管理,依法限制不合理的经济开发活动;环境保护部门则主要负责归口管理,加强对开发活动的检查和监督。

(4)依靠群众的原则。

"公民对污染和破坏环境的单位及个人,有权监督、检举和控告",使环境保护的专业管理和群众监督相结合,法制管理和人民群众的自觉维护相结合,调动广大群众同污染和破坏环境的违法行为做斗争的积极性。

(5)奖励惩罚相结合的原则。

相应的环境保护法规中规定,国家对在环境保护工作中做出突出成绩和贡献的单位及个人,给予表扬和奖励;对企业利用废水、废气、废渣做主要原料生产的产品,给以免税和价格政策上的照顾,盈利所得不上交,由企业用于治理污染和改善环境;对违反法律破坏生态、污染环境的单位或个人,要依法追究法律责任,给予必要的法律制裁。

(6)风险预防原则。

对那些可能造成环境污染和破坏、危及可持续发展的行为进行约束,以免造成不可挽回的损失。因为如果等到取得了明确的科学证明才由法律去规范某些行为,这些行为对环境造成的破坏可能已经威胁了人的基本生存。所以,风险预防原则是以人为根本的可持续发展所必需的,它在环境管理中不可或缺。

2.环境管理的指导方针

环境保护的"三十二字"方针是指："全面规划、合理布局、综合利用、化害为利、依靠群众、大家动手、保护环境、造福人民"。此方针已在《中华人民共和国环境保护法》中以法律形式肯定了下来,实践证明,这一方针在相当长一段时期内对我国环境保护工作起到了积极促进作用。

①在防治环境污染方面,实行"预防为主、防治结合、综合治理"的方针。

②在自然保护方面,实行"自然资源开发、利用与保护、增殖并重"的方针。

③在环境保护的责任方面,实行"谁污染谁治理,谁开发谁保护"的方针。

以上 3 条是在总结了环境保护工作经验,结合我国的国情,研究环境保护工作的特点和重点及各方面对环境保护的要求提出来的,它指明了解决我国环境问题的正确途径,是"三十二字"方针的重大发展。

(2)"三同步、三统一"的方针,即经济建设、城乡建设和环境建设要同步规划、同步实施、同步发展,做到经济效益、社会效益和环境效益的统一。

"三同步"的基点在于"同步发展",它是制订环境保护规划、确定政策、提出措施以及组织实施的出发点和落脚点,它明确指出要把环境污染和生态破坏解决在经济建设和社会建设过程之中。"同步规划"实质是根据环境保护和经济发展之间相互制约的关系,以预防为主,搞好"合理规划、合理布局",在制订环境目标和实施标准时,要兼顾经济效益、社会效益和环境效益,采取各种有效措施,运用价值规律和经济杠杆,从投资、物资和科学方面保证规划落实。"同步实施"是要在制订具体的经济技术政策和进行具体经济建设项目的工作中,全面考虑上述 3 种效益的统一,采用一切有效手段保证"同步发展"的实现。

"三统一"主要是克服传统的只顾经济效益的发展点,强调整体综合的效益,它是贯穿于"三同步"始终的一条基本原则,也可以认为是各项工作的一条基本准则。

8.2.3　环境管理方法和手段

《中华人民共和国环境保护法》中规定了环境管理的方法和手段,其中,环境影响评价制度、"三同时"制度、排污收费制度、环境保护目标责任制度、城市环境质量综合整治定量考核制度、排污许可证制度、污染集中控制制度等 8 项制度是实施环境管理的重要方法和手段。

1.环境影响评价制度

《中华人民共和国环境影响评价法》(2018 年 12 月 29)是为了实施可持续发展战略,预防因规划和建设项目实施后对环境造成不良影响,促进经济、社会和环境的协调发展,制定了环境影响评价制度的一些主要内容。

(1)环境影响评价制度。

环境影响评价制度是指对规划和建设项目实施后可能造成的环境影响进行分析、预测和评估,提出预防或者减轻不良环境影响的对策和措施,进行跟踪监测的方法与制度。

（2）对建设项目的环境保护实行分类管理。

根据建设项目对环境的影响程度,对建设项目的环境保护实行分类管理。

①建设项目对环境可能造成重大影响的,应当编制环境影响报告书,对建设项目产生的污染和对环境的影响进行全面、详细的评价。

②建设项目对环境可能造成轻度影响的,应当编制环境影响报告表,对建设项目产生的污染和对环境的影响进行分析或者专项评价。

③建设项目对环境影响很小、不需要进行环境影响评价的,应当填写环境影响登记表。

2."三同时"制度

"三同时"制度是指新建、改建、扩建项目和技术改造项目以及区域性开发建设项目的污染治理设施必须与主体工程同时设计、同时施工、同时投产的制度。

"三同时"制度在不同建设阶段的要求:在建设项目正式施工前,建设单位必须向环境保护行政主管部门提交初步设计中的环境保护篇章,经审查批准后,才能纳入建设计划,并投入施工。在建设项目正式投产和使用前,建设单位必须向负责审批的环境保护行政主管部门提交环境保护设施"验收申请报告",说明环境保护设计运行的情况、治理的效果、达到的标准。经环境保护行政主管部门验收合格后,才能正式投入生产和使用。

3.排污收费制度

排污收费制度是指国家环境管理机关依照法律规定,对排污者征收一定费用的一整套管理措施。它既是环境管理中的一种经济手段,又是"污染者负担原则"的具体执行方式之一。排放污染物的企业事业单位和其他生产经营者,应当按照国家有关规定缴纳排污费。排污费应当全部专项用于环境污染防治,任何单位和个人不得截留、挤占或者挪作他用。

排污收费的管理办法是按照2018年1月1日颁布的《中华人民共和国环境保护税法实施条例》要求实施的,该条例对固体废物具体范围的确定机制、城乡污水集中处理场所的范围、固体废物排放量的计算、减征环境保护税的条件和标准,以及税务机关和环境保护主管部门的协作机制等做了明确规定。

4.环境保护目标责任制

环境保护目标责任制是一种具体落实地方各级人民政府和有污染的单位对环境质量负责的行政管理制度。环境保护目标责任制是以签订责任书的形式,确定了一个区域、一个部门乃至一个单位环境保护的主要责任者和责任范围,运用目标化、定量化、制度化的管理方法,实行环境质量行政领导负责制。地方各级人民政府及其主要领导要依法履行环境保护的职责,坚决执行环境保护法律、法规和政策。要将辖区环境质量作为考核政府主要领导人工作的重要内容。

环境保护目标责任制抓住了环保工作的关键,加强了政府对环保工作的重视和领导,使环境保护真正列入各级政府的议事日程;同时有利于协调政府各部门齐抓共管环境保护,克服了多年来环保战线孤军作战的局面;另外,增加了环境保护工作的透明度,有利于动员全社会对环境保护的参与和监督。

责任书期满,先逐级自查,然后由省政府组织力量,对各市地环境目标责任书的完成情况进行考核。根据考核结果,给予奖励或处罚。

5.城市环境综合整治定量考核制度

城市环境综合整治定量考核制度,是指在城市政府的统一领导下,通过实行定量考核,对城市政府在推行城市环境综合整治中的活动予以管理和调整的一项环境监督管理制度。

考核的范围和内容都是把城市作为一个整体来考虑的、定量考核实行分级管理。考核分为两级,国家级考核和省(自治区、直辖市)级考核。考核为定量考核,其内容包括 4 个方面的内容,共 20 项指标,总计 100 分。

(1)环境质量指标,计 36 分,包括可吸入颗粒物浓度年平均值、二氧化硫年平均值、二氧化氮年平均值、集中式饮用水水源地水质达标率、城市水域功能区水质达标率、区域环境噪声平均值和交通干线噪声平均值等 7 项指标。

(2)污染控制指标,计 23 分,包括烟尘控制区覆盖率及清洁能源使用率、汽车尾气达标率、工业固体废物处置利用率、危险废物集中处置率、工业企业排放达标率(包括工业废水排放达标率、工业烟尘排放达标率、工业二氧化硫排放达标率、工业粉尘排放达标率)等 5 项指标。

(3)环境建设指标,计 29 分,包括城市生活污水集中处理及回用率、生活垃圾无害化处理率、建成区绿化覆盖率、生态建设、自然保护区覆盖率等 5 项指标。

(4)环境管理指标,计 12 分,包括环境保护投资指数、污染防治设施及污染物排放自动监控率、环境保护机构建设等 3 项指标。

6.排污许可证管理制度

环境保护许可证制度,是指从事有害或可能有害环境的活动之前,必须向有关管理机关提出申请,经审查批准,给予许可证后,方可进行该活动的一整套管理措施。它是环境行政许可的法律化,是环境管理机关进行环境保护监督管理的重要手段。实行排污许可管理的企业事业单位和其他生产经营者应当按照排污许可证的要求排放污染物;未取得排污许可证的,不得排放污染物。

环境排污许可证,从其作用看,可分为三大类:一是防止环境污染许可证,如排污许可证,海洋倾废许可证,危险废物收集、储存、处置许可证,放射性同位素与射线装置的生产、使用、销售许可证,废物进口许可证等;二是防止环境破坏许可证,如渔业捕捞许可证、野生动物特许猎捕证等;三是整体环境保护许可证,如林木采伐许可证、建设规划许可证等。从表现形式看,有的称为许可证,有的称为许可证明书、批准证书、注册证书、批件等。

环境保护部门根据当地污染物总量控制的目标,污染源排放状况及经济、技术的可行性等,核批排放单位的污染物允许排放量,对不超出排污总量控制指标的单位,颁发排污许可证,对超出排污总量控制指标的单位,颁发临时排污许可证,并限期治理,削减排污量。排污许可证的审批,主要是对排污量、排放方式、排放去向、排污口位置、排放时间加以限制。排污许可证的审批颁发工作应由专人管理,从申请、审核、批准、颁发到变更要有一套工作程序。排污许可证必须按国家规定统一编码。

7.污染集中控制制度

考虑到我国的国情和制度优势,对于点污染源应采取以集中控制为主的发展方向。我国目前主要对废水、废气、有害固体废弃物以及噪声采取集中控制的方式。

(1)污染集中控制制度。

污染集中控制制度是指在一个特定的范围内,为保护环境所建立起来的集中治理设施和采取管理措施,以提高流域、区域等控制单元的环境质量为目的,依据污染防治规划,按照废水、废气、固体废弃物等的性质、种类和所处的地理位置,以集中治理为主,用尽可能小的投入获取尽可能大的环境、经济、社会效益。

首先,污染集中控制在环境管理上,特别是在污染防治战略和投资战略上带来重大转变,通过合理规划,按区域或流域,集中有限的资金,采用相对先进的技术和标准,集中治理污染,有可能取得较大的综合效益。其次,污染集中控制能够为大部分企业所欢迎,可以有效缓解大部分中、小企业由于资金不多、技术水平低、场地小等困难,乐于按照"谁污染谁负担"的原则支付合理费用。再次,污染集中控制也符合国际发展趋势,符合有害废物处理和处理设施向大型化、集中化方向发展。

(2)污染集中控制制度的做法。

必须以规划为先导,如完善排水管网,建立城市污水处理厂,发展城市绿化等。集中控制污染必须与城市建设同步规划、同步实施、同步发展;要划分不同的功能区域,突出重点,分别整治;必须由地方政府牵头,协调各部门,分工负责;实行污染集中控制必须与分散治理相结合,对于一些危害严重、排放重金属和难以生物降解的有害物质的污染源,对于少数大型企业(危害严重、排放重金属和难以生物降解污染源)或远离城镇的个别污染源,要进行单独、分散治理;必须疏通多种资金渠道,要多方筹集资金,利用环境保护贷款基金、企业建设项目环境保护资金、银行贷款、地方财政补助,依靠国家能源政策、城市改造政策、企业改造政策等来筹集。

8.限期治理制度

限期治理制度,是指对已存在的危害环境的污染源,由法定机关做出决定,责令污染者在一定期限内治理并达到规定要求的制度。受到罚款处罚被责令改正,拒不改正的,依法做出处罚决定的行政机关可以自责令改正之日的次日起,按照原处罚数额按日连续处罚。对经限期治理逾期未完成治理任务的,除依照国家规定加收超标排污费外,还可以根据所造成的危害后果处以罚款,或者责令停业、关闭。

限期治理制度是减轻或消除现有污染源的污染,提高环境质量的一项环境法律制度,也是我国环境管理中所普遍采用的一项管理制度。

8.3 环境质量评价

8.3.1 环境质量评价的概念

目前,国家已经将环境质量评价进行了细分管理,将规划环境影响评价与建设项目管理评价分开进行管理,为贯彻《中华人民共和国环境保护法》《中华人民共和国环境影响评价法》,分别制定了《规划环境影响评价技术导则 总纲》(HJ 130—2019)《建设项目环境影响评价技术导则 总纲》(HJ 2.1—2016)等。考虑到人们日常见到的建设项目比较多,下面多以介绍建设项目环境影响评价内容为主。

1. 环境质量评价的概念

环境质量评价是对环境质量的优劣进行科学的定量描述和评估,是通过对某一地区的环境特征及功能、环境质量和人类在该地区的开发活动进行的调查、监测、分析,按照国家制定的环保法规、环境标准和评价方法,对一定区域范围内环境质量的历史演变、现状和未来趋势进行回顾、监测、预测和评估,以研究其环境质量现状及其变化的趋势和规律,从而制定保护区域环境质量的对策。环境评价包括环境影响评价和环境质量评价两方面内容。

2. 环境影响评价的原则

《建设项目环境影响评价技术导则 总纲》(HJ 2.1—2016)中规定,环境影响评价应突出环境影响评价的源头预防作用,坚持保护和提高环境质量。其原则如下。

(1)依法评价。

贯彻执行我国环境保护相关法律法规、标准、政策和规划等,优化项目建设,服务环境管理。

(2)科学评价。

规范环境影响评价方法,科学分析项目建设对环境质量的影响。

(3)突出重点。

根据建设项目的工程内容及其特点,明确与环境要素间的作用效应关系,根据规划环境影响评价结论和审查意见,充分利用符合时效的数据资料及成果,对建设项目主要环境影响予以重点分析和评价。

3. 环境质量评价的类型

环境质量评价按其评价的时段和性质、环境要素或区域类型可分为不同的类型,见表8.1。

表 8.1　环境质量评价类型

划分依据	评价类型
按评价时段和性质区分	环境质量回顾评价、环境质量现状评价、环境影响评价
按评价环境要素区分	单个环境要素的环境质量评价(如大气环境质量评价、地面水环境质量评价、地下水环境质量评价、声环境质量评价等)、多个环境要素的环境质量综合评价
按评价区域类型区分	开发区(如高技术开发区、工业园区等)环境质量评价、城市环境质量评价、流域环境质量评价、海域环境质量评价、风景旅游区环境质量评价等

8.3.2　环境质量评价的工作等级

环境质量评价工作的广度和深度,基本上取决于建设地区的环境特征、环境功能要求以及开发建设项目的工程特征和排污状况等,如建设地区地形较复杂(如山区、丘陵、沿海、大中城市的城区等)、环境敏感程度较高(如周围为城市的中心区、自然保护区、生活饮用水水源地、风景名胜区、水产养殖区等环境保护敏感区),以及开发建设项目对环境污染或生态破坏较明显的,则其环境影响评价工作的要求较高。因而,对环境背景等调查范围应较为广泛,对污染物在该地区环境中的输送、扩散、迁移、转化、衰减等规律的研究应较为深入,对开发建设项目环境影响因素的识别分析应较为透彻等等。反之,上述工作的广度和深度可以适当降低。

对建设项目环境影响评价各环境要素的评价划分为 3 个等级,一级的要求最高,二、三级依次降低。建设项目环境影响评价工作等级划分的具体依据和各等级的工作内容要求,可参见各行业领域标准及《环境影响评价技术导则》。

8.3.3　环境质量评价的基本方法

1.环境影响识别与评价因子筛选法

环境影响因素识别可采用矩阵法、网络法、地理信息系统支持下的叠加图法等。

2.环境现状调查的基本方法

环境现状调查方法由环境要素环境影响评价技术导则具体决定,目前采用较多的有收集资料法、现场调查法和遥感法。

3.现有污染源调查的基本方法

污染源调查的方法,一般是收集和利用已有的资料,必要时再通过现场调查或实测加以补充。此外,还可通过类比调查、物料衡算或根据排污系数估算污染源的污染物排放量。

4.环境影响预测的基本方法

环境影响预测的方法有数学模式法、环境模型法、类比调查法和专业判断法,具体由各环境要素或专题环境影响评价技术导则具体规定。

(1)数学模式法。

数学模式法是通过建立能科学地反映污染源排入环境的污染物在各环境要素中进行输送、扩散、迁移、转化等过程的客观规律的各种数学模式(包括化学数学模式、物理数学模式和生物数学模式),预测计算污染物对环境污染影响的范围和程度。但采用数学模式法应注意各种模式的适用条件,必要时,须对选用的模式进行修正和验证。

(2)环境模型法。

环境模型法是应用相似原理,在室内或现场根据地区环境的特征及其参数,进行物理、化学等模拟试验(如环境风洞试验、示踪剂扩散试验、水团追踪试验等),以定量地测定污染物在环境中的时空浓度分布或求取污染物在环境中输送、扩散、迁移、转化、降解等过程的参数,为建立或修正数学模式和确定数学模式的参数提供科学依据。该方法一般适用于评价工作等级高的环境影响评价,并与数学模式法互相配合。

(3)类比调查法。

类比调查法是通过对比与模拟相类似的建设项目(开发行为)和环境特征相似的地区的调查,来对该建设项目的环境影响做出半定量性的预测。该方法仅适用于评价工作等级较低的环境影响评价或作为其他环境影响预测方法的一种补充。

(4)专业判断法。

专业判断法是由专业人员根据各种有关资料和其自身的学识、经验对可能造成的环境影响做出定性的分析、判断。该方法多用于估算较难定量预测的社会环境影响(如对文物、景观等的环境影响)。

5.评价社会环境质量的基本方法

现在对社会环境质量的评价,一般是由专家根据其专业知识和经验,按各项内容分别打分,而后采用权重系数进行综合评定。

8.3.4　环境质量影响评价的工作程序

环境质量评价以按评价的时段和性质区分的类型作为基本类型。环境影响评价工作一般分为 3 个阶段:①调查分析和工作方案制定阶段;②分析论证和预测评价阶段;③环境影响报告书(表)编制阶段。环境质量评价的工作程序,按其不同类型有所不同。环境质量现状评价和建设项目环境影响评价的基本工作程序如图 8.1 和图 8.2 所示。

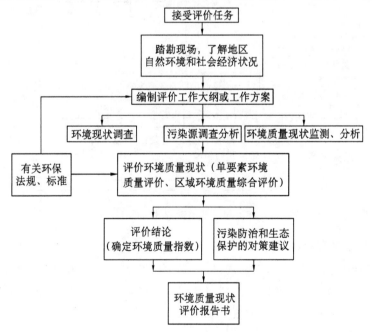

图 8.1　环境质量现状评价的基本工程程序

不同环境要素和不同区域类型的环境质量评价,均可按评价的时段和性质进行现状或影响评价,其主要工作程序和内容如下。

1.环境影响识别与评价因子筛选

列出建设项目的直接和间接行为,结合所在区域发展规划、环境保护规划、环境功能区规划、生态功能区划及环境现状,分析可能受上述行为影响的环境因素,进行评价因子筛选、评价等级划分、评价范围确定、保护目标确定、标准的确定,选取评价方法和建设方案环境比选。

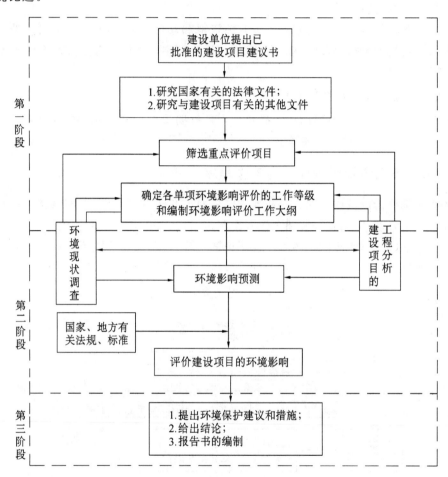

图 8.2 建设项目环境影响评价的工程程序

2.建设项目工程分析

了解建设项目的概况,对污染因素、生态影响因素等影响因素进行分析,以明确污染源类别、污染环节、排放情况及对生态环境的影响程度和范围,对污染源强度进行核算,核算项目阶段各个时期的污染物产生量、排放量。

3.环境现状调查与评价

对与建设项目有密切关系的环境要素应全面、详细调查,给出定量的数据并做出分析或评价。充分收集和利用评价范围内各例行监测点、断面或站位的近 3 年环境监测资料或背景值调查资料,或进行现场调查和测试,对地区的环境质量现状做出评价,也可直接引用符合时效的相关规划环境影响评价的环境调查资料及有关结论。现状与调查评价内容包括：

(1)自然环境现状调查与评价,包括地形地貌、气候与气象、地质、水文、大气、地表水、地下水、声、生态、土壤、海洋、放射性及辐射(如必要)等调查内容。根据环境要素和专题设置情况选择相应内容进行详细调查。

(2)环境保护目标进行调查,调查评价范围内的环境功能区划和主要的环境敏感区,详细了解环境保护目标的地理位置、服务功能、四至范围、保护对象和保护要求等。

(3)环境质量现状调查与评价,根据建设项目特点、可能产生的环境影响和当地环境特征选择环境要素进行调查与评价。评价区域环境质量现状。说明环境质量的变化趋势,分析区域存在的环境问题及产生的原因。

(4)区域污染源调查,选择建设项目常规污染因子和特征污染因子、影响评价区环境质量的主要污染因子和特殊污染因子作为主要调查对象,注意不同污染源的分类调查。

4.环境影响预测与评价

重点预测建设项目生产运行阶段正常工况和非正常工况等情况的环境影响。当建设阶段的大气、地表水、地下水、噪声、振动、生态以及土壤等影响程度较大、影响时间较长时,应进行建设阶段的环境影响预测和评价;可根据工程特点、规模、环境敏感程度、影响特征等选择开展建设项目服务期满后的环境影响预测和评价;当建设项目排放污染物对环境存在累积影响时,应明确和预测项目实施在时间和空间上的累积环境影响。

对于以生态影响为主的建设项目,应预测生态系统组成和服务功能的变化趋势,重点分析项目建设和生产运行对环境保护目标的影响。

对于存在环境风险的建设项目,应分析环境风险源项,计算环境风险后果,开展环境风险评价。对于存在较大潜在人群健康风险的建设项目,应分析人群主要暴露途径。

5.环境保护措施及其可行性论证

明确提出建设项目建设阶段、生产运行阶段和服务期满后(可根据项目情况选择)拟采取的具体污染防治、生态保护、环境风险防范等环境保护措施;分析论证拟采取措施的技术可行性、经济合理性、长期稳定运行和达标排放的可靠性、提高环境质量和改善排污许可要求的可行性、生态保护和恢复效果的可达性。

各类措施的有效性判定应以同类或相同措施的实际运行效果为依据,没有实际运行经验的,可提供工程化实验数据;环境质量不达标的区域,应采取国内外先进可行的环境保护措施,结合区域限期达标规划及实施情况,分析建设项目实施对区域环境质量提高目标的贡献和影响。

6.环境影响经济损益分析

以建设项目实施后的环境影响预测与环境质量现状进行比较,从环境影响的正负两方面,以定性与定量相结合的方式,对建设项目的环境影响后果(包括直接和间接影响、不利和有利影响)进行货币化经济损益核算,估算建设项目环境影响的经济价值。

7.环境管理与监测计划

按建设项目建设阶段、生产运行、服务期满后(可根据项目情况选择)等不同阶段,针对不同工况、不同环境影响和环境风险特征,提出具体环境管理要求。

(1)给出污染物排放清单,明确污染物排放的管理要求,包括工程组成及原辅材料组分要求,拟采取的环境保护措施及主要运行参数,排放的污染物种类、排放浓度和总量指标,以及排放的时段要求,排污口信息,执行的环境标准,环境风险防范措施以及环境监测等。

(2)提出建立日常环境管理制度、组织机构和环境管理台账相关要求,明确各项环境保护设施和措施的建设、运行及维护费用保障计划。

(3)环境监测计划应包括污染源监测计划和环境质量监测计划,内容包括监测因子、监测网点布设、监测频次、监测数据采集与处理、采样分析方法等,明确自行监测计划内容。

8.环境影响评价结论

对于建设项目的建设概况、环境质量现状、污染物排放情况、主要环境影响、公众意见采纳情况、环境保护措施、环境影响经济损益分析、环境管理与监测计划等内容进行概括总结,结合环境质量目标要求,明确给出建设项目的环境影响可行性结论。

对于存在重大环境制约因素、环境影响不可接受或风险不可控、保护措施经济技术不满足、区域环境问题突出且整治计划不落实或不能满足环境质量提高目标的建设项目,应提出环境影响不可行的结论 。

思考题与习题

1. 环境标准体系的构成有哪些?

2. 环境标准体系的主体是什么?

3. 环境标准包含哪些标准?

4. 环境管理的特点有哪些?

5. 环境管理的基本原则是什么?

6. 环境管理的方法与手段有哪些?

参考文献

[1] 张宝杰,刘冬梅.城市生态与环境保护[M].3 版.哈尔滨:哈尔滨工业大学出版社,2010.

[2] 何强,井文勇,王翊婷.环境学导论[M].3 版.北京:清华大学出版社,2019.

[3] 中华人民共和国国务院法制办公室.中华人民共和国环境影响评价法[M].北京:中国民主法制出版社,2019.

[4] 中华人民共和国国务院.中华人民共和国环境保护法[M].北京:中国法制出版社,2014.

[5] 刘举科,孙伟平,胡文臻.生态城市绿皮书:中国生态城市建设发展报告(2021—2022)[M].北京:社会科学文献出版社,2022.

[6] 中华人民共和国国务院.中华人民共和国环境保护税法实施条例[M].北京:中国法制出版社,2018.

[7] 环境保护部,国家质量监督检验检疫总局.环境空气质量标准:GB 3095—2012[S].北京:中国环境出版集团,2013.

[8] 中国标准出版社第二编辑室.环境监测标准汇编 空气环境[M].3 版.北京:中国标准出版社,2015.

[9] 中华人民共和国国家质量监督检验检疫总局,中国国家标准化管理委员会.生活垃圾填埋场稳定化场地利用技术要求:GB/T 25179—2010[S].北京:中国质检出版社,2010.

[10] 刘冬梅,高大文.生态修复理论与技术[M].2 版.哈尔滨:哈尔滨工业大学出版社,2020.

[11] 任南琪,马放,杨基先,等.污染控制微生物学[M].3 版.哈尔滨:哈尔滨工业大学出版社,2010.

[12] 郝吉明,马广大,王书肖.大气污染控制工程[M].4 版.北京:高等教育出版社,2021.

[13] 高大文,梁红.环境工程学[M].哈尔滨:哈尔滨工业大学出版社,2017.

[14] 中华人民共和国环境保护部.建设项目环境影响评价技术导则 总纲:HJ 2.1—2016[S]北京:中国环境科学出版社,2017.

[15] 钱易,唐孝炎.环境保护与可持续发展[M].北京:高等教育出版社,2016.

[16] 生态环境部环境工程评估中心.环境影响评价技术导则与标准[M].北京:中国环境出版集团,2022.

[17] 林肇信,刘天齐,刘逸农.环境保护概论[M].北京:高等教育出版社,2000.

[18]黎华寿.生态保护导论[M].北京:化学工业出版社,2009.

[19]马光编.环境与可持续发展导论[M].3版.北京:科学出版社,2014.

[20]任月明,刘婧媛,陈蓉蓉.环境保护与可持续发展[M].2版.北京:化学工业出版社,2021.

[21]曹晓凡.中华人民共和国最新生态环境保护法律法规汇编大全[M].北京:中国环境出版集团,2020.

[22]中国标准出版社.环境治理标准汇编 水污染控制卷[M].北京:中国标准出版社,2016.

[23]韩洪军,徐春艳,刘硕.城市污水处理构筑物设计计算与运行管理[M].哈尔滨:哈尔滨工业大学出版社,2011.

[24]环境保护部.工业企业厂界环境噪声排放标准:GB 12348—2008[S].北京:中国环境科学出版社,2008.

[25]任连海.环境物理性污染控制工程[M].2版.北京:化学工业出版社,2022.

[26]国家质量监督检验检疫总局,中国国家标准化管理委员会.声学 环境噪声的描述、测量与评价:第2部分:环境噪声级测定:GB/T 3222.2—2009[S].北京:中国标准出版社,2009.

[27]中国标准出版社.环境监测方法标准汇编 放射性与电磁辐射[M].3版.北京:中国标准出版社,2014.

[28]全国勘察设计注册工程师环保专业管理委员会,中国环境保护产业协会编.注册环保工程师专业考试复习教材 固体废物处理处置工程技术与实践[M].4版.北京:中国环境出版社,2017.